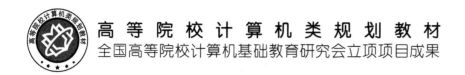

高等院校计算机类规划教材

全国高等院校计算机基础教育研究会立项项目成果

计算机组成原理

李志刚　主编

北京邮电大学出版社
www.buptpress.com

内 容 简 介

本书系统地介绍了计算机单机系统的组成结构与工作原理,包括计算机系统概述、运算方法和运算器、存储系统、指令系统、中央处理器、总线系统以及输入/输出系统,引入了最新主存储器、CPU 总线、存储总线、I/O 总线,以及 RISC-V 指令系统等内容。

本书兼顾理论性、应用性和实践性;理论和概念讲解具象化,并精心设计大量针对性的例题和习题;引入应用案例揭示计算机专业课程之间的内在联系;引导读者利用所学知识来解释、解决计算机应用问题。本书所述的组成结构和原理,向上归结为方法论,向下则延伸到实际应用,深入浅出,融会贯通,以期达到易懂、实用、生动和有趣的目的。

本书可作为高等院校计算机及相关专业本科生的教材,也可作为研究生备考、成人自学考试以及大专院校学生的参考用书,还可供计算机研发人员参考。

图书在版编目 (CIP) 数据

计算机组成原理 / 李志刚主编 . - - 北京:北京邮电大学出版社,2023.6
ISBN 978-7-5635-6932-8

Ⅰ.①计⋯　Ⅱ.①李⋯　Ⅲ.①计算机组成原理　Ⅳ.①TP301

中国国家版本馆 CIP 数据核字(2023)第 106151 号

策划编辑:马晓仟　　**责任编辑:**孙宏颖　　**责任校对:**张会良　　**封面设计:**七星博纳

出版发行:北京邮电大学出版社
社　　址:北京市海淀区西土城路 10 号
邮政编码:100876
发 行 部:电话:010-62282185　传真:010-62283578
E-mail:publish@bupt.edu.cn
经　　销:各地新华书店
印　　刷:保定市中画美凯印刷有限公司
开　　本:787 mm×1 092 mm　1/16
印　　张:15.5
字　　数:404 千字
版　　次:2023 年 6 月第 1 版
印　　次:2023 年 6 月第 1 次印刷

ISBN 978-7-5635-6932-8　　　　　　　　　　　　　　　　　　**定价:42.00 元**

・如有印装质量问题,请与北京邮电大学出版社发行部联系・

前　　言

当今信息技术日新月异,融入了社会生活的方方面面,深刻地改变了人类的思维、生产、生活和学习方式。人工智能、5G 移动通信、区块链、物联网、云计算及大数据等新概念和新技术的出现,在社会经济、人文科学、自然科学的许多领域引发了一系列革命性的突破。

计算机组成原理是计算机专业的核心课程,既具有很强的技术性,又具有很强的应用性、时代性,课程所涉及的内容反映了信息技术及其应用发展状况。通过本课程的学习,学生不仅能够掌握计算机硬件系统的内部结构和工作原理,而且还能利用所学知识、方法来分析和解决实际问题,为后续其他专业课程的学习打下良好的基础。

本书作为一本教材,编者希望将先进的教学方法和理念融入其中。BOPPPS 是一种以教学目标为导向、以学生为中心的有效教学结构和教学模式,它由导言(bridge-in)、学习目标(objective)、前测(pre-assessment)、参与式学习(participatory learning)、后测(post-assessment)和总结(summary)6 个教学环节构成,"BOPPPS"由这 6 个教学环节英文单词的首字母组成。编者在教学中采用这种教学模式,由浅入深,从学生身边能够看到的科技常识入手,通过恰当的实例"导入",让枯燥的硬件系统原理更形象化、具象化,而每章的习题会围绕前测和后测环节展开,在这些习题的设计上注重培养学生运用课程知识解释或解决实际问题的能力。本书提供每章 1～2 节课程的 BOPPPS 教学案例设计稿,感兴趣的教师请到北京邮电大学出版社官方网站下载,欢迎交流。

本书还有机地融入了思政元素,例如书中体现的科学世界观和方法论,以及我国科技工作者对当代计算机发展的贡献等。在 BOPPPS 教学案例设计稿中,还提供了更多与课程内容有机融合的思政案例。

计算机系统与其他任何系统一样,由一组相互关联的部件组成。说明系统最好的方法是描述其结构和功能,结构是各个部件之间具有层次的互连方式,而功能是各个部件的操作。一般地,每个部件还可以进一步分解为若干个子部件,通过描述每个子部件的结构和功能,反过来就能揭示这个部件的结构和功能。本书章节的安排是按照这种自顶向下的顺序逐层展开的,从总体描述到子部件描述,从结构介绍到功能原理阐述,结构和功能两者密不可分。例如,计算机系统的主要部件是处理器、内存和输入/输出系统,而处理器的主要部件是控制单元、寄存器、ALU 和执行单元,其中控制单元为处理器所有部件的操作提供控制信号,控制单元传统上是基于微程序控制器原理工作的,为了描述这种设计思想,需要进一步分析控制存储器、微命令、微指令序列逻辑和寄存器。

因此,在学习本书时,建议读者搞清楚前后章节的联系,并熟悉自顶向下的描述方式。

本课程内容与多门专业基础课和专业课的内容有紧密的联系,例如数字电路、微机原理与接口技术、操作系统、各种高级编程语言、编译原理等。其中,数字电路是本课程的先修课程,本课程中所讲述的功能部件,如加法器、算术逻辑单元、寄存器、存储器、缓冲器等各类基本硬件电路都属于数字电路课程的内容,但不同点在于数字电路主要介绍门级电路,而本课程主要介绍寄存器级(Register Transfer Level,RTL)以上层次的电路。

本课程介绍计算机系统通用知识框架,着重介绍的是其基本概念、基本原理和结构,而微机原理与接口技术课程的主要讲授对象是计算机发展历程中的第四代机型——微型计算机,介绍其 CPU、存储器、汇编语言、指令系统以及外围接口电路,可以看成本课程的实际应用案例。因此,在本课程中的一些较为抽象的原理如寻址方式、存储器扩展,在后者中会有更具体的实现方式。

操作系统主要用于管理计算机资源,包括本课程介绍的处理器资源、内存资源、虚拟存储器资源、外设和磁盘空间等,因此,在这些内容上两门课程具有紧密的联系。

高级编程语言通常设计有多种数据类型,如整型、浮点型、字符串型、字节型等,在计算机内部表示和存储时都会涉及编码方式,这与本课程中的数据表示方法联系紧密;另外,高级编程语言经过编译系统的编译之后,最终会变成机器指令,并在本课程的计算机硬件上执行。

在学习本课程时,建议读者主动探究课程联系,这对读者深入了解并掌握计算机专业学科系统的知识将具有很大的帮助。

本书按照计算机组成原理大纲的要求进行编写,全书共分为 7 章。第 1 章为计算机系统概述,主要介绍计算机发展历程,计算机的层级结构、组成,以及计算机性能指标。第 2 章为运算方法和运算器,从信息表示开始,系统地介绍数制与编码、定点数的表示和运算、浮点数的表示和运算、数据校验方法,以及算术逻辑单元的结构和功能。第 3 章为存储系统,介绍存储系统的概念、基本结构、工作过程、各类存储器的特点和工作原理,包括主存储器、高速缓冲存储器、双端口存储器及虚拟存储器等。第 4 章为指令系统,介绍指令系统的基本概念、指令格式、指令种类及寻址方式,并给出两种基于 RISC 技术的指令系统实例。第 5 章为中央处理器,从中央处理器的基本结构和功能开始,接续上一章指令系统,具体说明指令执行过程、数据通路的结构和功能,然后介绍控制器的结构和工作原理、流水线的概念和实现方式。第 6 章为总线系统,介绍总线的概念、总线结构、总线控制与通信方式,并给出微型计算机的总线系统实例。第 7 章为输入/输出系统,介绍 I/O 系统的基本概念、外部设备的分类和特点、I/O 接口控制器,以及 I/O 控制方式。

本书中使用的符号:

- 【注意】:在学习概念和工作原理时需要注意的问题。
- 【课程关联】:本课程与其他课程的联系点。

本书的编写得到了全国高等院校计算机基础教育研究会计算机基础教育教学研究项目的支持,在此表示衷心感谢。

由于编者水平有限,书中难免存在不足之处,恳请广大读者及同行予以批评和指正,谢谢!

编　者
2022 年 11 月

目　　录

第1章 计算机系统概述

📖 本章学习目标

本章为计算机系统概述,从计算机的发展历程讲起,由冯·诺依曼计算机原型引入计算机硬件的主要组成部件、工作原理,最后介绍计算机系统的层级结构与性能指标。

① 计算机的起源与发展简史、计算机硬件发展的特点和规律,以及计算机的形态和分类。

② 计算机硬件的组成部件、工作原理。

③ 计算机软件分类。

④ 计算机系统的层级结构。

⑤ 计算机系统的性能指标。

1.1 计算机的发展历程

辩证唯物主义认为,事物发展的根本原因在于其内部的矛盾性,人类的认识活动是在实践和认知的矛盾运动中展开的,科学技术作为人类特殊的认识与实践活动,其发展也有其自身复杂的矛盾运动,这些矛盾运动构成了推动科学技术发展的内在动力。从科学技术发展的历程看,科学技术的内容和方向,连同其发展速度,都是**社会需求**发展的结果。

计算机的发明是对人脑智力的继承和延伸,计算机产生的动力是人们想发明一种能够进行科学计算的**机器**。它一诞生就立即成了先进生产力的代表,掀起了工业革命之后的又一场科学技术革命,在诞生之后的几十年中,计算机已经广泛应用到社会的各个领域,随着计算机日益智能化的发展,人们干脆将微型计算机称为"**电脑**"。

按所处理变量的性质,计算机可划分为**数字计算机**和**模拟计算机**。20 世纪初,随着**电子管**的诞生,计算机开始进入电子数字计算机(electronic digital computer)时代,电子数字计算机简称为计算机(computer)。从信息处理角度而言,计算机是指能够按一系列**指令**对数据进行**自动化处理**的机器,具体地说,是一种能够接收信息、存储信息并按照存储在其内部的程序对输入信息进行加工、处理,得到期望处理结果,并将处理结果输出的自动化机器。

1.1.1 计算机的起源

在第二次世界大战中,为了解决军事上的科学计算难题,人们开始研究将电子管作为"开关"来提高计算机的运算速度。1946 年,美国宾夕法尼亚大学学者 J. W. 莫利奇(J. W. Mauchly)和 J. P. 艾克特(J. P. Eckert)等人研制了一台"**电子数值积分计算机**"(Electronic Numerical Integrator and Calculator,ENIAC)。这台叫作 ENIAC(**埃尼阿克**)的计算机占地面积为 170 m²,使用了 18 000 多个电子管、6 000 多个开关,每秒能够实现 **5 000** 次加法运算。它内部采用**十进制运算**,人们需要通过**重新连线**(拨动开关和插拔线缆)为它编写不同的程序。

这台计算机的问世标志着电子数字计算机时代的开始。

为了满足情报战中"密码编制和破译"的科学计算问题,**1943 年**,战时服务机构技术人员采用英国数学家艾伦·麦席森·图灵(Alan Mathison Turing)提出的概念研制出了**CO-LOSSUS(巨人机)**,其能执行计数运算、二进制算术运算及布尔代数逻辑运算,后来人们共生产了 10 台 CO-LOSSUS。在 CO-LOSSUS 的辅助下,军方出色地完成了密码破译工作,由于此项工作严格保密,所以直到 20 世纪 70 年代其才被披露,CO-LOSSUS 的发明年代虽然早于 ENIAC,但目前世界公认的第一台计算机还是 ENIAC。

1945 年,数学家约翰·冯·诺依曼(John von Neumann)在"离散变量自动电子计算机方案"(Electronic Discrete Variable Automatic Computer,EDVAC)中第一次提出了**程序存储**的概念,几乎同时,数学家图灵也提出了这个观点。1946 年,冯·诺依曼和他在普林斯顿高等研究院(Institute for Advance Study,IAS)的同事,开始按照"程序存储"的概念来设计计算机,直到 1952 年才设计完成。这台计算机被称为 **IAS 计算机**,IAS 计算机的体系结构成为后续各种数字计算机遵循的典范。

1.1.2 计算机的发展简史

从 1946 年世界第一台电子数字计算机诞生至今,计算机的发展经历了五代。

1. 第一代计算机(1946—1957 年):电子管计算机

第一代计算机使用电子管作为数字逻辑元件,在此期间人们确定了计算机的基本体系结构,使用机器语言编写程序。第一代计算机的主要应用领域是科学计算和商业数据处理。

第一代商用计算机的主要代表有 UNIVAC 公司的 UNIVACII、UNIVAC100 系列计算机,以及 IBM 公司的 700/7000 系列计算机。

2. 第二代计算机(1958—1964 年):晶体管计算机

第二代计算机使用晶体管作为数字逻辑元件,并且开始支持用高级编程语言编写的程序,在此期间出现了系统软件,其负责加载程序、将数据传输到外设,以及执行公共计算等,在应用领域出现了"工业控制机"。

第二代计算机的典型代表为 IBM 7904,它与 IAS 计算机相比有两个显著的特点:一是使用了数据通道,数据通道是具有专门处理器与指令集的独立 I/O 模块;二是使用了多路复用器,用作数据通道、CPU 和主存储器的中央节点。

1958 年,中国科学院计算技术研究所研制成功了我国第一台小型电子管通用计算机 **103机(八一型)**。

3. 第三代计算机(1965—1971 年):中小规模集成电路计算机

第三代计算机开始使用中小规模集成电路作为数字逻辑元件,这期间操作系统问世,出现了系列机和小型机,系列机的典型代表是 IBM System/360 计算机,小型机的典型代表是 DEC PDP-8 计算机。

1965 年,中国科学院计算技术研究所研制成功了我国第一台大型晶体管计算机 **109 乙机**,之后又推出了 **109 丙机**,109 丙机在我国两弹的试验中发挥了重要作用。

第三代计算机之后,在计算机发展阶段的划分上没有统一的意见,下面介绍较为普遍采用的划分方法。

4. 第四代计算机(1972—1990 年):大规模集成电路和超大规模集成电路计算机

第四代计算机开始使用大规模和超大规模集成电路作为数字逻辑元件,伴随着微处理器的问世,微型计算机开始登上历史舞台,典型代表是 IBM PC。

这个阶段是我国计算机迅猛发展的时期。1974 年,清华大学等单位联合设计并研制成功了采用集成电路的 **DJS-130 小型计算机**。1983 年,国防科技大学研制成功了运算速度每秒上亿次的**银河-Ⅰ号巨型机**,成为我国高性能计算机发展史上的重要里程碑。1985 年,电子工业部计算机管理局研制成功了与 IBM PC 兼容的**长城 0520CH 微型计算机**。

5. 第五代计算机(1991 年至今):甚大规模集成电路计算机

这个阶段开始使用甚大规模集成电路作为数字逻辑元件,运算速度提升到每秒十亿次以上。同时,计算机体系结构也出现变革,呈现向多个方向发展的趋势。

① 智能计算机。第五代智能计算机是将信息采集、存储、处理、通信同人工智能结合在一起的计算机系统,它除了能进行数值计算或处理一般的信息外,主要是面向知识处理,具有形式化推理、联想、学习和解释的能力,能够帮助人们进行判断、决策、开拓未知领域和获得新的知识。人机之间可以直接通过自然语言(声音、文字)或图形图像交换信息。

② 生物计算机。生物计算机又称仿生计算机,它是以生物芯片取代在半导体硅片上数以万计的晶体管而制成的计算机。生物计算机已成为当今计算机技术的前沿,生物计算机比硅片计算机在速度、性能上有质的飞跃。

③ 量子计算机。量子计算机是一类遵循量子力学规律进行高速数学和逻辑运算,具有存储和处理信息能力的物理装置,它以量子态为记忆单元和信息储存形式,量子计算机元件尺寸可小到原子或分子量级。不同于传统计算机,量子计算机的突出特征是存储数据的对象是量子比特,量子比特可以同时是 0 和 1,即允许"叠加态"共存,从而拥有更强大的并行能力。量子计算机的另外两个特征是采用量子编码和量子算法来进行数据操作。量子计算技术是颠覆性技术,关系到未来发展的基础计算能力,它成为很多国家竞相争夺的信息时代的制高点。

1.1.3　计算机硬件发展的特点和规律

自从 1946 年第一台计算机诞生以来,计算机的发展表现为运算速度大幅提升,成本大幅降低,体积大幅缩小,产量大幅提升。下面是计算机硬件技术发展过程中表现出来的一些特点和规律。

1. 计算机硬件技术的发展伴随着微电子技术的发展

1947 年**晶体管**的问世为微电子技术的发展奠定了基础。微电子技术始于 20 世纪 50 年代,而后出现的集成电路更是革命性的技术,20 世纪 70 年代后期微电子技术进入发展高峰阶段。以计算机中的存储器和 CPU 为例,1970 年仙童半导体公司生产出第一个较大容量的半导体存储器,逐渐代替了存储密度低、体积大的磁芯存储器,从此半导体存储器向着更大容量、更低成本(每位价格)和更短存取时间方向发展,单片存储器的容量从 KB 数量级提升到目前的 GB 数量级。1971 年,Intel 公司开发出第一片微处理器芯片 4004,第一次将 CPU 的所有元件封装在一个芯片内部,从这片 4 位微处理器开始,微处理器位数经历了 8 位、16 位和 32 位的发展,到目前主流微处理器已是 64 位,单个芯片上集成的晶体管数量从几千增加到数以亿计。

2. 摩尔定律

1965 年,戈登·摩尔(Gordon Moore)在整理关于计算机存储器发展趋势的数据时发现了一个惊人的现象:一个集成电路芯片可以容纳的晶体管数目每年便会增加一倍。令很多人包括摩尔吃惊的是:这一现象在之后的几年中得到了证实。到了 20 世纪 70 年代中期,这种趋势放缓到每 18 个月增加一倍,并在此后一直保持这种发展趋势。这个规律不仅预测了存储器芯片的发展情况,也较为精确地反映了处理机芯片上晶体管及磁盘驱动器存储容量的发展。图 1-1 所示为集成电路上晶体管数量随时间的增长趋势,图中纵坐标采用对数形式,代表每个集成电路芯片上晶体管的数量,m 和 bn 分别代表 10^6 和 10^9。

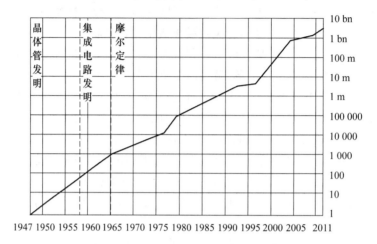

图 1-1　集成电路上晶体管数量随时间的增长趋势

摩尔定律揭示了信息技术进步的速度,也成了行业界对计算机发展趋势的预测基础。需要注意的是,摩尔定律不同于自然科学定律,它只是对信息技术发展速度的预测和估计。

3. 计算机硬件技术的发展也伴随着计算机软件技术的发展

以计算机系统软件为例。在早先的计算机中,人们直接使用机器语言(即机器指令代码)来编写程序,需要熟悉二进制(或十六进制)的机器指令,编程工作枯燥、繁琐,且容易出错,这大大地限制了计算机的使用。后来人们想出了一种办法,将二进制数用有意义的符号和数字代替,这种助记符称为汇编语言,并开发了称为“汇编器”的工具,借助于汇编器将助记符转换为机器指令,从而提高了编写程序的效率。但是助记符仍然是面向机器的,不同型号机器的助记符是不同的。之后,人们又发明了更接近数学符号的算法语言,比如 BASIC、FORTAN、C、C++和 Java 等,使用算法语言编写程序大大地提升了效率。但是,用算法语言编写的程序(称为源程序)无法直接在计算机上运行,还需要使用编译器和链接器,将源程序变成机器可以识别并执行的机器代码(称为可执行文件),并通过加载器将机器代码加载到主存储器中,才能由处理器获取并执行。

随着计算机运算速度的飞速提升,计算机结构和程序的复杂程度越来越高,人们认识到,只有让计算机自己来管理和调度程序的运行,才能摆脱繁琐的手工管理工作,并进一步提高计算机的使用效率,于是出现了一类程序——操作系统。操作系统是一套系统软件,专门负责管理计算机资源(如处理器、内存、外部设备以及各种编译与应用程序)并自动调度用户作业,从而让多个用户能够共享一台计算机系统,操作系统的出现使得计算机的使用效率得到了大大提升。

1.1.4　计算机的形态和分类

计算机的物理形态千差万别,运算速度也差别巨大。图 1-2(a)所示为我国**神威·太湖之光**超级计算机,其体积庞大,需要放置在专用的机房,运行峰值性能达 125.436 PFlops,持续性能达 93.015 PFlops。图 1-2(b)所示为常见的个人计算机(**Personal Computer,PC**),由于在使用时通常被放置在办公桌面上,因此也称为台式计算机,或桌面计算机,它可用于通用计算。图 1-2(c)所示为智能手表,其除了具备计时基本功能外,还具备运动和睡眠情况记录、心率和血氧饱和度测量等专用功能,这类设备功耗很低。

(a) 超级计算机　　　　　(b) 个人计算机　　　　　(c) 智能手表

图 1-2　计算机不同的物理形态

按照计算机用途分类,可将其分为通用计算机和专用计算机。

所谓通用计算机是为通用需求和目的而设计的计算机,其通用性强、应用面广。从体积、复杂度、功耗、性能指标、数据存储容量、指令系统规模和价格等维度,又可将通用计算机分为6 类,即**超级计算机**(supercomputer)、**大型机**(mainframe)、**服务器**(server)、**工作站**(workstation)、**微型计算机**(microcomputer)和**单片机**(single-chip computer),如图 1-3 所示。超级计算机是功能最强、运算速度最快、存储容量最大的一类计算机,通常用于科学计算,以解决经济、科技、国防等领域的复杂计算问题。超级计算机性能的强弱也是一个国家科技发展水平及其综合国力的重要标志之一。而单片机则将计算机主要部件集成到一个芯片上,其体积小巧,结构简单,性能相对较差,但价格便宜。介于两者之间的大型机、服务器、工作站和微型计算机,它们的结构规模和性能指标依次递减,人们在工作和生活中常使用的台式计算机和笔记本计算机(laptop computer)都属于微型计算机。

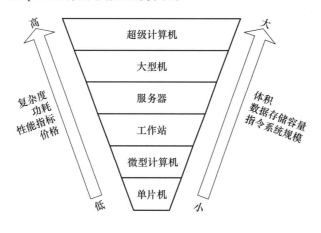

图 1-3　通用计算机分类

所谓专用计算机是针对某类具体应用而设计的计算机,其设计目标追求该应用中最有效、最快和最经济,通常在其他用途方面的适应性较差。**嵌入式计算机**或嵌入式系统(embedded system)是为特定应用而设计的专用计算机,它以计算机技术为基础,具有软件、硬件可裁剪的特点,以满足不同应用在功能、可靠性、成本、体积、功耗等方面的需求。嵌入式计算机是目前使用最为广泛的计算机形态之一,例如针对网络应用而设计的路由器,针对通信应用而设计的智能手机,针对音频和视频应用而设计的音视频播放机,针对工业控制而设计的可编程逻辑控制器(Programmable Logic Controller,PLC),医疗设备中的电子计算机断层扫描仪器(CT)、B型超声断面显像仪,家用电器中的智能电视、冰箱、洗衣机和微波炉等。

1.1.5 丘奇-图灵论题

任何类别的计算机,其基本功能都是用来执行计算任务的。根据**丘奇-图灵论题**(Church-Turing thesis),任何一台具有基本功能的计算机,在理论上都能够执行任何其他计算机可以执行的任务。因此,如果不考虑**时间**和**存储容量**,性能和复杂程度相差甚远的各种计算机,大到超级计算机,小到智能手表、手环都能够执行**相同的运算任务**,但由于计算机存储容量不同、执行任务的时间不同而呈现性能差别。在实际应用中,性能高低不同的计算机都有其各自适用的领域。

1.2 计算机的基本组成

一台完整的计算机由**硬件**(hardware)和**软件**(software)两部分组成,其中硬件是有形实体,主要由各种电子器件组成。一台硬件的计算机称为"实际机器"或"裸机"。软件是无形的,但显示了更高层的逻辑功能,并使硬件最大限度地发挥作用,配备了软件的计算机又称为"**虚拟机器**"。

计算机硬件是组成计算机的所有**电子器件**和**机电装置**的总称,例如,人们熟知的台式计算机和笔记本计算机通常包括集成电路芯片、分离形式的电子元器件,以及散热器、风扇等机电部件。

下面首先介绍计算机的原型机——冯·诺依曼计算机,分析其基本结构和功能,其次介绍现代计算机硬件的组成,最后介绍计算机软件分类。

1.2.1 冯·诺依曼计算机原型

根据冯·诺依曼提出的"存储程序"概念而设计的计算机称为**冯·诺依曼计算机,**或 IAS 计算机,或"存储程序"计算机,其由 5 个基本部件组成,如图 1-4 所示。

① **主存储器**:用来存放**数据**和**程序**。

② **算术逻辑单元(ALU)**:用来对**二进制数据**进行操作和处理。

③ **控制单元**:用来解释存储器中的程序,并使其运行起来。

④ **输入/输出(I/O)设备**:是由控制单元进行操作的设备。

虽然在冯·诺依曼计算机诞生之后,计算机经历了几代的发展,但目前绝大多数计算机的硬件结构仍然具有冯·诺依曼计算机的特征,因此冯·诺依曼计算机被称为现代计算机的"原型机",冯·诺依曼也因此被称为"计算机之父"。

冯·诺依曼计算机在结构上由 5 个基本部件组成,其基本设计思想可以概括为 5 个方面。

(1)采用存储程序的工作方式

采用存储程序的工作方式是后来电子数字计算机的显著特点,一方面通过运行存储的不同程序,即可完成不同的计算任务,而不用更改硬件或重新连线;另一方面不同的程序在后来被进一步用"软件"来表达,软件成了计算机的重要组成部分。

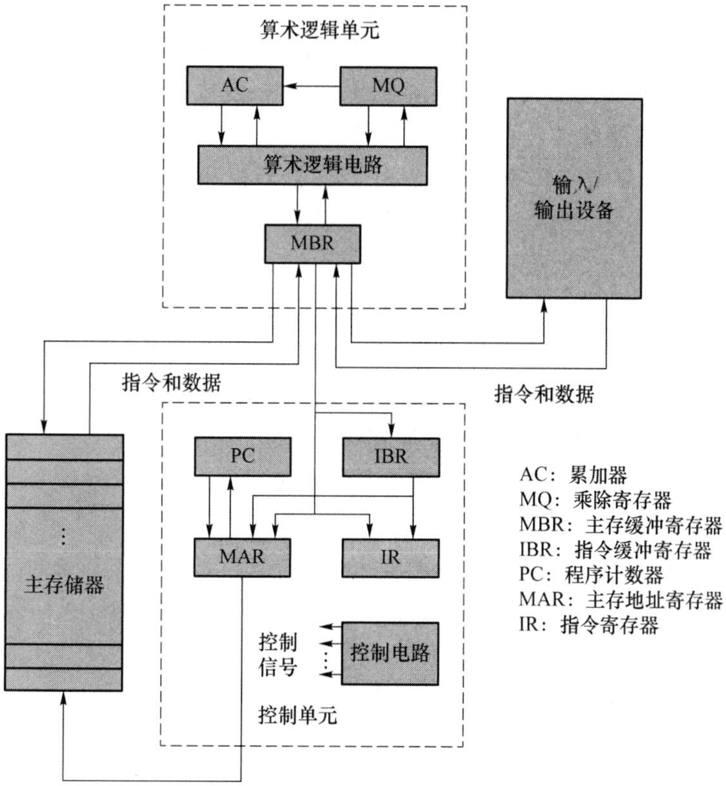

图 1-4　冯·诺依曼计算机的结构示意图

（2）采用二进制

在计算机中存储的程序、数据都用二进制表示,所有数据的运算都按二进制进行处理,处理结果也表示为二进制数据。

（3）按地址顺序执行程序

存储器做线性编址,即存储器被划分为多个存储单元,按顺序为各存储单元分配连续的地址码,而程序按地址码顺序被加载到存储器中,然后按地址码顺序从存储器读到运算器和控制器中自动运行。

（4）程序与数据一起存储

程序以及程序运行所需要的数据一起存放在存储器中,这种存储结构称为冯·诺依曼体系结构。

与冯·诺依曼体系结构计算机的存储器方式略有不同,**哈佛体系结构计算机**将程序与数据分别放在不同的存储器中,这源于 1944 年发明的 Havard Mark Ⅰ计算机（机电计算机）。将程序和数据分开存储的优势:一方面便于同时进行读取指令和读取数据的操作,从而提高数据吞吐率;另一方面独立存储程序更能保证程序运行的可靠性。这种体系结构适合于一些实时性很强的嵌入式计算机。

（5）以运算器作为机器中心

输入/输出设备与存储器之间的数据传输通过运算器完成。

1.2.2　计算机硬件组成和工作原理

目前绝大多数计算机都遵循冯·诺依曼体系结构,其硬件结构非常复杂,包含数以百万计的电子元器件,对于这种复杂结构系统,人们通常采用**层级(或称分层、分级)**方法加以描述。

1. 计算机硬件的层级结构

计算机硬件是一个复杂结构系统,可划分为若干个相互关联的子系统,子系统又称"部件",而每个部件又可以划分成多个更低层级的子系统,依次逐步向下细分,由此计算机硬件被描述为多层级结构。

层级结构划分对于系统的分析和设计都是非常必要的。通常,系统的分析和设计一次仅在一个特定层级上展开,一个特定层级包括一组部件和它们之间的相互关系,当每个层级上部件的行为特征是从其较低层级中简化和抽象出来时,分析者和设计者只需要关心该层级的组成结构和功能。这里涉及组成结构和功能原理两个概念。

组成结构:指某个层级上相互关联的部件及其连接方式。

功能原理:指某个层级上各个部件的操作。

对计算机硬件的总体描述,即从其顶层结构上看,其包括五大组成部件,即控制器、运算器、存储器、输入设备和输出设备,各个部件采用总线方式连接,图 1-5 所示为计算机顶层结构。

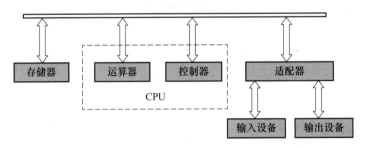

图 1-5　计算机顶层结构示意图

在计算机的部件中,控制器和运算器称为中央处理器(Central Processing Unit,CPU),当代的 CPU 通常被制作在一个集成电路芯片上,称为"微处理器",例如台式计算机和笔记本计算机使用的 x86 系列的 CPU。当将控制器、运算器、存储器以及输入、输出接口制作在一个芯片上时,该芯片称为"单片机",又称为"微控制器",例如 Intel 8051 系列单片机。

从顶层向下逐级分析:顶层结构中的子系统——CPU 部件,其包括控制器、运算器和寄存器,它们之间以内部总线相连接;更底层结构中的子系统——控制器,其包括控制存储器、控制单元寄存器、解码器以及序列逻辑等。本书内容的总体安排就采用这种自顶向下的方法,从整体到细节逐级展开、逐层分析。

图 1-5 所示是计算机的逻辑结构,即部件的逻辑连接结构,为了实现这种逻辑连接,需要利用一些装置将计算机的各个部件分组拼装起来,构成一台完整的物理计算机,称为"计算机的物理结构"。一些逻辑结构图也包含部件之间的位置关系,例如,通常将台式计算机的 CPU 和主存储器放置在一个机箱内部,称为"主机",而主机外的硬件装置称为"外围设备",图 1-6 所示为计算机的基本结构。

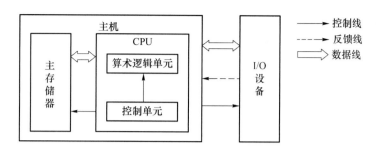

图 1-6　计算机的基本结构图

下面对顶层结构中 5 个部件的主要功能加以简要介绍,并介绍总线,后续章节将会详细阐述。

(1) 存储器

存储器是保存程序和数据的存储介质,也是一个分层级的存储系统,总体上分为主存储器(简称主存,或内存)和辅助存储器(简称辅存,或外存)。其中主存储器是 CPU 能够直接访问的存储器,是计算机实现"存储程序"的核心,而辅助存储器中的信息不能被 CPU 直接访问,必须调入主存后才能被 CPU 访问,它的主要用途是帮助主存记忆更多的信息。

存储器是按二进制码保存信息的,这些二进制信息分为程序和数据,即 CPU 执行的指令和数据。主存储器由很多存储单元组成,通常每个存储单元都是一个字节(8 个二进制位)大小。主存储器做线性编址,按顺序为各存储单元分配连续的地址码,并按地址码对存储器的信息进行访问(包括读取和写入存储器)。

存储单元的总数称为存储器的容量,存储容量越大,计算机能记忆的信息就越多。存储容量通常使用 **KB**(千字节)、**MB**(兆字节)、**GB**(吉字节)、**TB**(太字节)等单位来表示,例如 64 KB、128 MB、256 GB,存储器容量单位之间的换算关系为:1 KB＝1 024 B,1 MB＝1 024 KB,1 GB＝1 024 MB, 1 TB＝1 024 GB。

图 1-7 所示为一个 64 KB 的存储器,每个格子都表示一个存储单元,格子中的数据就是该存储单元的数据,计算机内部数据是按二进制存储的,为了书写方便,通常写成十六进制形式。图 1-7 中每个存储单元左边的地址码 0000H,0001H,…,FFFFH 从上到下按顺序排列,分别表示对应存储单元的地址。

图 1-7　存储器信息的表示方式

(2) 控制器

现代计算机以存储器为中心,存储器中的指令和数据需要通过控制器的管理和指挥,才能在计算机中实现指令的操作以及数据的流转,并且让程序连续、自动运行。

控制器的基本任务是执行预先存储的指令序列,首先,控制器从存储器中获取一条指令,然后在内部解释该指令,并根据指令意图,协调计算机各执行部件完成指令的操作并实现数据的流转。指令的操作会产生两种信息流,一种是控制流(或称指令流),将操作命令从控制器发送到各个部件;另一种是数据流,在操作命令的控制下,将数据从一个部件发送到另一个部件。

在控制器中如何区分控制流和数据流呢?控制器对指令的操作总体上分为两个周期(两个阶段):取指令周期和执行指令周期。对于存储器中的指令和数据,一般来讲,在取指令周期中从存储器中读出的信息是指令流,它由存储器流向控制器;而在执行指令周期中,从存储器中读出的信息流是数据流,它由存储器流向运算器。因此,控制器可以完全将控制流和数据流分开处理,如图 1-8 所示。

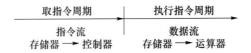

图 1-8　控制器区分指令流和数据流

控制器如何让指令序列从头连续执行呢?在控制器中设计了一个特殊功能寄存器——**程序计数器**(Program Count,PC),控制器每取出一条指令后,程序计数器会自动加 1,指向下一条指令地址,而且在第一次取指令时,程序计数器已经指向了第一条指令地址,这样就保证了程序从第一条指令开始,按指令顺序连续执行。

(3) 运算器

运算器是一个信息加工部件,完成对数据的算术运算和逻辑运算。运算器通常由算术逻辑单元(Arithmetic Logic Unit,ALU)和一些寄存器组成,如图 1-9 所示,其中 ALU 是完成算术运算和逻辑运算的单元,**累加器和寄存器**用于存放操作数、中间结果以及最终结果。

一般地,ALU 可以直接完成加法和减法运算,有些 ALU 还可以直接完成乘法、除法运算。由于更为复杂的运算最终都可以分解为上述基本运算,因此理论上 ALU 可以执行任意复杂运算。

ALU 的逻辑运算包括逻辑与(AND)、或(OR)、异或(XOR)、非(NOT)等,它们组合起来可以完成各种复杂的逻辑运算。

有的计算机只包含一个 ALU,有的则包含多个 ALU,例如在超标量计算机中使用多个 ALU,实现多条指令中数据的并行运算。

运算器结构示意如图 1-9 所示。

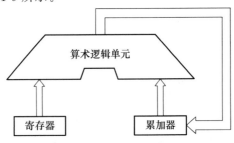

图 1-9　运算器结构示意

(4) 输入/输出设备

计算机的输入/输出设备是计算机与外界进行信息交换的设备,称为 I/O 设备或者外围设备(peripheral),简称外设。

常见的计算机外设包括键盘、鼠标、写字板等输入设备,以及显示器、打印机等输出设备。有些设备同时具备输入和输出功能,如触摸屏、耳麦(耳机与麦克风的整合体)等。

① 输入设备

输入设备用于将人们熟悉的信息转换为计算机可以接收并识别的信息,例如,当按下键盘上的 A 键时,该键值被翻译成计算机可以识别的 ASCII 码 41H。

② 输出设备

输出设备用于将计算机处理的二进制信息转换为人类或其他设备可以接收或识别的信息,例如显示器,可以将编码的文字或符号的二进制数据,转换为人们可以识别的可读文本。

③ 适配器

外围设备种类非常多,由于它们在速度上有快有慢,在结构上有电子式的,也有机电式的,在电平信号上差别也较大,因此外围设备不能直接连接到高速运行的主机上,而必须通过适配器将处理信息变成适合计算机主机发送和接收的信息,才能与主机进行信息交换。

为了与各种不同的外围设备连接,需要设计不同种类的适配器,例如显示适配器用于连接显示器设备,网卡适配器用于连接网络设备。

(5)总线

总线是计算机各个部件之间信息传送的公共通道。借助于总线,计算机各个部件之间才能够实现地址、数据和控制信息的传送操作。

计算机有五大类部件,每类部件的数量往往不止一个,如果很多部件之间采用分散方式连接,则它们的连线将会非常繁多,总线方式的使用大大地减少了部件连线。

2. 计算机的工作原理

冯·诺依曼计算机的原型机**以运算器为中心**,而现代计算机转为**以存储器为中心**,现代计算机的结构框图如图 1-10 所示,其工作过程如下。

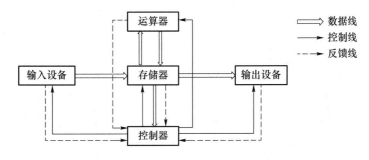

图 1-10   现代计算机的结构框图

① 在控制器的控制下,经由总线,从输入设备获得程序与数据,并加载到存储器中,即存储器中存放将要运行的指令和数据。

② 程序运行时,控制器从存储器中逐条**取出指令**,并**执行指令**。当指令被取到控制器内部后,控制器将指令解析为一系列操作控制信号,以控制 CPU 内部的运算器及其他执行部件产生相应动作,执行指令所需数据如果存放在存储器中,则由控制器从存储器读入,在运算器或其他执行部件中加工处理数据,处理后的结果由控制器送回存储器,或者通过输出设备进行输出。

③ 控制器自动指向存储器中下一条指令的地址,并取出指令。

上述过程循环往复,直到程序执行结束。计算机工作原理的流程如图 1-11 所示。

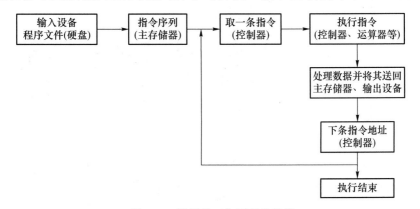

图 1-11   计算机工作原理的流程

1.2.3　个人计算机的物理结构

上文介绍了计算机的逻辑结构,为了更清晰地展示组成计算机的实体部件及其连接关系,下面以常见的台式计算机为例,剖析一下计算机的物理结构。

1.1.4 节中图 1-2(b)是典型台式计算机的外观,台式计算机总体包括主机、显示器、键盘和鼠标,其中:显示器是计算机输出设备,目前广泛使用液晶显示器;而键盘和鼠标是计算机的输入设备。这些是常见的人机交互设备。

台式计算机主机的结构如图 1-12 所示,其中图 1-12(a)、图 1-12(b)分别是主机内部和背部结构。主机内部包含主板、电源、散热风扇和线缆等,主板上有各种不同规格的插槽,用于安装 CPU、主存储器(内存)、显示适配器(显卡)和辅助存储器(硬盘)等部件。主机背部有各种总线接口,用于连接输入/输出设备,如显示器接口、键盘接口、鼠标接口、移动存储器(移动硬盘和闪存盘)接口及打印机接口等。

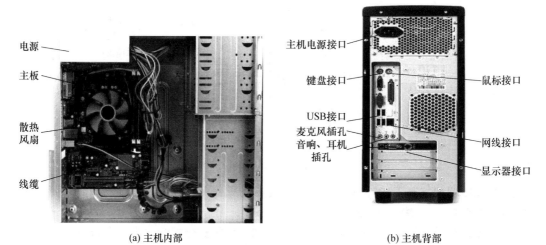

(a) 主机内部　　　　　　　　　　　　　　　　　(b) 主机背部

图 1-12　台式计算机主机的结构

图 1-13 所示是台式计算机的硬件结构解剖图,展示了各个部件之间的连接关系。

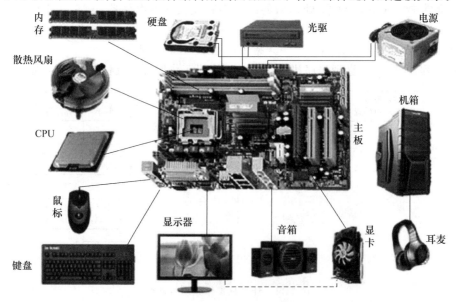

图 1-13　台式计算机的硬件结构解剖图

可以看出,计算机的硬件系统呈现**层级结构**,首先,一台主机包含多个电路板和部件,如主板、内存条、显示适配器、CPU、散热风扇、硬盘及电源等;其次,每个电路板都由十几个集成电路组成,而每个集成电路内部又分为多个模块,如果再继续往下分,则每个模块都由数以千万计的单元(寄存器)组成,每个单元都由若干个门电路组成,每个门电路都由基本数字电路组成,等等。"计算机组成原理"课程主要涉及寄存器级(Register Transfer Level,RTL)以上层级的电路。

1.2.4　计算机软件分类

计算机软件是人们编制的具有特定功能程序的有序集合,而程序是**指令的有序集合**,一台计算机中全部程序的集合,称为这台计算机的软件系统。它们通常存放在计算机的主存储器或者辅助存储器中。

计算机软件总体分为两大类:系统软件和应用软件。

系统软件又称为系统程序,主要用于实现计算机的管理、调度、监视和服务等功能,其目的是方便用户并提高计算机使用效率,发挥和扩充计算机的功能和用途。系统软件一般包括服务性程序(又称工具软件)、语言处理程序、操作系统、数据库管理系统、标准库函数以及计算机网络软件等。

应用软件是为用户解决某种应用问题而编制的程序,如工程设计程序、数据处理程序、文字处理程序、企业管理程序、自动控制程序、情报检索程序和科学计算程序等。

操作系统是最基本也是最重要的基础性系统软件,是管理计算机硬件和软件资源的计算机程序。操作系统需要处理如管理与配置内存、决定系统资源供需的优先次序、控制输入/输出设备、操作网络与管理文件系统等基本事务,另外,操作系统位于计算机底层硬件与用户之间,并作为两者沟通的桥梁,其通常提供一个让用户与系统交互的操作界面。操作系统大致分为批处理操作系统、分时操作系统、网络操作系统和实时操作系统等。目前个人计算机中广泛使用的是微软公司开发的视窗操作系统 Windows,以及苹果公司开发的操作系统 macOS,而在服务器上广泛使用的是 UNIX 和 LINUX 操作系统。

操作系统是随着计算机硬件和软件的不断发展而逐渐出现的,操作系统的出现使得计算机的使用效率得到成倍增长,为用户提供了方便的使用手段和令人满意的服务质量。

1.3　计算机系统的层级结构

1.2 节介绍了计算机硬件的层级结构,计算机系统是由计算机硬件和计算机软件构成的更为复杂的系统,同样可以采用层级的思路进行分析,将计算机系统划分为多个层级,每个层级都是功能相对比较简单的子系统。

1.3.1　计算机系统的层级结构概述

从语言的角度出发,将计算机系统按功能划分为 5 个层级,每个层级都以一种语言为特征,每一层级都能进行程序设计,如图 1-14 所示。

第 1 级为**微程序设计级**,属于硬件级,是计算机系统最底层的硬件系统,由机器硬件直接执行微指令,并实现机器语言(指令)的功能。

第 2 级为**机器语言级**,也属于硬件级,机器指令由微程序解释并执行。

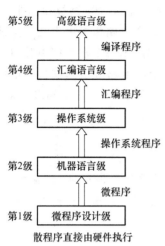

第5级 高级语言级
编译程序
第4级 汇编语言级
汇编程序
第3级 操作系统级
操作系统程序
第2级 机器语言级
微程序
第1级 微程序设计级
散程序直接由硬件执行

图 1-14　计算机系统的层级结构

第 3 级为**操作系统级**,属于软、硬件的混合级,它由操作系统程序实现。所谓软、硬件混合是指操作系统由机器指令和广义指令组成,其中广义指令是操作系统定义和解释的软件指令(如系统调用)。

第 4 级为**汇编语言级**,属于软件级,由汇编程序支持和执行,这级给程序设计人员提供了符号语言——汇编语言,以降低程序编写的复杂性。如果在应用中不采用汇编语言编写程序,这级是非必要的。

第 5 级为**高级语言级**,属于软件级,由各种高级语言编译程序支持和执行,这级是面向用户的,是为方便用户编写应用程序而设置的。

除第 1 级外,其他各级都得到其下各级的支持。第 1级到第 3 级编写程序所采用的语言,基本是二进制数字化语言,便于机器执行和解释。第 4、5 两级编写程序所采用的是符号语言,用英文字母和符号来表示程序,因而便于大多数不了解硬件的人们使用计算机。第 1、2 级中的计算机是"实际机器"或"物理机器",而第 3、4、5 级中的计算机则是"虚拟机器"。

5 个层级的特点如表 1-1 所示。

表 1-1　计算机系统中 5 个层级的特点对比

层 级	名 称	执行和实现	软、硬件	语言特点	机 器
第 1 级	微程序设计级	机器硬件直接执行微指令	硬件级	二进制语言	实际机器
第 2 级	机器语言级	微程序解释机器指令	硬件级	二进制语言	实际机器
第 3 级	操作系统级	由操作系统程序实现	混合级	二进制语言	虚拟机器
第 4 级	汇编语言级	由汇编程序支持和执行	软件级	符号语言	虚拟机器
第 5 级	高级语言级	由各种高级语言编译程序支持和执行	软件级	符号语言	虚拟机器

各层级之间的相互关系归结为如下几点。

① 上级是下级功能的扩展,下级是上级的基础。

② 站在不同的层级观察计算机系统会得到不同的概念。例如,应用程序员在第 4 级看到的计算机是高级语言机器,系统程序员在第 3 级看到的计算机是系统级资源,而硬件设计人员在第 1、2 级看到的是计算机的电子线路。

③ 层级划分不是绝对的,一些层级的分界面有时也不是很清晰,例如,机器语言级与操作系统级的界面是硬、软件交界面,随着软件的硬化以及硬件的软化而动态变化。再如,数据库软件常常以操作系统和其他系统软件的界面展现给用户,部分地起到了操作系统的作用。还有某些常用的带有应用性质的程序,既可以划归为应用程序,也可以划归为系统软件。

1.3.2　计算机体系结构和计算机组成

在计算机硬件描述中,人们经常使用两个不同的术语,即**计算机体系结构**(computer architecture,也称计算机结构)和**计算机组成**(computer organization)。它们是不同的概念,各自包含不同的内容,但又有紧密的联系。

计算机体系结构定义为机器语言程序员看到的、对程序执行具有直接影响的属性,通常用指令集体系结构(Instruction Set Architecture,**ISA**)来表示。ISA 定义了指令格式、指令操作码、寄存器、指令存储器及数据存储器,指令执行后对这些寄存器和存储器所产生的影响,控制指令执行的算法等。体系结构中的属性包括指令集、各种数据类型的位数、输入/输出机制及存储器寻址方式等。在图 1-14 中,体系结构处于第 2 级和第 3 级之间,确定计算机系统中软、硬件的界面,界面之上是软件功能,界面之下是硬件和固件(firmware)功能。

计算机组成是指为实现体系结构功能而设计的部件及其互连方式。计算机组成中的属性包括对程序员透明的硬件细节(如控制信号)、计算机和外围设备之间的接口、存储技术等。

计算机指令系统中是否要具有乘法指令,这是计算机体系结构中要考虑的问题,而乘法指令的具体实现方案,例如,通过专门乘法器硬件电路实现,还是通过子程序调用加法器来实现,这是计算机组成中要考虑的问题。可见,同一体系结构可以采用不同的组成方案。

计算机体系结构和计算机组成是计算机设计和生产需要考虑的重要因素。很多计算机厂家会设计和生产多个系列计算机,同一系列计算机具有相同的体系结构。厂家通常会为同一系列计算机生产多个计算机型号,它们具有不同的组成,在保障兼容性的同时,又可满足市场对计算机不同性能和价格的需求。

一般地,对于售价相对昂贵的计算机,兼容性通常放在重要位置,因此一个体系结构的计算机可能会跨越很长的周期。在这个周期中,人们会考虑计算机组成技术的更新,生产出越来越多的型号,即具有不同组成的计算机。例如,IBM 早在 1970 年就设计出了 System/370 系列计算机,之后 IBM 先后生产出众多不同型号的机型。如果用户早期购买了速度慢的机型,后期又购买了速度较快的新机型,则原来开发的软件仍能够在新机型上运行。

对于售价相对低廉的计算机,设计者常常不仅会考虑计算机组成技术的更新,同时也会考虑体系结构的更新,例如采用更强大、更复杂的体系结构,而将兼容性放在次要位置,因此这类计算机在设计上更加灵活,如嵌入式计算机。

计算机指令集体系结构分为两类,即**复杂指令集**(Complex Instruction Set Computer,**CISC**)和类**精简指令集**(Reduced Instruction Set Computer,**RISC**),目前在微型计算机设计中普遍采用 CISC,而在嵌入式计算机尤其是智能移动终端设计中广泛采用 RISC,详细内容将在后面的 4.6 节中进行介绍。

1.3.3　计算机硬件和软件的逻辑等价性

计算机系统以硬件为基础,通过配置软件扩充其功能,通常硬件完成最基本的功能,而复杂的功能则由软件实现。随着集成电路技术的发展,以及计算机设计技术及工艺的进步,出现了软件硬化的趋势。从计算机系统层级看,第 1 级和第 2 级的边界范围逐渐向第 3 级乃至更高级扩展,这使得计算机系统软、硬件界限开始变得模糊。

理论上讲,计算机的任何操作都可以由软件实现,也可以由硬件实现,这称为计算机硬件和软件的逻辑等价性。

例如,原来由计算机软件实现的算法,可以改由专门的硬件加速器实现,从而提高算法执行速度。反过来,在一些软件模拟器中,用一台计算机软件去模拟和实现另一台计算机原来用硬件完成的指令操作。再如,为一些计算机系统开发的软件,有时需要将编译后的代码"烧写"到芯片内部才能使其运行,这种软件从功能上讲是软件,但在形态上又表现为硬件,通常被称为**固件**,微型计算机中的基本输入输出系统(Basic Input Output System,**BIOS**)就是典型的固件。

依据计算机硬件和软件的逻辑等价性原理,在设计计算机硬件时,对于某一功能是采用硬件还是软件方案,需要考虑该功能的利用率,还有成本、速度、可靠性、存储容量和变更周期等多种因素。举例来说,一些计算机将原来在机器语言级通过编制程序才能实现的操作,如整数乘除法指令、浮点运算指令、处理字符串指令等改为由硬件完成,大大地提高了这些指令的执行速度,但成本也会有所增加。

1.4 计算机系统的性能指标

一台计算机是由硬件和软件组成的复杂系统,衡量计算机性能优劣要根据多项指标综合考量,既包括硬件性能差别,又包括软件功能不同。本节主要讨论常用的硬件性能指标。

1. 机器字长

机器字长是指 CPU 一次能够同时处理二进制数据的位数,简称字长。字长通常与 CPU 的寄存器位数有关,字长越长,数据表示的范围就越大,精度也就越高。

目前主流个人计算机 CPU 的位数是 64 位,如果进行两个 64 位数的运算,则一次运算即可完成,而对于 32 位、16 位的计算机,则需要两次或更多次运算才能完成。可见,机器字长直接影响运算步骤的多少。

当然,机器字长对硬件的造价影响也比较大,其直接影响到加法器、寄存器、数据总线及存储器的位数,从而影响 CPU 的总成本。

2. 存储容量

存储器的容量包括主存容量和辅存容量,存储容量越大,表示计算机能存储的信息越多。在现代计算机中常用字节数为基本单位描述存储容量,单位是 KB、MB、GB 和 TB 等。

3. 运算速度

常用的计算机运算速度指标如下。

(1) 主频和时钟周期

主频是机器内部主时钟的频率,是衡量机器速度的重要参数,常用的单位有 MHz(兆赫兹)、GHz(吉赫兹)。而时钟周期是主频的倒数,它是 CPU 中最小的时间单位,常用的单位有 μs(微秒)和 ns(纳秒)。

例如,一台计算机的主频为 1 GHz,则可以计算出其时钟周期是 1 ns。

(2) CPI、MIPS 和 MFLOPS

① CPI(Clock cycle Per Instruction):执行一条指令所需的时钟周期数,称为该指令的 CPI,对于每种指令而言它是一个确定值。当用 CPI 衡量某个程序执行的时钟周期数时,由于程序通常由很多条指令组成,因此需要合算一条指令所需的平均时钟周期数,称为综合 CPI。再者,由于程序所包含的各种指令所需的周期数不尽相同,在计算某个程序的综合 CPI 时,首先要知道它包含哪种指令,以及每种指令的条数及指令 CPI,从而计算该程序总时钟周期数,然后再合算一条指令的平均时钟周期数。假定某程序包含 n 种不同类型的指令,其中第 i 种指令的条数为 C_i,其所需时钟周期为 CPI_i,则计算如下:

$$程序总时钟周期数 = \sum_{i=1}^{n}(CPI_i \cdot C_i) \tag{1-1}$$

$$综合 CPI 值 = \frac{\sum_{i=1}^{n}(CPI_i \cdot C_i)}{\sum_{i=1}^{n}C_i} \tag{1-2}$$

显然,将不同的程序作为参考,计算出的综合 CPI 值是不同的。

② MIPS(Million Instruction Per Second):每秒可以执行百万条指令数。例如,某机器每秒可以执行 800 万条指令,则记为 8 MIPS。给定程序的执行时间和包含的指令数时,MIPS 值的计算公式为

$$MIPS\ 值 = \frac{指令数}{程序执行时间 \times 10^6} = \frac{时钟频率}{CPI\ 值 \times 10^6} \tag{1-3}$$

可见,对于一台计算机,当将某个程序作为运算速度参考时,其 CPI 与 MIPS 成反比。

③ MFLOPS(Million Floating-point Operations Per Second):每秒百万次浮点运算操作。MFLOPS 基于浮点操作而非指令,只能用来衡量机器浮点操作的性能,而不能体现机器的整体性能。除 MFLOPS 单位外,更小的单位还有 FLOPS(每秒浮点运算操作),更大的单位还有 GFLOPS(每秒十亿次浮点运算操作)、TFLOPS(每秒万亿次浮点运算操作)、PFLOPS(每秒千万亿次浮点运算操作)等。

需要指出的是,计算机的运算速度与很多因素有关,如机器字长、主频、执行哪些指令及主存的存取速度等,不能根据单一的指标来衡量运算速度。

例如,通过提高主频、减少时钟周期等方法看似能成倍地提高计算机运算速度,但是主频的提高很可能会对 CPU 结构产生影响,使指令 CPI 也增加,因此,不但不能实现成倍提高运算速度的目标,反而使得 CPU 功耗大大增加,运行稳定性也会受到影响。

【例 1-1】 已知计算机 A 的时钟频率为 0.8 GHz,假定某程序 P 在计算机 A 上的运行时间为 12 s,现在硬件设计人员设计与 A 具有相同 ISA 的计算机 B,希望在 B 上的运行时间缩短为 8 s,现知使用新技术后可使得 B 的时钟频率大幅度提升,但在 B 上运行程序 P 的时钟周期为 A 上的 1.5 倍,那么计算机 B 的时钟频率至少为多少才能达到希望的要求。

解:程序 P 在计算机 A 上的时钟周期数为

$$CPU\ 执行时间 \times 时钟频率 = 12\ s \times 0.8\ GHz = 9.6\ G$$

由于在计算机 B 上的运行时钟周期为 A 上的 1.5 倍,因此,程序 P 在计算机 B 上的时钟周期为

$$1.5 \times 9.6\ G = 14.4\ G$$

要使得在计算机 B 上的运行时间缩短为 8 s,则 B 的频率为

$$时钟周期数 / CPU\ 执行时间 = 14.4\ G / 8\ s = 1.8\ GHz$$

由此可见,CPU 的频率增加了 2.25 倍,但是 CPU 的运行速度只增加了 1.5 倍。

从这个例子可以看出,单纯提升 CPU 频率虽然加快了 CPU 执行程序的速度,但并不能保证执行速度以相同倍数提高。

【例 1-2】 假定由两种编译器对高级语言的某条语句进行编译,生成两种不同的指令序列 P1 和 P2,每个序列均包含 A,B,C 3 种指令,这些指令的 CPI 值,以及指令序列 P1 和 P2 包含 3 种指令条数的情况如表 1-2 所示。请计算:两个指令序列的指令条数各是多少? 它们的 CPI 值各是多少? 哪个执行速度快?

表 1-2 指令的 CPI 值,以及指令序列 P1 和 P2 包含 3 种指令条数的情况

指令种类	CPI 值	指令序列 P1 的指令条数	指令序列 P2 的指令条数
A	1	2	4
B	2	1	1
C	3	2	1

解：P1 指令条数=2+1+2=5，P2 指令条数=4+1+1=6，所以指令序列 P1 包含的指令条数少。

P1 时钟周期数为 $1\times2+2\times1+3\times2=10$。

P2 时钟周期数为 $1\times4+2\times1+3\times1=9$。

因为两个指令序列在同一台机器上运行，所以时钟周期是一样的。时钟周期数少的序列执行时间短，执行速度快，可见，指令序列 P2 执行速度快。

从这个例子可以看出，指令代码数少的代码序列执行时间并不一定更短。优化好的编译器可以产生运行速度更快的代码，但是编译后的指令条数未必更少。

【例 1-3】 某计算机的主频为 1.2 GHz，其指令分为 4 种，它们在基准程序中所占的比例和 CPI 值见表 1-3，则该计算机的 MIPS 值是多少？

表 1-3　4 种指令在基准程序中所占的比例和 CPI 值

指令种类	所占比例	CPI 值
A	50%	2
B	20%	3
C	10%	4
D	20%	5

解：首先，计算基准程序的 CPI 值：

$$CPI 值=2\times0.5+3\times0.2+4\times0.1+5\times0.2=3$$

MIPS 可由时钟频率和 CPI 值计算出，由式(1-3)可得

$$MIPS 值=\frac{时钟频率}{CPI 值\times10^6}=\frac{1.2\times10^9}{3\times10^6}=400\ MIPS$$

4. 其他性能指标

(1) 吞吐率

吞吐率(throughput)表征一台计算机在某一时间间隔内能够处理的信息量，在有些场合，吞吐率也称为带宽(bandwidth)。

(2) 响应时间

响应时间也称为执行时间(execution time)或等待时间(latency)，它表征从输入有效开始到系统产生响应之间的时间。通常情况下，一个程序的响应时间除了程序在 CPU 上的执行时间外，还包括辅助存储器访问时间、主存储器访问时间、输入/输出操作所需时间，以及操作系统运行这个程序所附加的时间。

(3) 利用率

在给定时间间隔内，计算机系统被实际使用时间的占比。

在不同的应用场景下，计算机用户关注的性能指标常常不尽相同，在大数据量传输应用场景，如本地播放视频、玩单机游戏，需要向输出设备传输大量计算数据，因此用户更关心吞吐量；而在业务处理场景，用户更关心响应时间。

1.5　本章小结

科学计算需求推动了计算机的产生，第一台电子数字计算机 ENIAC 的诞生标志着电子

数字计算机时代的开始,冯·诺依曼计算机结构及其"存储程序"思想为现代计算机的发展奠定了基础,随着科学技术的发展,尤其是微电子技术的进步,在需求的推动下,计算机的发展经历了五代,并逐渐应用到社会生活的方方面面,在各种应用中呈现不同的形态。按照计算机的不同用途,将计算机分为专用计算机和通用计算机,一台计算机无论属于哪类形态,或分为哪种类别,理论上都能够执行任何其他计算机可以执行的任务。

冯·诺依曼计算机的主要思想是在计算机中存储程序,并且采用二进制表示程序和数据。计算机硬件具有复杂的结构,为了清晰地描述这种复杂的系统,采用分层级的结构,计算机顶层结构由 5 个基本部件组成,即控制器、运算器、存储器、输入设备和输出设备,各个部件之间采用总线相互连接。

用户编写的程序经过编译或汇编后最终变为目标程序,即二进制的计算机指令和数据,然后被加载到存储器中,控制器从存储器中逐条取出指令,将其解析成各个操作控制命令,并使 CPU 内部的运算器及其他执行部件产生相应动作,完成数据加工处理,并将处理后的结果送回存储器,或者通过输出设备输出。

计算机系统由计算机硬件和软件组成,从设计语言的角度出发,将计算机系统按功能划分为 5 个层级,每个层级都以一种语言为特征,每一层级都能进行程序设计。软件实现了更高层级逻辑功能,使硬件最大限度地发挥作用,使计算机成为"虚拟机器"。

计算机系统的硬件性能指标包括字长、存储容量、主频、时钟周期、CPI、MIPS、FLOPS 以及吞吐率、响应时间等。在这些指标中,有些直接与 CPU 运算速度相关,有些与 CPU 外的其他部件相关,衡量计算机系统性能优劣要根据多项指标综合来判定。

本章为计算机组成原理的总体概述,也是后续章节的引论,现代计算机的主要特征之一是采用二进制表示,计算机基本的功能是科学计算,因此,在接下来的第 2 章中将介绍数据表示、运算方法和运算器。

习　题

1. 20 世纪 40 年代,世界上第一台通用电子数字计算机 ENIAC 诞生了,它使用_____作为电子器件。

　　A. 电子管　　　　　　　　　　B. 晶体管

　　C. 大规模集成电路　　　　　　D. 超大规模集成电路

2. 1946 年,冯·诺依曼和他在普林斯顿高等研究院的同事,按照"程序存储"的概念设计的计算机是_____。

　　A. ENIAC　　　　B. CO-LOSSUS　　C. IAS　　　　D. EDVAC

3. 1965 年,中国科学院计算技术研究所研制成功了我国第一台大型晶体管计算机,之后又推出了_____,该机在两弹试验中发挥了重要作用。

　　A. 103 机　　　　B. 长城 0520　　C. DJS-130　　　D. 109 丙机

4. 当价格不变时,集成电路上可以容纳的晶体管数目每经过 18 个月便会增加一倍,性能也将提高一倍,这个规律被称为_____。

　　A. 摩尔定律　　　　　　　　　　B. 丘奇-图灵论题

　　C. 硬件和软件的逻辑等价性　　　D. 图灵机

5. 到目前为止,使用最广泛的计算机形态是_____。

A. 超级计算机　　　　　　　　　B. 个人计算机

C. 嵌入式计算机　　　　　　　　D. 服务器

6. _____属于通用计算机。

A. 微型计算机　　　　　　　　　B. 智能手表

C. 嵌入式计算机　　　　　　　　D. 医疗 CT 机

7. 微型计算机是计算机发展过程中的_____,是计算机向微型化发展的结果。

A. 第二代计算机　　　　　　　　B. 第三代计算机

C. 第四代计算机　　　　　　　　D. 第五代计算机

8. 性能和复杂度均相差甚远的计算机,只要不考虑_____和_____,都能够执行相同的运算任务,这是 Church-Turing 论题中指出的。

A. 时间　　　　B. 体积　　　　C. 存储容量　　　　D. 功耗

9. 以下不属于冯·诺依曼体系计算机的 5 个基本部件的是_____。

A. 输入设备　　　　B. 输出设备　　　　C. 寄存器　　　　D. 运算器

10. 冯·诺依曼计算机中的指令和数据均以二进制形式存放在存储器中,CPU 区分它们的依据是_____。

A. 指令操作的译码结果　　　　　B. 指令和数据的寻址方式

C. 指令周期的不同阶段　　　　　D. 指令和数据所在的存储单元

11. 冯·诺依曼计算机的原型机是以_____为中心的,现代计算机转为以_____为中心。

A. 控制器　　　　B. 运算器　　　　C. 存储器　　　　D. 输入/输出设备

12. 计算机系统由_____和软件两部分组成。

A. 指令　　　　B. 数据　　　　C. 硬件　　　　D. 程序

13. 外围设备不能直接连接到高速运行的主机上,而必须通过_____,将处理信息变成适合计算机主机发送和接收的信息后,外围设备才能与主机进行信息交互。

A. 控制器　　　　B. 运算器　　　　C. 适配器　　　　D. 存储器

14. 在计算机层级结构中,_____属于软、硬件的混合级。

A. 操作系统　　　　B. 编译程序　　　　C. 指令系统　　　　D. 以上都不是

15. 在计算机系统中,_____确定软、硬件的界面,界面之上是软件的功能,界面之下是硬件和固件。

A. 组成　　　　B. 体系结构　　　　C. 实现　　　　D. 功能

16. 在设计计算机系统时,计算机软件实现的算法可以替换为专门硬件加速器,将耗时的算法用硬件快速完成,这体现了_____原理。

A. 丘奇-图灵论题　　　　　　　　B. 冯·诺依曼

C. 软、硬件等价原理　　　　　　　D. 软、硬件相同原理

17. 简述冯·诺依曼计算机的主要特点。

18. 试说明在控制器中如何区分控制流和数据流。

19. 简要说明计算机的 5 个层级结构。

20. 简要说明计算机 5 个层级之间的关系。

第 2 章　运算方法和运算器

📖 **本章学习目标**

本章为运算方法和运算器,首先从进位计数制开始,引入不同进制之间的转换,然后介绍常用数据编码表示,包括定点数表示、浮点数表示与非数值数据表示,在此基础上介绍 3 种常用的数据校验方法,最后介绍计算机中的定点运算方法及定点运算器、浮点运算方法及浮点运算器。

① 3 种进制之间的相互转换。

② 常用的数据编码表示。

③ 数据的校验方法。

④ 原码、反码、补码和移码的概念及其之间的相互转换。

⑤ 定点整数、定点小数的加法、减法运算及溢出判断。

⑥ 浮点数的基本概念和 IEEE-754 标准。

⑦ 算术逻辑单元的功能和结构。

2.1　数据信息和二进制编码

2.1.1　数据信息

计算机的基本功能是加工和处理数据信息,为此首先要解决计算机中数据的表示问题。一般地,计算机中使用的数据分为两类:数值数据和非数值数据。**数值数据**具有“量”的概念,可以比较大小,例如温度的高低、湿度的大小等,数值数据还分为整数和实数,整数可进一步分为无符号整数和有符号整数,在计算机内部,整数通常使用定点数表示,实数通常使用浮点数表示。**非数值数据**不表示数量的多少,一般没有大小之分,或大小表示其他物理意义,如字符、图形、图像、声音和视频的数据等,其中,英文字母数据的大小仅表示其排列的先后顺序。

无论整数、实数这样的数值数据,还是各种各样的非数值数据,都需要转换为二进制数据才能在计算机内部表示和处理。计算机内部采用二进制数据的优势主要有如下几点。

① 易于物理实现。在二进制表示中仅使用两个数码 0 和 1,从实现上看,任何具有两个明显稳定状态的物理元件都可用来表示这两个数码,因为很多元件或物理量都具有两种明显的稳定状态,因此二进制易于物理实现,例如晶体管的导通与截止,开关的开和关,电压的高和低、正和负,磁性材料的南极和北极等。

② 机械可靠性高。对一个物理量,两种稳定状态相比连续变化的状态更能体现质的差别,并具有更高的稳定性和可靠性,因此,采用二进制码表示,其传输抗干扰能力强,鉴别信息可靠性高。

③ 运算规则简单。二进制数据的四则运算规则简单,以两个数的加法运算规则为例,十进制数有 $C_{10}^2 + C_{10}^1 = 55$ 种组合,而二进制数只有 3 种组合,即 $0+0, 0+1, 1+1$。另外二进制的四则运算最终都可归结为加法和移位运算,这样运算器电子线路的设计更加简单,运算速度也更快。

④ 与逻辑判断相适应。二进制符号"1"和"0"恰好与逻辑运算中的"真"(**true**)与"假"(**false**)对应,这不仅便于计算机进行逻辑运算,同时也便于人们使用布尔代数理论及工具来分析、设计和综合电子计算机中的逻辑线路。

⑤ 节省设备。从理论上可以证明,采用三进制最省设备,其次就是二进制。但由于二进制相比三进制具有更多优势,因此,现在电子计算机基本上都采用二进制。

将数据信息用二进制表示称为**二进制编码**,为了讨论各种二进制编码,首先需要了解进位计数制及不同进制之间的转换。

2.1.2 进位计数制

1. 常用的进位计数制

在表示多位数据时,人们通常采用从低位向高位进位的方式来计数,这就是所谓的**进位计数制**,简称**进制**。我们最常使用的进制是十进制,此外还有十六进制和二进制,它们的进位规则是:十进制**逢十进一**,十六进制**逢十六进一**,二进制**逢二进一**。

进位计数制中有两个基本概念:**基数**和**权**。其中,基数是使用**码字**的个数,权是基数的幂,其表示码字在不同位置上的数量。当一个数值使用基数和权表示时,其值等于每位上码字与权相乘的累加和。

(1) 十进制

十进制使用 10 个码字 $0,1,2,3,4,5,6,7,8,9$ 表示,逢十进一,其中,基数是 10,权是 10 的幂次。例如十进制数 123.4,可以用带 10 的下角标表示,通常省略:

$$(123.4)_{10} = 1 \times 10^2 + 2 \times 10^1 + 3 \times 10^0 + 4 \times 10^{-1}$$

一般的十进制数可用如下多项式表示:

$$(N)_{10} = K_n \times 10^n + K_{n-1} \times 10^{n-1} + \cdots + K_0 \times 10^0 + \cdots + K_{-m} \times 10^{-m} = \sum_{i=n}^{-m} K_i \times 10^i$$

$$(2\text{-}1)$$

式中,码字 K_i 取数码 $0 \sim 9$ 之一,i 为整数,m 和 n 为正整数,在下面的表达中 i,m 和 n 的取值范围相同,不再赘述。

推广到 R 进制,R 进制使用 R 个码字 $0,\cdots,R-1$ 表示,逢 R 进一,其中,基数是 R,权是 R 的幂次,一个 R 进制数表示为

$$(N)_R = K_n R^n + K_{n-1} R^{n-1} + \cdots + K_0 R^0 + \cdots + K_{-m} R^{-m} = \sum_{i=n}^{-m} K_i R^i \qquad (2\text{-}2)$$

式中,K_i 取码字 $0 \sim R-1$ 之一。

(2) 二进制

二进制使用 2 个码字 $0,1$ 表示,逢二进一,其中,基数是 2,权是 2 的幂次,一个二进制数表示为

$$(N)_2 = \sum_{i=n}^{-m} K_i \times 2^i \qquad (2\text{-}3)$$

式中，K_i 取码字 0，1 之一。

（3）十六进制

十六进制使用 16 个码字 0，1，2，3，4，5，6，7，8，9，A，B，C，D，E，F 表示，其中 A，B，…，F 分别代表十进制的 10，11，…，15，逢十六进一，权是 16 的幂次，一个十六进制数表示为

$$(N)_{16} = \sum_{i=n}^{-m} K_i \times 16^i \tag{2-4}$$

式中，K_i 取码字 0～F 之　。

表 2-1 汇总了不同进制的基数、码字和权。

表 2-1 不同进制的基数、码字和权

进 制	基 数	码 字	权
十进制	10	0，1，2，…，9	10^i
二进制	2	0，1	2^i
十六进制	16	0，1，2，…，9，A，B，C，D，E，F	16^i
R 进制	R	0，…，$R-1$	R^i

（4）不同进制数值的两种书写方法

为了在书写时区分不同进制，除了使用下角标外，还可以使用后缀，其中后缀 **D**（Decimal）表示十进制数，**B**（Binary）表示二进制数，**H**（Hexadecimal）表示十六进制数。例如：

① 十进制数 123.4 可表示为 $(123.4)_{10}$ 或 123.4D；

② 二进制数 101 可表示为 $(101)_2$ 或 101B；

③ 十六进制数 9AC 可表示为 $(9AC)_{16}$ 或 9ACH。

（5）同一个数值的不同进制表示

同一个数值可以用不同的进制表示。表 2-2 给出了一组数值的十进制、二进制和十六进制表示。

表 2-2 3 种常用进制之间的对应关系

十进制	二进制	十六进制	十进制	二进制	十六进制
0	0000	0	8	1000	8
1	0001	1	9	1001	9
2	0010	2	10	1010	A
3	0011	3	11	1011	B
4	0100	4	12	1100	C
5	0101	5	13	1101	D
6	0110	6	14	1110	E
7	0111	7	15	1111	F

同一个数值采用不同进制表示时，所需位数是不同的，其特点是：**基数越大**，所需**位数越少**。例如，10D 这个 2 位十进制数，当用二进制表示时需要 4 位，即 1010B，而当用十六进制表示时则仅需要一位，即 AH。一个数值用十进制和二进制表示所需位数比是 **log10/log2≈3.3**，即一个 10 位的十进制数，当用二进制表示时需大约 33 位。

2．进制之间的转换

十进制常用于人们日常生活中数据的表示，二进制常用于计算机内部数据的表示，而十六进制则能方便地表达二进制数，下面介绍它们之间的转换。

（1）二进制数转换为十六进制数

对于一般的二进制小数，将其转换为十六进制小数时，**每4位二进制数转换为1位十六进制数**（见表2-2），并分别转换整数部分和小数部分。具体操作步骤：以小数点为界，整数部分向左，每4位分成1组，当不足4位时，左补0凑够4位，而小数部分向右，每4位分成1组，当不足4位时，右补0凑够4位。亦即，二进制小数的总位数是4的倍数，然后将每组转换为一位十六进制数，小数点保留。例如

$$111010100.011B=0001\ 1101\ 0100.0110B=1D4.6H$$

（2）十六进制数转换为二进制数

对于一般的十六进制小数，将其转换为二进制小数时，每1位十六进制数转换为4位二进制数，然后，将整数部分最左边的0和小数部分最右边的0去掉。例如：

$$5F4.76H=0101\ 1111\ 0100.0111\ 0110B=10111110100.0111011B$$

（3）二进制数转换为十进制数

二进制数转换为十进制数，采用**按权展开相加法**，即将二进制数各位与对应权相乘，然后再计算累加和。按权展开相加法的公式如下：

$$(N)_2=\sum_{i=n}^{-m}K_i\times 2^i \tag{2-5}$$

例如：

$$1010100.011B=1\times 2^6+1\times 2^4+1\times 2^2+1\times 2^{-2}+1\times 2^{-3}D=84.375D$$

（4）十进制数转换为二进制数

将一般的十进制小数转换为二进制小数，通常采用基数乘除法，这种算法需要将十进制的整数部分和小数部分分别进行转换，整数部分采用**除基取余法**，小数部分采用**乘基取整法**，然后再将转换结果拼起来，得到最终的二进制数。

下面以将十进制数 19.6875D 转换为二进制数为例进行说明。

① 十进制整数部分转换为二进制整数——除基取余法

除基取余法是将十进制数整数部分不断除以基数2并取余数的迭代过程，具体运算规则：将十进制数除以基数2，得到余数，再除以2，又得到余数……直到商为0，则先得到的余数为二进制数的低位，后得到的余数为高位。列成竖式计算如下，最终得到整数部分的二进制数：10011B。

除基取余法的规则可概括为："**除2取余，由下而上**"。

② 十进制小数部分转换为二进制小数——**乘基取整法**

乘基取整法是将十进制小数部分不断乘以基数2并取整数的迭代过程，具体运算规则：将

十进制小数部分乘以基数 2,取整数,然后再对小数部分乘以 2,再取整数……直到小数部分为 0 或者小数位数满足精度,先取到的整数作为二进制小数的高位,后取到的整数作为二进制小数的低位。列成竖式计算如下:

$$0.687\,5\times2=1.375 \qquad 取\ 1 \qquad (高位)$$
$$0.375\times2=0.75 \qquad 取\ 0$$
$$0.75\times2=1.5 \qquad 取\ 1$$
$$0.5\times2=1.0 \qquad 取\ 1 \qquad (低位)$$

得到小数部分的二进制数为 1011B,最后将整数和小数部分的结果拼接起来,得到 $19.6875\mathrm{D}=10011.1011\mathrm{B}$。

乘基取整法的规则可以概括为:"**乘 2 取整,由上而下**"。

由于一般十进制小数**不能精确地转换**为二进制小数,因此要注意乘基取整法的停止条件。如果最后小数部分为 0,则该十进制小数精确地转换为二进制小数;如果最后小数部分不为 0,则需要根据小数位数的精度要求,停止迭代过程。例如,如果要求 5 位二进制精度,则可以多计算一位小数,然后对最低位做"**0 舍 1 入**",得到最终结果。

例如 0.6876D:

$$0.687\,6\times2=1.375\,2 \qquad 取\ 1 \qquad (高位)$$
$$0.375\,2\times2=0.750\,4 \qquad 取\ 0$$
$$0.750\,4\times2=1.500\,8 \qquad 取\ 1$$
$$0.500\,8\times2=1.001\,6 \qquad 取\ 1$$
$$0.001\,6\times2=0.003\,2 \qquad 取\ 0$$
$$0.003\,2\times2=0.006\,4 \qquad 取\ 0 \qquad (低位)$$
$$0.6875\mathrm{D}=0.10110\mathrm{B}$$

2.2 数据的编码表示

为了表示有符号的整数、小数等数值数据,以及表示非数值数据,有很多基于**二进制**的编码方式,下面重点介绍定点数、浮点数、十进制数、英文字母以及汉字等的编码方式。

2.2.1 符号位的表示

人们通常使用正负号表示数的正负,那么在计算机内部的二进制数怎样表示正负呢? 以有符号的整数为例,在计算机内部需要分别表示其符号和数值,下面介绍真值和机器数的概念。

真值:用**正负号表示**的数称为这个数的真值,它可以是各种进制形式,多用在手写表达中。

机器数:使用二进制形式,将符号位与数值位**整体编码**,采用"先符号位后数值位"形式,符号位在数值位前,用"0"代表正号,用"1"代表负号,机器使用方便。注意符号位放在机器字长的**最高位**。例如,如果机器字长为 8 位,则符号位应放在第 8 位上,如果不足 8 位,则在符号位和数值位之间补 0 使其成为 8 位。

假设在 8 位字长的机器中,两个数 $N_1=+101101\mathrm{B}$,$N_2=-101101\mathrm{B}$,这是真值表示,而 $N_1'=00101101\mathrm{B}$,$N_2'=10101101\mathrm{B}$ 则分别为 N_1,N_2 的机器数表示。机器数又有多种编码规则:原码、反码、补码和移码。下面分别加以介绍。

在本章后面的例子中,如果没有特殊说明,默认机器字长都是 8 位。

1. 原码

符号位用 **0 表示正数**,用 **1 表示负数**,数值部分用二进制数的绝对值表示的数称为原码,通常记为$[X]_原$。上面例子中 $N_1' = 00101101B$ 是 $+101101B$ 的原码,$N_2' = 10101101B$ 是 $-101101B$ 的原码,记为

$$[+101101B]_原 = 00101101B$$
$$[-101101B]_原 = 10101101B$$

当上面例子中 N_1, N_2 的真值用十进制表示时,则可以写成

$$[+45D]_原 = 00101101B$$
$$[-45D]_原 = 10101101B$$

☞【注意】 在数学中数字 0 既不是正数也不是负数,但在机器表示中会有 $+0$ 和 -0 两个数,这两个数在机器中都被当作 0 处理:

$$[+0]_原 = 00000000B, \quad [-0]_原 = 10000000B$$

原码规则简单易懂,与真值转换方便,但不能直接做加、减法运算,例如前面的原码 $N1' = 00101101B$ 和 $N2' = 10101101B$,它们互为相反数,但和不为 0。

2. 反码

求反码的规则是:**正数的反码与原码相同**,负数的反码是**符号位不变**,**数值位逐位取反**。

例如,真值 $+101101B$ 和 $-101101B$,在求出原码后,按照反码规则很容易求出它们的反码:

$$[+101101B]_原 = 00101101B$$
$$[+101101B]_反 = 00101101B$$
$$[-101101B]_原 = 10101101B$$
$$[-101101B]_反 = 11010010B$$

反码不能直接进行加、减法运算,引入反码的主要目的是便于求负数的补码。

3. 补码

从真值、原码和反码的定义可知,真值可直接计算,但额外增加了"$+$"和"$-$",计算机表示麻烦,而原码和反码用 0,1 表示"$+$"和"$-$",解决了符号表示问题,但它们却不能直接进行加、减法运算。如果通过软件编程或硬件电路实现它们的加、减法运算,需要以各符号位作为条件来计算数值部分,计算结果与符号有关,实现逻辑比较复杂。

是否存在这样一种编码,可以将符号位和数值位作为整体直接运算呢?如果能这样做运算就简单多了。

参考 12 小时制的指针式钟表,当指针停在 6 点钟时,如果需要调整到 11 点,可用两种指针调整方法,一种是向前调 $11-6=5$ 个小时,另一种是向后调 $6-11+12=7$ 个小时。假设向前调记为"$+$",向后调记为"$-$",那么这两种方法分别调整了 $+5$ 和 -7。为什么调整 $+5$ 和 -7 具有相同的结果呢?问题在于钟表指针是在"12"点这个有限域中运转的,每过 12 个小时,钟表指针指示相同,在数学上将 12 称为模,$+5$ 和 -7 对于模 12 来说是互补的,或者说 $+5$ 的补数是 -7。相似地,$+4$ 和 -8 是互补的,$+3$ 和 -9 是互补的。

一般地,在**有限域**中,两个数相加等于**模**,则称它们**互补**;在有限域中减法运算可以转化为加法运算,即减去一个数等于加上这个数的补数。

每种计算机系统都有其固定字长,两个数的加、减运算就是在字长这个模内进行的,一个

数减去另一个数,可以变成一个数加上另一个数的补数,补数的引入将加、减法统一成加法运算而不需要考虑负数。

计算机系统以字长作为模,将补数称为**补码**。显然,补码的优点是可以直接进行加、减法运算,下面引入求补码的规则。

求补码规则 1:正数补码的最高位是符号"0",数值部分是该数本身,负数补码的最高位是符号"1",数值部分是用模减去该数的绝对值。

根据规则,止数补码就是原码,符号位在最高位,求负数补码要明确所用的模,即计算机字长,例如:在 8 位字长计算机中,模为 $2^8 = 1\,0000\,0000B$,负数补码 $= 2^8 -$ 数值的绝对值;在 16 位字长计算机中,模为 $2^{16} = 1\,0000\,0000\,0000\,0000B$,负数补码 $= 2^{16} -$ 数值的绝对值。

【例 2-1】 在 8 位字长计算机中,若 $X = +101101B$,$Y = -101101B$,求 X 和 Y 的补码 $[X]_补,[Y]_补$。

解:

$$[X]_补 = 00101101B$$
$$[Y]_补 = 100000000B - 101101B(\text{即 } 2^8 - 101101B)$$
$$= 11010011B$$

对于负数,除了按补码规则 1 计算外,还可以根据反码计算,其规则是:负数补码等于其反码加 1,由此总结求补码规则 2。

求补码规则 2:正数补码的最高位是符号"0",数值部分是该数本身,负数补码等于其反码加 1,即负数补码的最高位是符号"1",数值部分是各位取反,然后最低位加 1。

在上例中,$-101101B$ 的反码是 $11010010B$,最低位再加 1 得到 $11010011B$,与第一种方法的计算结果相同。

☞【注意】 ① 求补码时,一般数值位运算不会影响到符号位的变动,只有一种情况例外,即 -0,我们定义 $+0$ 和 -0 的补码都是 $0000\,0000B$(8 位字长)。

② 用原码、反码和补码表示有符号整数,是在给定的机器字长下进行的,机器字长决定了补码的模。

下面对原码、反码、补码和真值加以总结。

① 原码、反码、补码是为解决负数表示而设计的规则,因此,正数的 3 种码是相同的。

a. 对于正数:原码=反码=补码。

b. 对于负数:原码→反码,符号位不变,数值位逐位取反;原码→补码,符号位不变,数值位逐位取反并加 1(反码+1);补码→原码,符号位不变,数值位逐位取反并加 1(反码+1)。可以看出,原码与补码**互为补码**。

② 在某些情况下,需要从补码求真值或原码,其过程与求补码是相逆的,下面是由**补码求真值的规则**:

a. 如果补码的最高位是"0",则将其改为"+",数值不变;

b. 如果补码的最高位是"1",则将其改为"-",并将数值位的各位取反,然后最低位加 1。

计算机高级语言定义的基本数据类型,通常使用补码表示有符号的整型变量,表 2-3 列出了 C 语言中有符号整型变量的表示范围,这些范围就是补码表示范围。【课程关联】高级编程语言。

表 2-3 C 语言中有符号整型变量的表示范围

类 型	范 围
(signed)char	−128～127
(signed) short	−32 768～32 767
(signed) int	−32 768～32 767
(signed) long	−2 147 483 648～2 147 483 647

【例 2-2】 试求出 C 语言中 char 型变量使用原码、反码和补码的表示范围。

解: 首先看真值, char 型变量的长度是 8 位, 最小值是 −1111111, 最大值是 +1111111, 则原码:

$$[-1111111]_原 = 11111111 = -127$$

$$[+1111111]_原 = 011111111 = +127$$

$$[+0]_原 = 00000000B$$

$$[-0]_原 = 10000000B$$

反码:

$$[-1111111]_反 = 10000000 = -127$$

$$[+1111111]_反 = 011111111 = +127$$

$$[+0]_反 = 00000000B$$

$$[-0]_反 = 11111111B$$

补码:

$$[-1111111]_补 = 10000001 = -127(规定 -128 的补码是 10000000)$$

$$[+1111111]_补 = 011111111 = +127$$

$$[+0]_补 = 00000000B$$

$$[-0]_补 = 00000000B(与 [+0]_补 是同一个数)$$

由于原码和反码都存在 +0 和 −0, 而补码只有 +0, 所以补码的范围较原码和反码要大 1。

C 语言中 char 型变量的真值、原码、反码和补码表示总结在表 2-4 中。可以看出, 补码表示的范围最大。

表 2-4 C 语言中 char 型变量的真值、原码、反码和补码表示

二进制数码	数值 (无符号位)	原 码	反 码	补 码
00000000	0	+0	+0	+0
00000001	1	+1	+1	+1
00000010	2	+2	+2	+2
…	…	…	…	…
01111101	125	+125	+125	+125
01111110	126	+126	+126	+126
01111111	127	+127	+127	+127
10000000	128	−0	−127	−128
10000001	129	−1	−126	−127
10000010	130	−2	−125	−126

二进制数码	数 值(无符号位)	原 码	反 码	补 码
...	...	...	...	...
11111101	253	−125	−2	−3
11111110	254	−126	−1	−2
11111111	255	−127	−0	−1

【例 2-3】 在 8 位字长计算机中,计算下面数的原码、补码和反码:0,16,−16,+63,−63,+127,−127。

解:

$$[+0]_原=[+0]_反=00000000B$$

$$[-0]_原=10000000B,[-0]_反=11111111B$$

$$[0]_补=00000000B(补码不论+0 和−0,它们是相同的)$$

$$[+16]_原=[+16]_反=[+16]_补=00010000B$$

$$[-16]_原=10010000B,[-16]_反=11101111B,[-16]_补=11110000B$$

$$[+63]_原=[+63]_反=[+63]_补=00111111B$$

$$[-63]_原=101111111B,[-63]_反=11000000B,[-63]_补=11000001B$$

$$[+127]_原=[+127]_反=[+127]_补=01111111B$$

$$[-127]_原=11111111B,[-127]_反=10000000B,[-127]_补=10000001B$$

4. 移码

移码又称为增码或偏码,常用于表示浮点数的阶码。

移码的规则是:不论正负数,移码都是将补码的符号位取反。

【例 2-4】 在 8 位字长计算机中,若 $X=+101101B,Y=-101101B$,求 X 和 Y 的移码 $[X]_移,[Y]_移$。

解:先求补码再求移码,有

$$[X]_补=00101101B,[X]_移=10101101B$$

$$[Y]_补=100000000B−101101B=11010011B$$

$$[Y]_移=01010011B$$

2.2.2 定点数表示

在计算机数值数据表示中,一般的实数(小数)可以采用两种表示方法:浮点数和定点数。

在实数表示中,正负符号位需要用一个二进制位来表示和存储,但小数点位置则可以事先约定而不必存储。根据实数表示中**小数点的位置**是**固定**的还是**浮动**的,有两种表示法:定点数和浮点数。在定点数中,小数点位置是事先固定下来的,不会变动,而在浮点数中,小数点位置是浮动的,随着所需表示数值的大小的不同,小数点位置可以变动。

采用定点数表示的计算机称为**定点机**,采用浮点数表示的计算机称为**浮点机**。定点机在数据使用上不够方便,不利于同时表达特别大的数或者特别小的数,但其结构简单、成本低,一般多见于低档微型计算机和单片机;而浮点机可以表示的范围比定点机要大得多,在数据使用上比较方便,但结构相对复杂、成本高,一般见于大、中型计算机以及高档微型计算机。有些计算机同时设计有定点和浮点处理器,分别支持定点和浮点运算。

下面从 3 个方面比较定点数和浮点数:在表示范围方面,同样字长下定点数可表示的数值范围较小,而浮点数可表示的数值范围较大;在数据处理上,定点数要求的计算处理硬件简单,而浮点数要求的计算处理硬件复杂;在相同条件下,一般浮点运算比定点运算速度慢。

在定点数表示中,通常有两种约定小数点固定位置的方法:**整数表示法**和**纯小数表示法**。在**整数表示法**中,小数点的位置隐藏在数值部分之后,而在**纯小数表示法**中,小数点隐藏在数值部分的最前面,如图 2-1 所示。

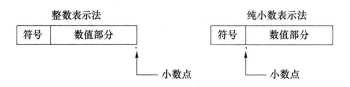

图 2-1 定点数的两种表示方法

在应用定点数时要注意以下几个问题。

☞【注意】 ① 目前定点机大多采用定点纯整数表示法,因此,定点数表示的运算通常称为整数运算。

② 对于一般的非纯小数运算,首先通过移动小数点位置将其转成整数或纯小数表示,然后再进行运算,在得到运算结果后还需将小数点位置反向移回来。

③ 在定点纯小数表示法中,如果表示的数过小,例如 0.000…0001101,可用适当的比例因子将其转化为 0.1101,之后再用定点数表示,否则可能会超过计算机字长表示范围而产生溢出或损失精度。

④ 定点数与浮点数是从小数点位置考虑数值编码的,而原码、反码、补码与移码是从符号位考虑数值编码的,定点数和浮点数都涉及符号位,也会采用原码、反码、补码等表示方法。

【例 2-5】 在 8 位字长计算机中,采用定点纯小数表示下面的数,并写出补码形式: 0.6875,-0.6875。

解:首先将 $+0.6875D$ 和 $-0.6875D$ 转成二进制数,用真值表示,然后再计算补码,有

$$0.6875×2=1.375 \quad 取 1$$
$$0.375×2=0.75 \quad 取 0$$
$$0.75×2=1.5 \quad 取 1$$
$$0.5×2=1.0 \quad 取 1$$

$+0.6875D=+0.1011B,-0.6875D=-0.1011B$(两个数的数值部分一样)

$[+0.6875]_补=0.1011000B=0.1011B$

$[-0.6875]_补=1.0101000B=1.0101B$

定点小数计算时应注意以下问题。

☞【注意】 ① 小数点前的"0"代表符号"+","1"代表符号"-",不再是整数部分的含义。

② 末尾的 0 可以省略,对补码的计算没有影响。

在上例中,由于在 8 位字长计算机中计算,所以数值位是 7 位,$[-0.6875]_原=$ 1.1011000,$[-0.6875]_反=1.0100111$,反码最低位加 1,得到 $[-0.6875]_补=1.0101000B=$ $1.0101B$。如果小数点最后的 3 个"0"省略,则按 4 个数值位计算,$[-0.6875]_原=1.1011$, $[-0.6875]_反=1.0100$,反码最低位加 1,得到 $[-0.6875]_补=1.0101$。两次计算结果相同。

【例 2-6】　在 8 位字长计算机中,写出下面数的两种定点数表示方法,并写出补码形式:
$6.312\,5, -6.312\,5$。

解:这两个数是非纯小数,既可以采用定点整数表示法,也可以采用定点纯小数表示法。
首先将两个数转化为二进制数,并用真值表示:

$$整数部分:6D = 110B$$
$$小数部分:0.312\,5D = 1010B$$

$0.312\,5 \times 2 = 0.625$	取 0
$0.625 \times 2 = 1.25$	取 1
$0.25 \times 2 = 0.5$	取 0
$0.5 \times 2 = 1.0$	取 1

所以,$6.3125D = +110.0101B$,$-6.3125D = -110.0101B$。

如果采用定点整数表示法,需要将小数点向右移动 4 位。

$6.312\,5$ 整数形式的补码为 01100101B,$-6.312\,5$ 整数形式的补码为 10011011B。

如果采用定点纯小数表示法,需要将小数点向左移动 3 位。

$6.312\,5$ 纯小数形式的补码为 0.1100101B,$-6.312\,5$ 纯小数形式的补码为 1.0011011B。

2.2.3　浮点数表示

用定点数表示整数或纯小数比较方便,但在应用中常常需要处理非纯小数,这时用定点数表示就比较麻烦,特别是同时处理多个差异很大的数据,定点数就无能为力了。例如,电子的质量是 9.019×10^{-31} kg,太阳的质量是 1.989×10^{30} kg,要想同时表达这两个数量级相差特别大的数,即使利用 64 位定点数,其可区分的范围也只有 10^{19},而用浮点数却能够很好地解决这个问题。因此,计算机高级语言通常使用浮点数来表示小数,例如 C 语言使用 float 类型和 double 类型数据表示不同精度和范围的小数。

数学上通常采用科学记数法表示较大范围的数值,科学记数法将一个数据表示成一个小数乘以一个以 10 为底的指数形式,其中,小数代表了这个数据的有效数字,而以 10 为底的指数代表了这个数据的范围,又称为比例因子。

科学记数法实现了**有效位数**和**数据范围**的分离,通过更改比例因子,将一般小数表达为纯小数,前面提到的电子和太阳的质量就是用科学记数法表示的。

电子的质量:$9.019 \times 10^{-31} = 0.901\,9 \times 10^{-30}$,4 个有效数字是 9,0,1,9,数据范围是 10^{-30}。

太阳的质量:$1.989 \times 10^{30} = 0.198\,9 \times 10^{31}$,4 个有效数字是 1,9,8,9,数据范围是 10^{31}。

二进制浮点数也可以采用科学记数法表示:

$$N = M \times 2^E \tag{2-6}$$

其中,M 称为浮点数的**尾数**,它是一个小数,表示有效数字的位数,决定了浮点数的表示精度;E 称为浮点数的**指数**,或称为**阶码**,它是一个整数,表示小数点在数据中的位置,决定了浮点数的表示范围。

浮点数也有符号位,在二进制数据中,一个有符号位的浮点数,需要将**符号位(1 位)**、**阶码(假设为 m 位)**和**尾数(假设为 n 位)**一并存储,共占用 $m + n + 1$ 个二进制位,如图 2-2 所示。

图 2-2　浮点数的表示和存储

1. 浮点数的规格化

对于同一个浮点数,当采用不同的阶码和尾数表示时,所得到的表示方式不唯一,例如 1.25 可以有如下多种形式:

$$1.25D = 1.01B = 1.01 \times 2^0$$
$$= 0.101 \times 2^1 (规格化形式)$$
$$= 0.0101 \times 2^2$$
$$= 0.00101 \times 2^3$$

浮点数的规格化是指当浮点数的尾数不为 0 时,通过向左、向右移动小数点位置,同时修改阶码,使尾数最高有效位变成"1",即 $\pm 0.1bbb \cdots b$ 的形式,其中 b 取值 0 或 1,在上面的例子中,1.25D 的规格化形式是 0.101×2^1,而其他形式都是非规格化的形式。

将一个非规格化浮点数转换为规格化形式有两种操作。

- **向右规格化**:当尾数最高有效位 1 位于小数点前面时,如 $\pm 110.1bbb \cdots b$,需要尾数右移若干位,变成规格化形式,同时阶码增加,尾数每右移一位,阶码增加 1。
- **向左规格化**:当尾数最高有效位 1 处于小数点后面若干位时,如 $\pm 0.0001bbb \cdots b$,需要尾数左移若干位,变成规格化形式,同时阶码减少,尾数每左移一位,阶码减少 1。

由于尾数域是有限的,尾数的向左、右规格化都会造成有效数据的移出与丢失,但是向右规格化丢失的是最低有效位,而向左规格化丢失的却是最高有效位。因此向右规格化更能减小数据误差。

浮点数规格化能够在尾数中保留最多有效数字,从而提高浮点数表示精度,还可以使浮点数表示具有唯一形式,便于统一存储。

2. IEEE-754 标准浮点格式

由于同一个浮点数可以采用不同的表示方式,相应地,基数、尾数、阶码和符号位的表示和存储就会存在差别。在浮点数标准公布之前,各种计算机系统都采用各自的浮点表示和运算规则,导致采用浮点数运算的软件很难在不同计算机之间移植。为此,美国 **IEEE**(Institute of Electrical and Electronics Engineers,电气电子工程师学会)提出了 **IEEE-754 标准**(1985 年),作为浮点数格式的国际统一标准,当今流行的计算机几乎都采用了这一标准,高级编程语言中的浮点表示也普遍遵循这一标准。

IEEE-754 标准规定一个浮点数 N 使用**基数 2**,并且在逻辑上使用**三元组 $\{S, E, M\}$** 来表示,其中 S 为符号位,用"0"表示正,"1"表示负。

M 为尾数,用原码表示,并采用如下规格化形式:尾数最高有效位为"1"(M 非零时)。鉴于最高有效位为"1",所以在尾数存储时,为节省存储量,只存储"1"之后的有效数字,也就是说,如果尾数存储的数值是 M,而实际代表的数值是 $1.M$,也就是实际有效位数比尾数 M 多 1。

E 是阶码,采用移码表示,移码表示的优点是可以保证阶码原有的大小顺序,并方便操作。实际存储阶码 E 时,需要将真实指数 e 加上一个偏移量 bias,也就是说,如果存储的阶码是 E,而**实际指数 e 是 E 减去偏移量 bias**,即 $e = E - \text{bias}$。

IEEE-754 具体规定了两种浮点数格式:**单精度浮点数**用 4 字节(32 位)存储;**双精度浮点数**则用 8 字节(64 位)存储,如图 2-3 所示。在 C 语言中,float 型变量采用单精度浮点数表示,double 型变量采用双精度浮点数表示。

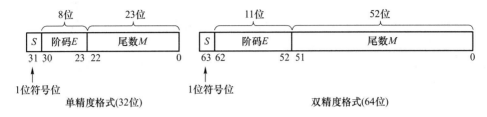

图 2-3　IEEE-754 中单精度和双精度浮点数格式

在 32 位的单精度浮点数中,符号位 S 占 1 位,阶码占 8 位,偏移量 bias 是 127(7FH),尾数 M 占 23 位,由于尾数隐藏小数点前的 1 位,实际有效位是 24 位,单精度浮点数的真值为

$$(-1)^S \times 1.M \times 2^{E-127}, \quad e = E - 127 \tag{2-7}$$

在 64 位的双精度浮点数中,符号位 S 占 1 位,阶码占 11 位,偏移量 bias 是 1 023 (3FFH),尾数 M 占 52 位,由于尾数 M 隐藏小数点前的 1 位,实际有效位是 53 位,双精度浮点数的真值为

$$(-1)^S \times 1.M \times 2^{E-1\,023}, \quad e = E - 1\,023 \tag{2-8}$$

下面以单精度浮点数为例,说明一些特殊值及其表示范围。

① **机器 0**:下面两种情况都视为机器 0,一种情况是尾数 M 为 0,不管阶码 E 是何值;另一种情况是阶码 E 比它所能表示的最小值还小,不管尾数 M 为何值。例如在式(2-7)中,如果 $1.M$ 是 0,或者 $E-127 < -127$ 都被认为是机器 0。

② **＋0 和－0**:当阶码 E 全为 0 且尾数 M 也全为 0 时,表示的真值为 0,结合符号位 S,则有＋0 和－0。

③ **＋∞和－∞**:当阶码 E 全为 1 且尾数 M 全为 0 时,表示的真值为无穷大,结合符号位 S,则有**正无穷大＋∞**和**负无穷大－∞**。

④ 阶码的表示范围:以单精度浮点数为例,除浮点数中的 0 和∞外,阶码 E 的取值只能是 1～254,当减去偏移量 127 后,实际指数的范围变为－126～127,所有单精度浮点数的表示范围都是 $2^{-126} \sim 2^{127} \approx 10^{-38} \sim 10^{38}$。

3. 浮点数精度的讨论

由于大部分十进制的小数无法精确地转为二进制小数,在计算机内部采用浮点数进行科学计算时可能会产生误差,例如下面的 C 语言程序运行结果。【课程关联】高级语言。

```
# include < stdio.h >
int main(void){
    float f1 = 34.6;
    float f2 = 34.5;
    float f3 = 34.0;
    printf("34.6 - 34.0 = % f\n",f1 - f3);
    printf("34.5 - 34.0 = % f\n",f2 - f3);
    return 0;
}
```

运行结果为：

34.6 − 34.0 = 0.599998

34.5 − 34.0 = 0.500000

显然 34.6−34.0=0.6≠0.599 998,产生误差的原因是 34.6 无法精确地表达为单精度浮点数,类似地,程序中还会出现 0.1+0.2≠0.3 的问题,所以在程序设计中,要正确使用判断条件,在输出结果时也要合理采用四舍五入的方法。

【例 2-7】 假设由 S,E,M 3 个域组成一个 32 位非零规格化浮点数 x,其真值表示为(非 IEEE-754 标准):

$$x=(-1)^S\times(1.M)\times 2^{E-128}$$

其中 S,E,M 的存储格式与 IEEE-754 标准一致,问它能表示的最大正数、最小正数、最大负数、最小负数各是多少?

解:最大正数为

0 1111 1111 111 1111 1111 1111 1111 1111

$$x=[1+(1-2^{-23})]\times 2^{127}$$

最小正数为

000 000 000000 000 000 000 000 000 000 00

$$x=1.0\times 2^{-128}$$

最小负数为

111 111 111111 111 111 111 111 111 111 11

$$x=-[1+(1-2^{-23})]\times 2^{127}$$

最大负数为

100 000 000000 000 000 000 000 000 000 00

$$x=-1.0\times 2^{-128}$$

【例 2-8】 若浮点数 x 的 IEEE-754 标准存储格式为 41360000H,求其十进制数值。

解:① 将十六进制数 41360000H 转换为二进制数。由 x 的存储格式可知,它是单精度浮点数,将十六进制数展开后,可得二进制数格式为

$$\underset{\underset{S}{\uparrow}}{0}\quad \underset{\underset{E(8\ 位)}{\uparrow}}{100\ 00010}\quad \underset{\underset{M(23\ 位)}{\uparrow}}{011\ 0110\ 0000\ 0000\ 0000\ 0000}\ B$$

② IEEE-754 标准使用 1 位符号位、8 位阶码、23 位尾数,因此可以分别提取这些内容：

- 符号位 $S=0$,表示正数;
- 阶码 $E=10000010B=130D$,则实际指数 $e=E-127=130D-127D=3D$;
- 尾数 $M=1.011\ 0110\ 0000\ 0000\ 0000\ 0000B=1.011011B$;
- 包括隐藏位 1 的尾数 $1.M=1.011011B$。

③ 根据公式写出实际数值大小：

$$x=(-1)^S\times 1.M\times 2^e=+(1.011011)\times 2^3=+1011.011B=11.375D$$

【例 2-9】 将 20.59375D 转换成 IEEE-754 标准的单精度浮点格式。

解:① 将十进制数转换为二进制数,有

$$20.59375D=10100.10011B$$

② 规格化二进制数,即将小数点移动 4 位,使其在第 1,2 位之间：

$$10100.10011B=1.010010011\times 2^4$$

实际指数 $e=4$, $1.M=1.010010011B$

③ 计算 M,E,S。M 隐去小数点前的 1,共 9 位,后补 14 个 0 得到 23 位的二进制数,即

$$M=01001001100000000000000B$$

$$E=4+127=+131D,E=10000011B$$

$$S=0$$

④ 以 32 位浮点数格式表示该数。单精度浮点数的二进制存储格式为

$$\underset{S}{0}\quad\underset{E(8\,位)}{1000001\ 1}\quad\underset{M(23\,位)}{0100100\ 11000000\ 00000000B}=41\Lambda4C000H$$

2.2.4 十进制数的表示

虽然在计算机内部以二进制处理数据,但人们使用计算机时仍习惯以十进制数作为输入和输出,因此需要将十进制数以二进制编码表示,下面说明几种编码方式。

1. ASCII 码串

十进制数用 ASCII 码字符串表示时,通常使用多个字节表示和存储,包括一个符号位字节以及一个或多个数值位字节,而每个字节都是 ASCII 码。

符号位用 2BH 表示"+",用 2DH 表示"−",数值位 0~9 则用 30H~39H 表示。

例如,+234 用 4 字节的 ASCII 码 2BH 32H 33H 34H 表示,其中符号位"+"用 2BH 表示,数值部分 2,3,4 分别用 32H,33H,34H 表示,类似地,−2345 用 5 字节的 ASCII 码 2DH 32H 33H 34H 35H 表示,这种表示方法称为前分割数字。

此外还有嵌入数字串表示方法,其特点是符号位不独占 1 字节,而是和最低数值位放在一个字节中,具体规则是:如果符号位为正,则最低数值位不变;如果符号位为负,则最低数值位加上 40H。例如+234 表示为 32H 33H 34H,−2345 表示为 32H 33H 34H 75H。嵌入数字串能够节省一个符号位字节,但不适合计算,一般用于非数值计算中。

2. BCD 码

BCD(Binary Code Decimal)码是二进制编码的十进制数,常用的 BCD 码是 8421-BCD 码(简称 8421 码,又称压缩 BCD 码),其编码方法是用 4 位二进制数来表示 1 位十进制数,即 0~9,这 4 位的权从高位到低位依次为 8,4,2,1,表 2-5 是 8421-BCD 码编码表。

表 2-5 8421-BCD 码编码表

十进制	8421-BCD (二进制)	十六进制	十进制	8421-BCD (二进制)	十六进制
0	0000	0	8	1000	8
1	0001	1	9	1001	9
2	0010	2	10	00010000	10
3	0011	3	11	00010001	11
4	0100	4	12	00010010	12
5	0101	5	13	00010011	13
6	0110	6	14	00010100	14
7	0111	7	15	00010101	15

压缩 **BCD 码**用 4 位二进制数表示 1 位十进制数,用 **1 字节表示 2 位十进制数**,形成 **BCD 串**。按照此规则并参考表 2-5 可以得到,15 的压缩 BCD 码是 0001 0101B,即十六进制的 15H;239 的压缩 BCD 码是 0010 0011 1001B,即十六进制的 239H。

BCD 码分为压缩 BCD 码和非压缩 BCD 码两种形式,通常所说的 BCD 码是指压缩 BCD 码。**非压缩 BCD 码**是用 8 位二进制数表示 1 位十进制数,即 **1 字节表示 1 位十进制数**,并规定低 4 位表示 0~9,而高 4 位全为 0,例如 29 的非压缩 BCD 码表示为 00000010B,00001001B,即十六进制的 02H,09H。

相比 ASCII 码串,BCD 码表示和存储多位十进制数更省存储空间,而且一些计算机系统还提供了 BCD 码运算指令,支持 BCD 码直接运算,因此,BCD 码的应用更为广泛。

对于有符号的十进制数,可以用有符号位的 BCD 码表示。以压缩 BCD 码为例,通常是在其最高位之前增加半个字节表示符号位,0000B 表示"+",0001 表示"−",例如+56,用 0000 0101 0110B 表示,−56 用 0001 0101 0110B 表示。

BCD 码是一种**有权值**的十进制数编码,除此之外,还有无权值的编码,如**余三码**、**格雷码**等。

2.2.5 非数值数据的表示

非数值数据通常指**字符**、**字符串**、**图形**、**图像**、**汉字**等数据,下面主要介绍字符和汉字的编码方法。

字符的编码主要有 **ASCII 码**以及 **Unicode 码**,它们既用于表示字符,也用于表示字符串(字符序列)。

1. ASCII 码

ASCII 码是美国国家标准局(ANSI)制定的美国信息交换标准代码(American Standard Code for Information Interchange,ASCII),是通用的单字节编码系统,主要用于显示现代英语字母和符号,已被国际化标准组织(ISO)定为国际标准,称为 ISO/IEC 646,到目前为止共定义了 128 个字符。

ASCII 码中的每个字符都用 1 字节来表示和存储,其中用**低 7 位的二进制编码**(0~127)表示 1 个字符,总共可以表示 128 个字符,最高位固定为 0。标准 ASCII 字符码表如表 2-6 所示,其中行标题表示 7 位中高 3 位二进制数 b_6, b_5, b_4,列标题表示 ASCII 码 7 位中低 4 位二进制数 b_3, b_2, b_1, b_0,括号中的数字为对应的十六进制数。为表达和书写方便,在表示一个 ASCII 字符时,也常常用十六进制数。例如,字符"A"的 ASCII 码可以写成 01000001B,或 41H。

表 2-6 标准 ASCII 字符码表

b_3, b_2, b_1, b_0	b_6, b_5, b_4							
	000 (0)	001 (1)	010 (2)	011 (3)	100 (4)	101 (5)	110 (6)	111 (7)
0000 (0)	NUL	DLE	SP	0	@	P	`	P
0001 (1)	SOH	DC1	!	1	A	Q	a	q
0010 (2)	STX	DC2	"	2	B	R	b	r
0011 (3)	ETX	DC3	#	3	C	S	c	s
0100 (4)	EOT	DC4	$	4	D	T	d	t

b3,b2,b1,b0	b6,b5,b4						
	000 (0)	001 (1)	010 (2)	011 (3)	100 (4)	101 (5)	110 (6)	111 (7)
0101 (5)	ENQ	NAK	%	5	E	U	e	u
0110 (6)	ACK	SYN	&	6	F	V	f	v
0111 (7)	BEL	ETB	'	7	G	W	g	w
1000 (8)	BS	CAN	(	8	H	X	h	x
1001 (9)	HT	EM	)	9	I	Y	i	y
1010 (A)	LF	SUB	*	:	J	Z	j	z
1011 (B)	VT	ESC	+	;	K	[	k	{
1100 (C)	FF	FS	,	<	L	\	l	|
1101 (D)	CR	GS	—	=	M	]	m	}
1110 (E)	SO	RS	.	>	N	ˆ	n	~
1111 (F)	SI	US	/	?	O	_	o	DEL

ASCII 码表的 128 个字符可以分为两类:可显示(可打印)字符和不可显示(不可打印)字符(或称控制字符)。

可显示字符共 95 个,包括 10 个十进制数字(0～9)、52 个英文大写和小写字母(A～Z，a～z),以及若干个运算符和标点符号。

① 数字符号 0～9:按顺序排列,ASCII 码分别对应 30H～39H。

② 英文字母:排列顺序是大写字母在前,小写字母在后,大、小写字母均按顺序排列,例如字母"A"的 ASCII 码是 41H,字母"B"的 ASCII 码是 42H,字母"a"的 ASCII 码是 61H。

不可显示的控制符号共 33 个,早期用于控制计算机外围设备的某些工作特性,现在多数已被废弃。

ASCII 码的字节**最高位固定为 0**,称为**标准 ASCII 码**。在某些情况下,最高位还可作其他用途。例如,用作西文字符和汉字的区分标识,用作奇偶校验位以检验错误,一些公司还使用最高位进行编码扩展,因为让最高位为 1,还可以多表示 128 个编码字符(128～255),这样 ASCII 码将最多表示 256 个字符,称为**扩展 ASCII 码**,但由于没有统一的标准,自行定义的扩展 ASCII 码之间是互不兼容的。

2. Unicode 码

Unicode 码是一种全新的编码,其设计目标是容纳全世界所有语言的全部字符,Unicode 码为每种语言中的每个字符都设定了统一并且唯一的二进制编码,以满足跨语言、跨平台进行文本转换和处理的要求。

为了表示更多的字符,必须增加更多的二进制位参与到编码中,常用的 Unicode 码是 UCS-2(2-byte Universal Character Set,2 字节通用字符集),每个字符都占用 2 字节,使用 16 位的编码空间,理论上允许表示 $2^{16}=65\ 536$ 个字符,基本上满足了各种语言的使用需要。后来考虑未来特殊应用和扩展的需求,人们又提出了 UCS-4 编码,每个字符占用 4 字节。

☞【注意】　Unicode 码只是字符集,其为每个字符都规定了用来表示该字符的二进制代码,但并没有规定二进制代码如何存储,要解决其存储问题需要用到 UTF-8 和 UTF-16 编码。

在计算机系统中 ASCII 字符只需用 1 字节表示,UCS-2 需要用 2 字节表示,UCS-4 需要用 4 字节表示,那么在计算机系统中如何处理一个占用 4 字节的字符呢？计算机会将它认为是 4 个 ASCII 码,还是 2 个 UCS-2,还是 1 个 UCS-4 呢？另外,如果将所有符号都用 4 字节表示显然会造成存储容量的浪费,所以在实际应用中采用了 **UTF-8** 和 **UTF-16** 编码规则。

UTF-8 是目前互联网上使用广泛的一种 Unicode 编码方式,其最大的特点就是可变长,使用 1～4 字节表示一个字符,根据字符的不同而变换长度,从而实现了对 ASCII 码的向后兼容。UTF-16 也是一种可变长的 Unicode 编码方式,其采用 2 字节或 4 字节表示一个字符。

综上,在计算机系统中,为了表示每个字符,扩展 ASCII 码用 1 字节,Unicode UCS-2 字符集用 2 字节,Unicode UCS-4 字符集用 2 字节,而 UTF-8 编码使用 1～4 字节,UTF-16 编码使用 2 字节或 4 字节。

3. 汉字的编码方法

西文是一种拼音文字,使用若干有限字母就可以拼出所有的单词,因此编码规则简单,使用少量的字母和一些符号、标点等辅助字符就可以组成西文字符集,ASCII 编码已能满足西文的应用需求。

中文的编码要复杂得多,中文信息的基本组成单位是汉字,汉字总数超过 6 万个,常用汉字也有 7 000 个左右,数量庞大,还有简体、繁体的区别。而且汉字的编码会涉及计算机输入、内部处理以及计算机输出的全部过程,对应地,通常将汉字的编码分为输入码、交换码、机内码和字形输出码,如图 2-4 所示。在设计编码时,要为每个汉字都设计一个编码,而且这些编码要与西文字符和其他字符有明显的区别。

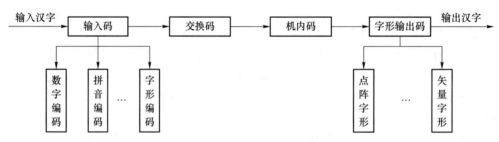

图 2-4 从输入到输出过程的汉字编码

（1）输入码

输入码是指从键盘输入的汉字的编码,属于机外码,简称外码。一个汉字有多种不同的输入码,一个好的输入法应该是便于记忆,码长短,重码少。按照编码的原理和规则,输入码主要分为 4 类:数字码、拼音码、字形码和混合码。

数字码将待编码的汉字集以一定的规则排序,然后依次逐个赋予相应的数字串,以此作为汉字输入码,典型的数字码是区位码和电报码,用 4 个数字对一个汉字进行编码,由于编码难记忆,所以现在很少使用。拼音码是以汉语拼音方案为基础而设计的编码,分为全拼输入法、双拼输入法等,最大的优点是简单易学,是主流的汉字输入方法。字形码是以汉字的形状为基础而确定的编码,把汉字的笔画或部件用字母或数字进行编码,常用的有五笔字型码、郑码、表形码等,优点是码长较短,重码率低,输入速度快,但需要学习和记忆一些规则。混合码是将汉字的字形与字音相结合的编码,也称为音形码或结合码,常用的有自然码等。

（2）交换码

交换码主要用于汉字信息处理系统或通信系统之间的信息交换,也称为汉字国标码。国家标准总局公布的国家标准 GB 2312—80《信息交换用汉字编码字符集 基本集》共收集了常用汉字 6 763 个,其中一级汉字(常用汉字)3 755 个,二级汉字(次常用汉字)3 008 个,加上 682 个图形符号,共计 7 445 个。

在 GB 2312—80 中,全部汉字与图形符号组成一个 94×94 的矩阵,矩阵的每一行都称为一个"区",每一列都称为一"位",形成 94 个区(01~94 区),每个区内共 94 位(01~94 位)汉字字符集。一个汉字的区号和位号组合在一起就构成一个 4 位数的代码,前两位数字为"区码"(01~94),后两位数字为"位码"。一个汉字的区码和位码可以用 2 字节表示,即 1 字节区码和 1 字节位码,这种汉字表示方式称为"区位码"。例如,汉字"啊"的区位码为 1601(或表示为 1001H),表示该汉字在 16 区的 01 位。

以区位码为基础,在区码与位码上分别加 20H,就形成了国标码,即

$$国标码高位＝区码＋20H \tag{2-9}$$

$$国标码低位＝位码＋20H \tag{2-10}$$

汉字"啊"的国标码为 3021H,加 20H 主要是为了避免国标码与标准 ASCII 码中的控制码发生冲突,在 ASCII 码中控制码基本都集中在 20H(空格)之前。

(3) 机内码

机内码是在计算机内部对汉字信息进行各种加工、处理所使用的编码,简称内码。可以通过不同的输入码输入汉字,但在计算机内部其内码是唯一的。当计算机系统中同时存在 ASCII 码和汉字国标码时,将会产生二义性,为了保证汉字处理系统中西文的兼容,就需要采用机内码。

例如,有两字节的内容,分别为 30H 和 21H,它们既可表示一个汉字"啊"的国标码(3021H),又可表示两个西文"0"和"!"的 ASCII 码(30H 和 21H)。为此,汉字机内码应对国标码进行适当的处理和变换,考虑标准 ASCII 码的最高位固定为 0,只需将机内码的最高位规定为 1 即可,因此在国标码的高位和低位分别加上 80H:

$$机内码高位＝国标码高位＋80H＝(区码＋20H)＋80H＝区码＋A0H \tag{2-11}$$

$$机内码低位＝国标码低位＋80H＝(位码＋20H)＋80H＝位码＋A0H \tag{2-12}$$

经过这样变换后,汉字"啊"的机内码为 B0A1H,显然,其中每个字节(B0H,A1H)都容易与标准 ASCII 码区分开。

(4) 字形输出码与汉字库

为了实现显示和打印汉字,需要将汉字的机内码转换为汉字可见的字形,这就是字形码。为此,首先需要在计算机内部存储每个汉字的字形码,每个汉字的字形码在存储器中与其存储地址是一一对应的,当需要显示和打印汉字时,只要找到汉字的存储地址就可以取出存储的汉字字形码,并将其送至输出设备。根据构造和存储汉字字形方法的差别,汉字字库分为点阵字库和矢量字库。

① 点阵字库

点阵字库是计算机字库中字形信息的存储方式,用这种方式构造的字体,每个汉字字符都包含 m 列和 n 行,用一个由 $m×n$ 个像素组成的位图表示,这个 $m×n$ 的点阵称为一个字模(mask),点阵中的每个点都只有两种状态,即有笔画和无笔画,用二进制数字来表示,"1"表示有笔画,对应像素应置为字符颜色;"0"表示无笔画,对应像素应置为背景颜色或不改变。

点阵字库可分为低分辨率和高分辨率两大类,低分辨率用于一般的信息处理系统,如 16×16 点阵、24×24 点阵、32×32 点阵,而高分辨率用于印刷系统,一般需要在 64×64 点阵以上。

不同的点阵字模需要的存储容量是不同的,当表示一个汉字时,用 16×16 点阵需要 16×16＝256 位二进制数,即 32 字节存储,而用 64×64 点阵则需要 64×64＝4 096 位二进制数,即 512 字节存储。

图 2-5 所示是汉字"英"的 16×16 点阵字形,在图中右侧列出了每一行像素的十六进制编码。

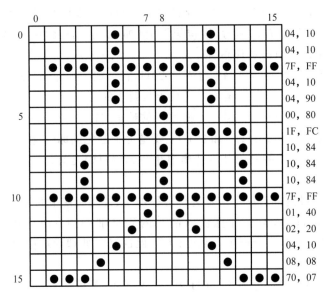

图 2-5　汉字的字模点阵及其编码

一个汉字字库的存储容量是每个汉字占用的存储量乘以汉字个数。一般地,汉字字库会为每个字符存储多种点阵字形,以及多种字体的字形,所以字库存储空间比较大,多数汉字信息处理系统将汉字字库存储在硬盘上,使用专门的软件完成从汉字内码到汉字字模点阵的转换,这样的字库称为"软字库"。此外,一些外设(如打印机)或嵌入式计算机将汉字字模点阵固化在只读存储器芯片内部,称为"**硬字库**",以方便汉字字模存取。

② 矢量字库

点阵字库存取字形速度快,但缩放后的字形质量难以保证,字体放大后可能出现边缘锯齿或笔画损失的情况,影响字体的美观。相比之下,矢量字库中存储的是不同字体文字的外部形态的矢量信息,计算机可根据字号改变矢量值,并根据轮廓充填而形成文字。

矢量字库保存的是每一个汉字的**描述信息**,比如一个笔画的起始坐标、终止坐标、半径、弧度等,只需要改变缩放系数即可改变文字的字号。汉字字形是通过数学曲线来描述的,包含字形边界上的关键点、连线的导数信息等,在显示、打印这一类字库时,要经过一系列的数学运算才能输出结果,这样产生的字体可以无限放大而不产生变形。Windows 操作系统中使用的 TrueType 字体就属于矢量字库。

(5)汉字编码的发展

我国使用的计算机汉字操作平台中常见的汉字字符集有如下几种:GB 2312 字符集、GB/T 12345 字符集、BIG5 字符集、GBK 字符集、GB 18030 字符集。

GB 2312 字符集即国标码字符集 GB 2312—80,全称为《信息交换用汉字编码字符集 基本集》。其由国家标准总局发布,并于 1981 年 5 月 1 日起实施,是中国国家标准的**简体中文**字符集,其所收录的汉字已经覆盖99.75%的使用频率,基本满足了汉字的计算机处理需要。

GB/T 12345 字符集是国家标准总局于1990年颁布的**繁体字**编码标准,全称为《信息交换用汉字编码字符集 辅助集》,共收录了6 866个汉字(比GB 2312多103个字),纯繁体的字大概有2 200余个。

BIG5 字符集又称为大五码,1984年由中国台湾财团法人信息工业策进会和五家软件公司宏碁(Acer)、神通(MiTAC)、佳佳、零壹(Zero One)、大众(FIC)创立,故称大五码,共收录了13 053个中文字,该字符集主要在**中国台湾地区**使用。

GBK 字符集是1995年年底推出的中文编码扩展国家标准,兼容GB 2312字符集,共收录了汉字21 003个、符号883个,并提供了1 894个造字码位,**简、繁体**字融于一库,主要扩展了对繁体中文字的支持。

GB 18030 字符集的全称为《信息技术 中文编码字符集》,它是由中华人民共和国国家标准所规定的变长多字节字符集。其首个标准GB 18030—2000于2000年3月17日发布,解决了汉字、日文假名、朝鲜语和中国少数民族文字组成的大字符集计算机编码问题,采用单字节、双字节和四字节3种编码方式,字符总编码空间超过150万个编码位,收录了27 484个汉字,覆盖中文、日文、朝鲜语和中国少数民族文字,能满足中国大陆、中国香港、中国台湾、日本和韩国等东亚地区信息交换多文种、大字量、多用途、统一编码格式的要求。它与Unicode 3.0版本兼容,并与以前的国家字符编码标准兼容。

GB 18030—2005于2005年11月8日发布,更新至Unicode 3.1中日韩统一表意文字(即扩展B区),并刊载少数民族的文字,包括朝鲜文、蒙古文(包括满文、托式文、锡伯文、阿礼嘎礼文)、德宏傣文、藏文、维吾尔文/哈萨克文/柯尔克孜文和彝文,收录了70 244个汉字。

GB 18030—2022于2022年7月19日发布,收录了87 887个汉字、228个汉字部首,在汉字数量上比2005年版增加了1.7万余个生僻汉字,基本满足了人名、地名生僻字和古籍、科技用字的信息化处理需要。

2.2.6　数据的宽度和存储顺序

计算机内部的各种数据都需要采用二进制表示和存储,由于各种类型数据的宽度与存储单元宽度不同,一个类型的数据常常会占多个存储单元,这就涉及数据在计算机内部存储顺序的问题。本节主要讨论这个问题,至于两个或多个数据之间的存储顺序,属于数据结构课程中讨论的内容。【课程关联】数据结构。

1. 数据的宽度和单位

计算机中常用以下3种不同宽度的数据单位。

(1) 位

二进制数的最小单位是比特(bit),或称为"位元",简称"位",一位取值为0或者1。

(2) 字节

字节(byte)是计算机存储器容量的一种计量单位,1字节=8位,计算机中通常以字节为单位表示编码,例如,每个西文字符用1字节表示,每个汉字用2字节表示,等等。在用字节表示数据时,通常写成十六进制形式。

(3) 字长

字长是指CPU一次能够同时处理二进制数据的位数,字长是表示计算机性能的重要指标(1.4节),字长越长,数据表示的范围就越大,精度也越高。通常所称的32位机和64位机,就是指计算机字长是 32 位和 64 位。

2. 数据存储和排列顺序

（1）LSB 和 MSB

计算机内部存储的二进制数据是由一串 0,1 组成的序列,每 8 位组成一个字节,不同数据类型具有不同的宽度,许多数据类型需要用多个字节表示。例如,short 型数据的宽度为 2 字节,int 和 float 型数据的宽度为 4 字节,double 型数据的宽度为 8 字节,等等。这些数据类型表示中就有高字节和低字节之分,通常将最低的那个字节称为最低有效字节,用 LSB（Least Significant Byte）表示,将最高的那个字节称为最高有效字节,用 MSB（Most Significant Byte）表示。例如一个数值“6”,用 int 类型表示时需要用 4 字节,用 0,1 序列表示为“0000 0000 0000 0000 0000 0000 0000 0110”,用十六进制表示为“00H 00H 00H 06H”,其中 MSB＝00H, LSB＝06H。

（2）数据存储地址

现代计算机中的主存大都采用字节编址方式（1.2.2 节）,对主存空间的存储单元进行编址时,每个地址存放一字节数据。例如,int 型数据“6”需用 4 字节表示,那么在计算机主存中需要为它分配连续 4 字节的存储单元,假设 4 字节地址为 1000H,1001H,1002H,1003H,则**将最低地址定义为该数据的地址**,即数据“6”的地址为 1000H。

（3）两种存储顺序

如上所述,为了存储 int 型数据“6”,在计算机主存中连续分配 4 字节,那么在 1000H 单元中存放“6”的 LSB 还是 MSB 呢？这就涉及两种存储顺序:大端（big endian）方式和小端（little endian）方式。

大端方式:将数据最高有效位存放在最低地址单元中,将最低有效位存放在最高地址单元中,这种方式也称为 MSB 优先方式,如图 2-6(a)所示,最低地址单元 1000H 中存放的是“6”的最高有效位,即 00H。IBM System 360/370、Motorola 68000、MIPS、HP PA 等机器采用大端方式。

小端方式:将数据最高有效位存放在最高地址单元中,将最低有效位存放在最低地址单元中,这种方式也称为 LSB 优先方式,如图 2-6(b)所示,最低地址单元 1000H 中存放的是“6”的最低有效位,即 06H。Intel 80x86、DEC、VAX 等机器采用小端方式。

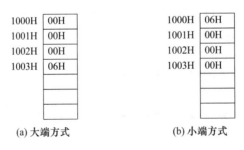

图 2-6　数据存储的两种顺序

3. 字符串的存储顺序

字符串是由多个字符（如 ASCII 字符）组成的序列,每个 ASCII 字符都用一字节长度存储,如果计算机的字长为 32 位,即 4 字节,则字符串中每 4 个字符用一个字长度存储,而该字中各字符的存储顺序也有大端和小端两种不同方式。

2.3 数据的校验

数据在计算机内部进行存取、传送的过程中,由于元器件的故障或者噪声干扰等会出现差错,为了减少和避免这种差错,除了提高计算机硬件可靠性,增加抗干扰能力外,还需要采取一定措施对数据本身进行正误验证,以便发现错误,或者纠正错误。

数据校验方法大多数基于"**冗余校验**"思想,除了原始有效数据外,还要增加若干位编码,这些新增的编码称为校验位。

2.3.1 奇偶校验

1. 奇偶校验的概念

奇偶校验是在若干**有效数据位**(例如 1 字节)后加上 1 位的**校验位**,也称为校验码,使得数据整体(有效数据位加校验位)中"1"的个数成为奇数或者偶数的校验方法。由此,奇偶校验分成奇校验和偶校验两种校验规则,如图 2-7 所示。

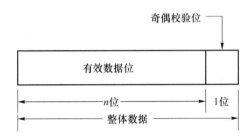

图 2-7 奇偶校验码

奇校验:如果有效数据位中"1"的个数为奇数,则校验位为 0,否则为 1,从而保证**整体数据中"1"的个数为奇数**。

偶校验:如果有效数据位中"1"的个数为偶数,则校验位为 0,否则为 1,从而保证**整体数据中"1"的个数为偶数**。

表 2-7 所示是奇偶校验的例子,校验位取值 0 或 1 是由有效数据位中"1"的个数决定的。

表 2-7 一组奇偶校验的例子

数 据	"1"的个数	偶校验编码	奇校验编码
1 0 1 0 1 0 1 0	4	1 0 1 0 1 0 1 0 0	1 0 1 0 1 0 1 0 1
0 1 0 1 0 1 0 0	3	0 1 0 1 0 1 0 0 1	0 1 0 1 0 1 0 0 0
0 0 0 0 0 0 0 0	0	0 0 0 0 0 0 0 0 0	0 0 0 0 0 0 0 0 1
0 1 1 1 1 1 1 1	7	0 1 1 1 1 1 1 1 1	0 1 1 1 1 1 1 1 0
1 1 1 1 1 1 1 1	8	1 1 1 1 1 1 1 1 0	1 1 1 1 1 1 1 1 1

根据奇校验的定义,不管有效数据位为多少,**奇校验都不会出现整体数据各位为全 0 的情况**,因此在实际应用中多采用奇校验。

奇偶校验是一种简单且应用广泛的数据校验方法,可以检测出 **1 位或奇数位的错误**,但不**能确定出错的位置**,也不能检查出偶数位的错误。换句话说,奇偶校验发现差错的充分必要条件是有效数据中有 1 位或奇数位错误,在实际应用中,由于一位出错的概率要远远大于多位出错的概率,因此,奇偶校验是一种非常有效的校验方法。在存储器的数据检查中常常使用奇偶校验,在 ASCII 码的传送中也会经常将最高位作为奇偶校验位。

另外,从传送位置看,奇偶校验位可以约定放在有效数据位之后,也可以约定放在有效数据位之前。

2. 奇偶校验的逻辑实现

奇偶校验易于用硬件逻辑电路实现,使用简单的异或电路就可以实现奇偶校验,以向主存中写入和读出一个带有校验码的字节为例,说明生成校验码和验证校验码两个过程。

(1) 使用奇偶校验逻辑生成奇偶校验码

当将 1 字节的代码 $D_7 \sim D_0$ 写入主存时,先将它们送往奇偶校验电路,该电路将产生 1 位奇偶校验码,然后将 8 位数据和 1 位校验码一并写入主存。

生成奇校验码:当 $D_7 \sim D_0$ 中有奇数个"1"时,下面的逻辑将使得奇校验位为 0,否则为 1,即

$$奇校验位 D_奇 = \overline{D_7 \oplus D_6 \oplus D_5 \oplus D_4 \oplus D_3 \oplus D_2 \oplus D_1 \oplus D_0} \tag{2-13}$$

生成偶校验码:当 $D_7 \sim D_0$ 中有偶数个"1"时,下面的逻辑将使得偶校验位为 0,否则为 1,即

$$偶校验位 D_偶 = D_7 \oplus D_6 \oplus D_5 \oplus D_4 \oplus D_3 \oplus D_2 \oplus D_1 \oplus D_0 \tag{2-14}$$

(2) 使用奇偶校验逻辑发现奇偶校验错误

当从主存读出数据时,将读出的 9 位代码(8 位数据和 1 位校验码)同时送入奇偶校验电路进行校验。

$$奇校出错 = D_7 \oplus D_6 \oplus D_5 \oplus D_4 \oplus D_3 \oplus D_2 \oplus D_1 \oplus D_0 \oplus D_奇 \tag{2-15}$$

$$偶校出错 = D_7 \oplus D_6 \oplus D_5 \oplus D_4 \oplus D_3 \oplus D_2 \oplus D_1 \oplus D_0 \oplus D_偶 \tag{2-16}$$

如果奇校出错或偶校出错=1,则 9 位代码中有 1 位出错,包含奇偶校验位出错情况,但不能确定具体错误位置;如果奇校出错或偶校出错=0,则数据没有错误。

3. 交叉奇偶校验

奇偶校验位可以看作在数据横向上增加的校验位,如果在数据纵向上也增加 1 个校验位,便形成纵横交叉奇偶校验,则可以**发现 2 位错误**,或者发现 **1 位错误及其位置**,交叉奇偶校验是一种**增强型的奇偶校验方法**。

在计算机内部进行大批量字节传送时可以采用交叉奇偶校验,除了每个字节横向上的校验位外,还为多个字节组成纵向上的校验位。

表 2-8 所示的交叉奇偶校验在两个方向上均采用了偶校验方式,下面分析 2 位出错以及 1 位出错的情况。假设第 1 个字节的 D_2,D_3 两位均出错,则横向校验位无法发现错误,但是 D_2,D_3 所在的纵向校验位却可以发现错误,因此这种校验能发现 2 位出错的情况;假设只有第 1 个字节的 D_2 出错,则横向第 1 个字节检测出错误,纵向 D_2 也检测出错误,因此这种校验不仅能发现 1 位出错的情况,还能确定出错位置,从而进行纠正。

表 2-8 交叉奇偶校验

	D_7	D_6	D_5	D_4	D_3	D_2	D_1	D_0	横向校验位
第 1 个字节	1	1	0	0	1	0	1	1	1
第 2 个字节	0	1	0	1	1	1	0	0	0
第 3 个字节	1	0	0	1	1	0	1	0	0
第 4 个字节	1	0	0	1	0	1	0	1	0
纵向校验位	1	0	0	1	1	0	0	0	

基于纵横交叉校验的原理,还可以构造更多的数据校验算法。例如,Flash 存储器的 **ECC**(Error Checking and Correction)校验是一种用于差错检测和修正的算法。ECC 校验每次对 256 字节的数据进行操作,包含列校验和行校验。这样的结构比上述 4 字节的交叉校验更节省校验位占用的存储量。ECC 能纠正 1 位错误和检测 2 位错误,而且计算速度很快,但对 1 位以上的错误无法纠正,对 2 位以上的错误不保证能检测,更多关于 ECC 的详细校验方法,请参看相关资料。

2.3.2　海明校验*

奇偶校验是在若干有效位之外加上 1 个校验位,可以检测出 1 位或奇数位的错误,但不能纠错的校验方法。海明校验在基本奇偶校验的基础上,采用多重奇偶校验方式,增强了数据校验能力,能够检测出 1 位或多位错误,并且在发生 1 位错误时能予以纠正。

假定有效数据 D 的位数为 n,校验码 P 的位数为 k,那么,校验码位数 k 应取多少呢? k 位理论上能表示 2^k 种状态,考虑只有 1 位错误的情况,实际错误有 $n+k$ 种,即 n 位有效数据中某位有误,或者 k 位校验码中某位有误,再加上 1 种无错情况,实际状态共 $1+n+k$ 种,这些状态应能被 2^k 种状态表示,所以应满足条件

$$2^k \geqslant 1+n+k \tag{2-17}$$

例如,当 $n=8$,k 至少为 4 时,数据总位数是 $8+4=12$,实际状态是 13 种(12 种 1 位错误,1 种无误),根据 4 位校验码的 16 种组合状态,就可以区分这 13 种情况,并检查出 12 种错误。类似地,当 $n=4$,k 至少为 3 时,数据总位数是 $4+3=7$,实际状态是 8 种(7 种 1 位错误,1 种无误),根据 3 位校验码的 8 种组合状态,就可以区分这 8 种情况,并检查出 7 种错误。

在实际应用中,发送方首先计算有效数据 D 的校验码 P,然后将 $n+k$ 位数据整体发送出去;接收方接收到 $n+k$ 位数据后,首先计算校验码 P',然后将其与接收到的 P 做异或运算得到故障字,最后根据故障字进行纠错。下面以 $n=4$,$k=3$ 为例介绍纠错过程,这里只考虑 1 位错误的情况,并采用偶校验方式。

首先将 4 个有效数据位分别记为 D_1,D_2,D_3,D_4,3 个校验位分别记为 P_1,P_2,P_3,由这 7 位组成信息位 M_1,$\cdots$,M_7。为了计算方便,信息位并不是将有效数据位和校验位顺序排列,而是"穿插"排列。为了清楚其排列方式,从 3 个校验位 8 种组合状态 $(S_3 S_2 S_1)$ 看,设 $S_3 S_2 S_1 = 000$ 代表无错,在剩下的 7 种错误中,3 种组合状态(001,010,100)只有一位"1",令其分别代表每个校验位错误。由此将 P_1,P_2,P_3 安排在 M_1,M_2,M_4 位上(M_1 对应 001,M_2 对应 010,M_4 对应 100),然后,将 D_1,D_2,D_3,D_4 安排在剩余的位置 M_3,M_5,M_6,M_7 上,这样得到的 7 位信息排列是 $P_1 P_2 D_1 P_3 D_2 D_3 D_4$,如表 2-9 左边所示。

表 2-9　海明校验码和故障字的对应关系

	M_1	M_2	M_3	M_4	M_5	M_6	M_7	状态	无误	7 种错误						
	P_1	P_2	D_1	P_3	D_2	D_3	D_4		0	1	2	3	4	5	6	7
组 3	0	0	0	1	1	1	1	S_3	0	0	0	0	1	1	1	1
组 2	0	1	1	0	0	1	1	S_2	0	0	1	1	0	0	1	1
组 1	1	0	1	0	1	0	1	S_1	0	1	0	1	0	1	0	1

接下来还要确定 P_1,P_2,P_3 分别用哪些有效数据位计算校验码,我们将表 2-9 右边错误状态 1~7 所对应的 3 行编码值,分别复制到表左边 M_1~M_7 对应的 3 组 1~3 中,其中,对应

"1"的信息位参与校验,对应"0"的信息位不参与校验,即

$$M_1 \oplus M_3 \oplus M_5 \oplus M_7 = 0$$
$$M_2 \oplus M_3 \oplus M_6 \oplus M_7 = 0$$
$$M_4 \oplus M_5 \oplus M_6 \oplus M_7 = 0$$

表中 M_1, M_2, M_4 分别对应 P_1, P_2, P_3,因此 P_1, P_2, P_3 的表达式为

$$P_1 = M_3 \oplus M_5 \oplus M_7 = D_1 \oplus D_2 \oplus D_4$$
$$P_2 = M_3 \oplus M_6 \oplus M_7 = D_1 \oplus D_3 \oplus D_4$$
$$P_3 = M_5 \oplus M_6 \oplus M_7 = D_2 \oplus D_3 \oplus D_4$$

最后再看一下故障字的计算。接收方得到信息位 $M_1 \sim M_7$ 时,利用上述公式重新计算校验码,得到 P_1', P_2' 和 P_3',然后再计算故障字:

$$S_1 = P_1 \oplus P_1', \quad S_2 = P_2 \oplus P_2'; \quad S_3 = P_3 \oplus P_3'$$

故障字 8 种状态与表 2-9 中 7 种错误情况及 1 种无错误情况对应,具体分 3 种情况处理:

① 如果 $S_3 S_2 S_1$ 均为 0,则无误;

② 如果 $S_3 S_2 S_1$ 中有 1 位等于 1,其他两位等于 0,则校验码出错,无须纠错;

③ 如果 $S_3 S_2 S_1$ 中有 2 位或 2 位以上等于 1,则是有效数据位错误,在表 2-9 中可以找出对应的有效数据位,并将其从 1 纠正为 0,或从 0 纠正为 1。

【例 2-10】 设 4 个有效数据位分别是 1100,试计算校验码,如果有效数据在传输过程中发生了一位错误,从 1100 变成了 0100,写出其纠错过程。

解:确定校验位的位数。由公式 $2^k \geqslant 1 + n + k$ 可知,至少需要 3 位校验位,记为 P_1, P_2, P_3。有效数据位记为 $D_1 D_2 D_3 D_4 = 1100$,它们构成的信息为 $M_1 \sim M_7 (P_1 P_2 D_1 P_3 D_2 D_3 D_4)$:

$$P_1 = D_1 \oplus D_2 \oplus D_4 = 1 \oplus 1 \oplus 0 = 0$$
$$P_2 = D_1 \oplus D_3 \oplus D_4 = 1 \oplus 0 \oplus 0 = 1$$
$$P_3 = D_2 \oplus D_3 \oplus D_4 = 1 \oplus 0 \oplus 0 = 1$$

发送端:将有效数据 $D_1 D_2 D_3 D_4$ 以及 $P_1 P_2 P_3$ 作为整体发送出去。

接收端:接收到 $D_1 D_2 D_3 D_4$ 以及 $P_1 P_2 P_3$,重新计算校验码,并根据故障字纠错。由于 $D_1 D_2 D_3 D_4 = 0100$,故

$$P_1' = 0 \oplus 1 \oplus 0 = 1$$
$$P_2' = 0 \oplus 0 \oplus 0 = 0$$
$$P_3' = 1 \oplus 0 \oplus 0 = 1$$

故障字

$$S_1 = P_1 \oplus P_1' = 1, \quad S_2 = P_2 \oplus P_2' = 1; \quad S_3 = P_3 \oplus P_3' = 0$$

由于 $S_3 S_2 S_1 = 011$,故知道 M_3 即 D_1 错误,因此,将 D_1 从 0 纠正为 1,最后得到正确数据 1100。

上述纠正一位错误的海明校验称为单纠错码(SEC),此外,还有同时发现两位错误并纠正的海明校验(DEC-DED)。

由于海明校验主要采用异或运算,因此它易于硬件实现,具有广泛的应用。

2.3.3 循环冗余校验

循环冗余校验(Cyclic Redundancy Check,**CRC**)是一种能够实现数据校验及数据纠错的校验码,通常用于网络传输的数据包和计算机文件的校验,例如辅助存储器数据校验。前面介

绍的基本奇偶校验和海明校验方法都采用奇偶校验原理,用于校验或纠正信息中1位或2位错误,而CRC则利用**除法及余数**原理,能够发现并纠正信息中连续出现的多位错误,具有纠错比例高、执行速度快、使用灵活等特点。

假定有效数据的位数为n,首先将其表达为多项式$M(x)$,然后将$M(x)$左移k位后再除以一个约定的**生成多项式$G(x)$**,$G(x)$对应一个$k+1$位的二进制数,则得到的**余数多项式$R(x)$**对应k位的校验码。将n个有效位以及k个校验位形成的$n+k$个位一起进行传输,称为循环校验码——$(n+k,k)$码,如图2-8所示。

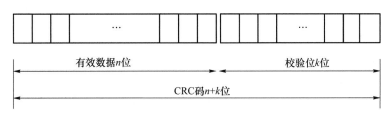

有效数据n位 校验位k位

CRC码n+k位

图 2-8　CRC$(n+k,k)$

在接收端,将收到的有效数据和校验位除以约定的生成多项式,如果余数为0,则没有发生错误,如果余数不为0,则表示发生了错误,由于错误位置不同,余数则不同,从而可以利用对应关系实现数据纠错。

假设6位有效数据是100011,多项式是$M(x)=x^5+x+1$,约定的生成多项式为$G(x)=x^3+1$,即4位数据1001,利用模2多项式除法,得到3位校验码,即111,称为CRC(9,3)码:

$$x^3M(x)/G(x)=(x^8+x^4+x^3)/(x^3+1)=x^2+x+1$$

在接收到CRC码并校验时,将CRC码做同样的计算,如果余数为0,则说明无错误;如果余数不为0,则说明发生错误。

选择生成多项式时需要考虑一定的约束条件,并不是所有的多项式都可以作为生成多项式。例如,要求任何一位发生错误时,余数都应该不为0,不同位发生错误时,余数应该不同等。CRC校验采用的生成多项式有多种不同形式,对应的CRC校验也有不同的类别,常用的CRC校验有CRC-16、CRC-32等版本,它们具有不同的校验和纠错能力。

循环冗余码具有纠错比例高的特点,能够检测出所有长度小于或等于校验位长度的突发错误,由于涉及的数学关系比较复杂,证明过程请参看相关书籍。

循环冗余码使用方式灵活,在网络应用中,有效数据由上千二进制位构成一帧数据,通常的做法是只将CRC用于检测错误而不纠错,当接收方发现错误后通知发送方重新发送。因此,接收方只需用约定生成多项式进行模2除并判断余数是否为0即可,执行速度更快。

循环冗余码计算采用模2多项式除法,软件和硬件实现都比较简单,其硬件实现电路主要由异或和移位运算电路组成,可以实现数据快速校验。

2.4　定点运算和定点运算器

计算机中的基本运算分为两大类:算术运算和逻辑运算。

算术运算主要是指加、减、乘、除四则运算,其参与运算的操作数一般是有符号数,由于数值数据有定点表示和浮点表示,因此,有符号数的四则运算分为定点运算和浮点运算。

逻辑运算包括逻辑与、或、非、异或等运算,参与逻辑运算的操作数一般是无符号数。

本节先讨论运算方法,然后讨论执行运算任务的运算器的基本结构和工作原理。

2.4.1　定点数的加、减法运算

计算机中的定点数有 3 种编码形式:原码、反码和补码。原则上 3 种编码的操作数都可以进行加、减法运算,但其操作的便捷性和难易程度不同,我们在 2.2.1 节讨论过,补码的加、减法运算最为便捷,因此,**现代计算机的定点运算器大都使用补码进行加、减法运算**。

为方便起见,下面示例中的运算默认在 8 位计算机上进行,如果计算结果超过 8 位,就需要**将超出的进位或借位舍弃**,保留 8 位数(包括符号位在内),该运算规则也适合其他字长的计算机;数据表示默认使用二进制,省略后缀 B。

1. 补码加法

补码加法的公式是

$$[x+y]_{补} = [x]_{补} + [y]_{补} \pmod 2 \tag{2-18}$$

式(2-18)是**补码加法的理论基础**,其含义是,**两个数之和的补码等于这两个数补码之和**,模 2 指两个二进制小数相加时,最高符号位产生的进位需舍去。

根据补码加法的原理,两个真值数 x,y 求和的计算步骤如下。

① 将真值 x,y 转换为补码,真值转换为补码的方法见 2.2.1 节。

② 两个补码相加,得到的结果是和的补码。

③ 将和的补码转换为真值。补码转换为真值是真值转换为补码的逆过程,计算方法相似。

【例 2-11】 已知 $x=0.1001,y=0.0011$,求 $x+y$。

解:

$$[x]_{补}=0.1001, \quad [y]_{补}=0.0011$$

$$
\begin{array}{r}
[x]_{补} \quad 0.1001 \\
+[y]_{补} \quad 0.0011 \\
\hline
[x+y]_{补} \quad 0.1100 \quad (\text{mod } 2)
\end{array}
$$

因为 $[x+y]_{补}=0.1100$,所以 $x+y=0.1100$。

例 2-11 中给出的 x,y 是纯小数,因此 x,y 均采用纯小数的定点数表示。

☛**【注意】** ① 真值和补码看上去都是小数,但是小数点前边 0 的含义不同,真值表示数值整数部分是 0,而补码则表示数值符号位是"+"。

② 在 8 位字长计算机中,$[x]_{补}$ 的完整形式是 0.1001000,即用 1 个符号位和 7 个数值位表示,由于小数点后边的 0 可以省略,所以也可以用 0.1001 表示。

【例 2-12】 已知 $x=0.1001,y=-0.0100$,求 $x+y$。

解:

$$[x]_{补}=0.1001, \quad [y]_{原}=1.0100, \quad [y]_{补}=1.1100$$

$$
\begin{array}{r}
[x]_{补} \quad 0.1001 \\
+[y]_{补} \quad 1.1100 \\
\hline
[x+y]_{补} \quad \boxed{1}0.0101 \quad (\text{mod } 2)
\end{array}
$$

将计算结果中最高位(符号位)产生的进位舍弃,则得到$[x+y]_补=0.0101$,然后转换为真值,所以 $x+y=0.0101$。

【例 2-13】 已知 $x=-0.1001,y=0.0100$,求 $x+y$。

解:

$$[x]_原=1.1001, \quad [x]_补=1.0111, \quad [y]_补=0.0100$$

$$\begin{array}{r} [x]_补 \quad 1.0111 \\ +[y]_补 \quad 0.0100 \\ \hline [x+y]_补 \quad 1.1011 \quad (\bmod\ 2) \end{array}$$

因为$[x+y]_补=1.1011$,所以 $x+y=-0.0101$。

2. 补码减法

按照代数加、减法规则,减去一个数等于加上这个数的相反数,所以

$$[x-y]_补=[x+(-y)]_补=[x]_补+[-y]_补 \quad (\bmod\ 2) \tag{2-19}$$

一个数减去另一个数的补码,等于加上这个数相反数的补码,其中由 y 计算$[-y]_补$可以采用以下两种方法。

① 由真值求,先求出$-y$ 的真值,再将其转换为$[-y]_补$。

② 由补码求,先由真值 y 求出$[y]_补$,再求出$[-y]_补$。从$[y]_补$求出$[-y]_补$的方法,即**求补码的相反数规则:符号位取反,数值位取反加 1**。

【例 2-14】 已知 $x=0.1001,y=0.0110$,求 $x-y$。

解:

$$[x]_补=0.1001, \quad -y=-0.0110, \quad [-y]_补=1.1010$$

还可以这样求$[-y]_补$,先计算 $[y]_补=0.0110$,再得到 $[-y]_补=1.1010$:

$$\begin{array}{r} [x]_补 \quad 0.1001 \\ +[y]_补 \quad 1.1010 \\ \hline [x+y]_补 \quad \boxed{1}0.0011 \quad (\bmod\ 2) \end{array}$$

因为$[x+y]_补=0.0011$,所以 $x+y=0.0011$。

【例 2-15】 已知 $x=-0.1001,y=0.0110$,求 $x-y$。

解:

$$[x]_补=1.0111, \quad -y=-0.0110, \quad [-y]_补=1.1010$$

$$\begin{array}{r} [x]_补 \quad 1.0111 \\ +[y]_补 \quad 1.1010 \\ \hline [x+y]_补 \quad \boxed{1}1.0001 \quad (\bmod\ 2) \end{array}$$

因为$[x+y]_补=1.0001$,所以 $x+y=-0.1111$。

3. 加法的溢出问题

在计算机数值表示中,由于计算机字长是有限的,如果运算结果超出计算机字长表示的范围,就会发生溢出,溢出会导致计算结果出错,所以必须对计算结果的溢出情况作出正确判断。在采用补码表示数据时,**溢出是指计算结果超出了补码表示的范围**,例如,在 8 位字长的计算

机中,补码表示的范围是$-128\sim127$,如果运算结果大于补码表示的最大数 127,则称为**正溢出**或向上溢出,如果运算结果小于补码表示的最小数-128,则称为**负溢出**或向下溢出。

在定点数加法中,可以根据运算结果中**符号位**及**最高有效位产生进位**的情况来判断结果是否发生溢出,具体分为**单符号位法**和**双符号位法**。

(1) 单符号位法

两个补码相加发生溢出的直观判断规则是:

① 如果一个为正数,另外一个为负数,则相加的结果不会发生溢出;

② 如果两个数都是正数,相加的结果却为负数,则发生了正溢出;

③ 如果两个数都是负数,相加的结果却为正数,则发生了负溢出。

根据上述判断规则,利用**符号位的进位位** C_f 与**最高有效位(最高数值位)的进位位** C_0 的关系得到如下溢出判断规则,其中产生进位记为 1,未产生进位记为 0。

① 如果 C_f 与 C_0 相同则表示没有发生溢出。

② 如果 C_f 与 C_0 不相同,则表示发生了溢出,如果 C_f 为 0 则是正溢出;如果 C_f 为 1 则是负溢出,如表 2-10 所示。

表 2-10 单符号位法判断溢出规则

C_f	C_0	溢出情况
0	0	没有发生溢出
0	1	发生正溢出
1	0	发生负溢出
1	1	没有发生溢出

表 2-10 所示的判断规则可以采用异或电路实现,输入端为 C_f 和 C_0,输出端为 V,根据输出 $V=C_f\oplus C_0$ 即可判断是否发生溢出:如果 $V=0$ 则没有发生溢出,如果 $V=1$ 则发生了溢出。

【例 2-16】 已知 $x=0.1100,y=0.1010$,求 $x+y$。

解:

$$[x]_{补}=0.1100, \quad [y]_{补}=0.1010$$

$$
\begin{array}{r}
[x]_{补} \quad 0.1100 \\
+[y]_{补} \quad 0.1010 \\
\hline
[x+y]_{补} \quad 1.0110 \quad (\mathrm{mod}\ 2)
\end{array}
$$

因为$[x+y]_{补}=1.0110$,符号位未产生进位,即 $C_f=0$,最高数值位产生进位,即 $C_0=1$,所以发生了溢出,又因为 $C_f=0$,所以是正溢出。

【例 2-17】 已知 $x=-0.1110,y=-0.1111$,求 $x+y$。

解:

$$[x]_{补}=1.0010, \quad [y]_{补}=1.0001$$

$$
\begin{array}{r}
[x]_{补} \quad 1.0010 \\
+[y]_{补} \quad 1.0001 \\
\hline
[x+y]_{补} \quad \boxed{1}0.0011 \quad (\mathrm{mod}\ 2)
\end{array}
$$

因为$[x+y]_补=10.0011$，符号位产生进位，即$C_f=1$，最高数值位未产生进位，即$C_0=0$，所以发生了溢出，又因为$C_f=1$，所以是负溢出。

【例 2-18】　已知$x=0.1110，y=-0.1111$，求$x+y$。

解：

$$[x]_补=0.1110，\quad [y]_补=1.0001$$

$$
\begin{array}{r}
[x]_补 \quad\quad 0.1110 \\
+[y]_补 \quad\quad 1.0001 \\
\hline
\end{array}
$$

$$[x+y]_补 \quad\quad 1.1111 \quad (\text{mod } 2)$$

因为$[x+y]_补=1.1111$，符号位未产生进位，即$C_f=0$，最高数值位相加未产生进位，即$C_0=0$，所以没有发生溢出，得到$x+y=-0.0001$。

（2）双符号位法

双符号位法指将参与运算的两个补码的符号位重复一遍，然后再做加、减运算，最后根据运算结果中符号位判断是否发生溢出，规则如下：

① 运算结果的两个符号位一致，即均为 11 或 00，则没有发生溢出；

② 运算结果的两个符号位不一致，即 10 或 01，则发生了溢出，进一步，如果两个符号位为 01 则是正溢出，为 10 则是负溢出，不论是否发生溢出，最高符号位（即双符号位中左边的符号位）始终指示正确的符号，如表 2-11 所示。

表 2-11　双符号位法判断溢出

双符号位高位	双符号位低位	溢出情况
0	0	没有发生溢出
0	1	发生正溢出
1	0	发生负溢出
1	1	没有发生溢出

☞【注意】　在用双符号位法做加、减运算时，如果运算结果中的最高符号位也产生了进位位，则应该舍弃。

与单符号位法相似，双符号位法也可以采用异或电路来判断是否发生溢出，这时异或电路的两个输入端是这两个符号位，输出端则为两个输入端的异或结果，如果输出端为 0，则没有发生溢出，如果输出端为 1，则发生了溢出。

【例 2-19】　已知$x=0.1100，y=-0.1010$，利用双符号位法计算$x-y$。

解：

$$[x]_补=00.1100，\quad [-y]_补=00.1010$$

$$
\begin{array}{r}
[x]_补 \quad\quad 00.1100 \\
+[-y]_补 \quad\quad 00.1010 \\
\hline
\end{array}
$$

$$[x+y]_补 \quad\quad 01.1110 \quad (\text{mod } 4)$$

因为$[x+y]_补=01.1110$，结果中双符号为 01，不同号，表示发生了溢出，并且为正溢出，计算结束。

【例 2-20】 已知 $x=0.1110$，$y=-0.1111$，用双符号位法求 $x+y$。

解：

$$[x]_{补}=00.1110，\quad [y]_{补}=11.0001$$

$$
\begin{array}{r}
[x]_{补} \quad 00.1110 \\
+[y]_{补} \quad 11.0001 \\
\hline
[x+y]_{补} \quad 11.1111 \quad (\bmod\ 4)
\end{array}
$$

因为 $[x+y]_{补}=11.1111$，结果中的双符号为 11，同号，表示没有发生溢出，接着需要将结果转化为真值，结果补码是 $[x+y]_{补}=1.1111$，真值是 $x+y=-0.0001$。

【例 2-21】 已知 $x=0.1101$，$y=-0.1011$，用双符号位法求 $x+y$。

解：

$$[x]_{补}=00.1101，\quad [y]_{补}=11.0101$$

$$
\begin{array}{r}
[x]_{补} \quad 00.1101 \\
+[y]_{补} \quad 11.0101 \\
\hline
[x+y]_{补} \quad \boxed{1}00.0010 \quad (\bmod\ 4)
\end{array}
$$

$$\boxed{1}舍弃$$

因为 $[x+y]_{补}=00.0010$，结果中双符号为 00，同号，表示没有发生溢出，接下来需要将结果转化为真值，结果补码是 $[x+y]_{补}=0.0010$，真值是 $x+y=+0.0010$。

2.4.2 定点数的乘、除法运算

运算器的基本功能是执行数据的传送、加法和移位运算，但在实际应用中乘、除法运算又常常是必不可少的，一般在计算机中采用如下方式实现乘、除法运算。

① 采用软件实现乘、除法运算。由于乘、除法法运算可以用加、减法和移位运算实现，因此可以用软件实现乘、除法运算，并写成子程序供其他程序调用，这种方法无须增加新的硬件，但计算速度比较慢。

② 采用硬件实现乘、除法运算。在原有基本运算器电路的基础上，增加左右移位和计数器等逻辑电路，同时增加专门的乘、除法指令来实现乘除法运算，这种方式的速度较第一种方式快。

③ 采用并行乘除法器。采用并行运算的乘除法器，例如高速的单元阵列乘除法器可以实现流水式阵列乘除法运算，这种方式的运算速度最快，但硬件成本也较大。

下面简要说明如何采用软件实现乘法运算。由于乘、除法运算结果的符号位容易确定，而运算结果的绝对值和参加运算数据的符号无关，所以用原码实现乘法比较简单。原码乘法运算转换为数值位的加法和移位运算，而符号位则根据乘法运算规则确定，如果相乘的两个数同号则结果为正，异号则结果为负。

【例 2-22】 已知 $x=0.1101$，$y=-0.1011$，计算 xy。

解：

$$[x]_原 = 0.1101, \quad [y]_原 = 1.1011$$

$$\begin{array}{r} [x]_原 \quad 0.1101 \\ \times [y]_原 \quad 1.1011 \\ \hline \end{array}$$

$$\begin{array}{r} 0.1101 \\ 0.1101 \\ 0.0000 \\ 0.1101 \\ \hline \end{array}$$

$$0.10001111$$

由于是两个异号数相乘，因此结果应该是负数，即 -0.10001111。如果考虑计算机字长为8位，则应该对上述结果进行舍入，采用0舍1入的方式，最终结果为 -0.1001000。

在现代计算机中，由于加、减法采用补码运算，如果乘、除法采用原码运算，则在一般四则混合运算中需要进行原码和补码的转换，所以乘、除法一般还是采用补码运算。补码乘法运算有多种方法，例如，根据每次部分积是一位相乘得到的还是两位相乘得到的，有补码一位乘法和补码两位乘法。另外布斯（Booth）乘法可以将符号位与数值位一起参与运算，直接得到补码表示的乘积，适合正负数的运算。

2.4.3 逻辑运算

除了四则运算外，运算器还具备逻辑运算功能，逻辑运算主要包括逻辑与、或、非、异或，运算对象是无符号整数。

由于二进制中的符号"1"和"0"分别与逻辑命题的"真""假"相对应，所以逻辑运算更为简便。

1. 逻辑非运算

逻辑非（NOT）运算又称为取反运算，其运算规则是对某个无符号操作数的各位按位取反，使每一位由0变成1，或由1变成0。一般逻辑非运算的运算符记为"‾"，设 $x = x_0 x_1 x_2 \cdots x_n$，其中 $x_i = 0$ 或 $1, i = 0, 1, 2, \cdots, n$，则逻辑非标记为

$$\bar{x} = \bar{x}_0 \bar{x}_1 \cdots \bar{x}_n$$

【例 2-23】 设 $x = 10100101$，求 $\bar{x}$。

解： 按照逻辑非运算规则，得

$$\bar{x} = 01011010$$

2. 逻辑与运算

逻辑与（AND）也称为逻辑乘，表示两个相同位数的无符号操作数在相同位按位做"与"运算，规则是：两个都是1则结果为1，两个中只要有1个为0结果就是0。一般逻辑与运算的运算符记为"∧"或"·"。

【例 2-24】 设 $x = 01011101, y = 10011000$，求 $x \wedge y$。

解：

$$
\begin{array}{r}
0\ 1\ 0\ 1\ 1\ 1\ 0\ 1 \\
\land\ 1\ 0\ 0\ 1\ 1\ 0\ 0\ 1 \\
\hline
0\ 0\ 0\ 1\ 1\ 0\ 0\ 1
\end{array}
$$

所以 $x \land y = 00011001$。

逻辑与的特点：不管二进制位是 1 还是 0，同 0 做逻辑与则变成 0，而同 1 做逻辑与则保持原有不变。利用逻辑与的这一特点可以对数据的某几位清 0，而其他位保持不变。

【例 2-25】 需要对 $x = 01011101$ 的最低两位清 0，而其他各位保持不变。

解： 根据题意，构造出 $y = 11111100$，然后计算出 $x \land y$，即可得到想要的结果。

$$
\begin{array}{r}
0\ 1\ 0\ 1\ 1\ 1\ 0\ 1 \\
\land\ 1\ 1\ 1\ 1\ 1\ 1\ 0\ 0 \\
\hline
0\ 1\ 0\ 1\ 1\ 1\ 0\ 0
\end{array}
$$

所以 $x \land y = 01011100$。

3. 逻辑或运算

逻辑或（OR）运算也称为逻辑加，表示两个相同位数的无符号操作数在相同位按位做"或"运算，运算规则是：如果两个都是 0 则结果为 0，如果两个中至少一个为 1，则结果就是 1。一般逻辑或运算的运算符记为"$\lor$"或"$+$"。

【例 2-26】 设 $x = 01011101$，$y = 10011001$，求 $x \lor y$。

解：

$$
\begin{array}{r}
0\ 1\ 0\ 1\ 1\ 1\ 0\ 1 \\
\lor\ 1\ 0\ 0\ 1\ 1\ 0\ 0\ 1 \\
\hline
1\ 1\ 0\ 1\ 1\ 1\ 0\ 1
\end{array}
$$

所以 $x \lor y = 11011101$。

逻辑或的特点：不管二进制位是 0 还是 1，同 1 做逻辑或都会变成 1，同 0 做逻辑或则保持原有数据不变。利用逻辑或这一特点，可对数据的某几位"置 1"，而其他位保持不变。

【例 2-27】 需要将 $x = 01011101$ 的最低两位设置为 1，而其他各位保持不变。

解： 根据题意构造出 $y = 00000011$，然后计算 $x \lor y$，即可得到想要的结果。

$$
\begin{array}{r}
0\ 1\ 0\ 1\ 1\ 1\ 0\ 1 \\
\lor\ 0\ 0\ 0\ 0\ 0\ 0\ 1\ 1 \\
\hline
0\ 1\ 0\ 1\ 1\ 1\ 1\ 1
\end{array}
$$

所以 $x \lor y = 01011111$。

4. 逻辑异或运算

逻辑异或（XOR）运算又称按位加，表示两个相同位数的无符号操作数在相同位按位做"模 2 加"运算，运算规则是：如果两个相同则结果为 0，如果两个不同则结果为 1。一般逻辑异或运算的运算符记为"$\oplus$"。

【例 2-28】 设 $x = 01011101$，$y = 10011001$，求 $x \oplus y$。

解：

$$
\begin{array}{r}
0\,1\,0\,1\,1\,1\,0\,1 \\
\oplus\ 1\,0\,0\,1\,1\,0\,0\,1 \\
\hline
1\,1\,0\,0\,0\,1\,0\,0
\end{array}
$$

所以 $x \oplus y = 11000100$。

逻辑异或有两个重要特点。

① 一个二进制位同 1 做异或会变"反",同 0 做异或则保持不变。利用这一特点,可对数据的某几位取"反",而使其他位保持不变。异或运算通常用于判断两位是否相同的场合,例如单符号位溢出判断的逻辑电路、奇偶校验位的逻辑电路。

② 对数据 A 施加异或运算 B,假设得到结果 C,即 $C = A \oplus B$,如果对结果 C 再次施加异或运算 B,则可从 C 中恢复出 A,即 $C \oplus B = A$,这个特性在数据加密传输中得到广泛应用,其中 A 称为明文,B 称为共享密钥,C 称为密文。具体应用方式是:发送者对需要发送的信息 A 进行加密,即用密钥 B 对其做异或运算,得到密文 $C = A \oplus B$,然后将密文 C 发送给接收者;接收者收到密文 C 后,首先做解密,即用密钥 B 对其做异或运算 $C \oplus B = A$,从而恢复出明文 A,而由于在传送过程中信息 A 是以加密形式 C 传输的,因此具有较强的安全性。

【例 2-29】 需要对 $x = 01011101$ 的最低两位取反,而使其他各位保持不变。

解: 根据题意构造出 $y = 00000011$,然后计算 $x \oplus y$,即可得到想要的结果。

$$
\begin{array}{r}
0\,1\,0\,1\,1\,1\,0\,1 \\
\oplus\ 0\,0\,0\,0\,0\,0\,1\,1 \\
\hline
0\,1\,0\,1\,1\,1\,1\,0
\end{array}
$$

所以,$x \oplus y = 01011110$。

逻辑与、或、异或的运算规则如表 2-12 所示。

表 2-12　逻辑与、或、异或的运算规则

A	0	0	1	1
B	0	1	0	1
$A \wedge B$	0	0	0	1
$A \vee B$	0	1	1	1
$A \oplus B$	0	1	1	0

2.4.4　定点运算器

运算器是计算机五大组成部件之一,是负责数据加工处理的部件。冯·诺依曼提出的 IAS 计算机就是以运算器为中心的,运算器也是"计算机"名称中计算功能的主要体现者。

运算器的主要功能是执行**算术运算**和**逻辑运算**,算术运算负责对数值数据进行**加、减、乘、除**等运算,逻辑运算则负责对无符号数据进行**与、或、非、异或**等运算,此外运算器还能执行**移位运算**。

为了实现这些功能,运算器的基本结构包括**算术逻辑单元**(Arithmetic and Logic Unit,ALU)、**寄存器**、**数据总线**及**其他逻辑部件**。其中:ALU 是具体执行算术与逻辑运算的单元,

是运算器的核心,由加法器及其他逻辑运算单元组成;寄存器用于存放参与运算的操作数,其中的累加器是一个特殊的寄存器,除了可以存放操作数外,还用于存放中间及最后结果;数据总线用于完成运算器内部的数据传送。

运算器的基本结构如图 2-9 所示,其主要部件及完成的主要功能归结如下。

① ALU:运算器的核心功能部件,用于实现算术和逻辑运算。

② 通用寄存器:存放待加工的信息或加工后的信息。

③ 多路开关或数据锁存器:用于控制 ALU 的输入端来自哪组寄存器或者哪个总线接收器。

④ 输出移位开关:用于将 ALU 的运算结果送往发送器然后到达总线,以便进一步送到存储器或输入/输出设备,或者送往通用寄存器,作为下一次运算时 ALU 的输入项。

⑤ 传输总线、总线接收器和发送器:是 ALU 与外部部件之间的数据通路,总线接收器和发送器通常由三态门构成。

下面对各个功能部件做详细说明。

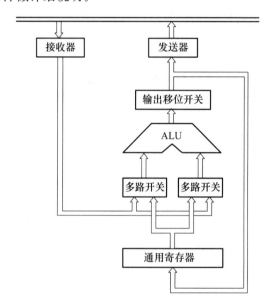

图 2-9 运算器的基本结构

1. ALU

(1) ALU 及其运算功能

一般地,ALU 不仅具有多种算术运算和逻辑运算功能,而且还具有先行进位逻辑,从而可实现高速运算。

从 ALU 执行的算术运算功能看,基本的 ALU 都直接支持整数的加法运算,通常采用补码运算,在此基础上,又可以利用加、减法运算功能并通过软件编程支持乘、除法或更复杂的运算。事实上,任何计算机都可以通过编程来执行任何算术运算,如果其 ALU 不能从硬件上直接支持,则该运算将用软件方式实现,但需要花费较多的时间。

有些 ALU 除了直接支持基本加、减法运算外,还可以直接支持乘、除法运算,甚至三角函数和平方根运算;有些 ALU 则可以直接使用浮点来表示有限精度的实数。

图形处理器和具有单指令流多数据流(Single Instruction Multiple Data,**SIMD**)和多指令

流多数据流(Multiple Instruction Multiple Data,**MIMD**)特性的计算机,通常具有可以执行**矢量**和**矩阵运算**的 ALU。

从计算机具备的 ALU 数量看,很多计算机内部只有一个 ALU,而超标量(superscalar)计算机包含多个 ALU,可以同时处理多条指令。

ALU 的逻辑运算功能是分支和循环结构程序设计的基础,利用逻辑与、或、异或、非可以创建复杂的条件语句,处理复杂的布尔逻辑,另外,ALU 还具有比较数值的功能,并根据比较结果(例如相等、大于或小于)来返回一个布尔值——真或假。

(2) ALU 的基本组成电路

目前 ALU 电路已经由集成电路实现,电子元器件 74181 是能够执行 4 位二进制代码算术运算和逻辑运算的集成电路芯片。图 2-10(a)与图 2-10(b)分别为 ALU 外部特性引脚和74181 外部特性引脚,表 2-13 是 74181 内部功能的真值表。74181 有两种工作方式,即正逻辑和负逻辑,下面以正逻辑为例进行介绍。

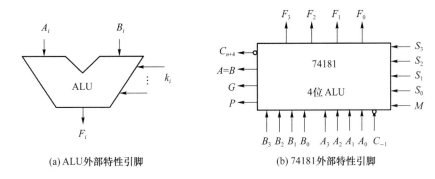

(a) ALU外部特性引脚　　　　　　(b) 74181外部特性引脚

图 2-10　运算器的框图和外部引脚

表 2-13　74181 内部功能的真值表

工作方式选择输入 $S_3 S_2 S_1 S_0$	正逻辑输入或输出	
	逻辑运算($M=1$)	算术运算($M=0, C_{-1}=1$)
0000	$\overline{A}$	A
0001	$\overline{A+B}$	$A+B$
0010	$\overline{A}B$	$A+\overline{B}$
0011	逻辑 0	减 1
0100	$\overline{AB}$	A 加 $A\overline{B}$
0101	$\overline{B}$	$(A+B)$ 加 $A\overline{B}$
0110	$A \oplus B$	A 减 B 减 1

在图 2-10(a)中,ALU 有两组输入端 A_i 和 B_i、一组输出端 F_i,还有 k_i 个控制端,用来实现 ALU 的不同功能。

在图 2-10(b)中,$A_0 \sim A_3$ 和 $B_0 \sim B_3$ 是两组输入端,每组输入端都为 4 位二进制数;$F_0 \sim F_3$ 是一组输出端;$S_0 \sim S_3$ 是控制端,用以选择 ALU 的功能;C_{-1} 是最低位的外来进位位;C_{n+4} 是四位运算产生的进位位;P, G 是输出端,可供先行进位位使用。

将多片 74181 进行级联可以实现 8 位、16 位等二进制的运算。

目前有些集成电路将 ALU 和寄存器功能集成在一个芯片内,如电子元器件 29C101,其外部特性引脚如图 2-11 所示,它支持 16 位二进制的运算,同样也支持多片的级联,从而实现更多位的运算。

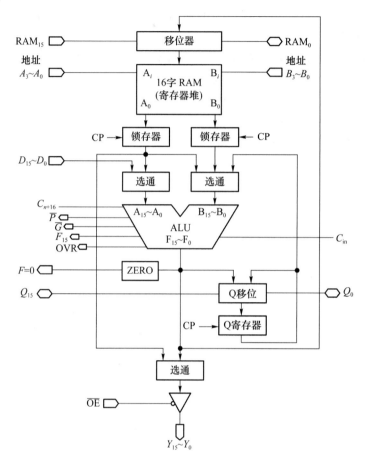

图 2-11 29C101 的框图和外部引脚

2. 寄存器

寄存器一般指的是通用寄存器,多寄存器是现代计算机系统的结构特点之一。多个寄存器组成一组,称为通用寄存器组,例如寄存器组 $R_0 \sim R_7$,有 8 个通用寄存器;有的 CPU 具有多组通用寄存器,例如 4 组 $R_0 \sim R_7$,共 32 个通用寄存器。利用多寄存器可以存放运算过程的中间结果,使存取数据的速度提高,从而缩短指令周期,加快机器运算速度。

通用寄存器除了用于存放操作数和运算结果外,还可以作为变址寄存器存放变址值,作为堆栈指示器存放堆栈指针等,有些可以被程序员直接使用。【课程关联】高级语言。在 C 语言中定义循环变量时,可以使用 register 修饰词,编译系统会根据系统条件来选择寄存器作为循环变量,与内存变量相比具有更快的速度。

在通用寄存器中,有一类功能更强的寄存器称为累加器,累加器是运算器中与 ALU 直接相连、使用频繁的一种寄存器,每次运算的操作数或运算的中间结果大多存放在累加器中。由于累加器与很多指令都相关,在一些 CPU 设计中,通用寄存器都可以作为累加器使用,为指令的使用带来方便。

与通用寄存器对应,还有一类寄存器称为专用寄存器,专用寄存器是计算机内部使用的寄存器,有多种特殊功能,例如程序计数器(PC)用于存放下一条指令的内存地址,指令寄存器

(IR)用于存放当前执行的指令,这些寄存器的功能将在第 5 章中介绍。专用寄存器对于程序员而言是透明的,不能由程序员直接使用。

3. 数据总线

为了实现运算器内部 ALU、多个寄存器以及多路开关等部件的通信,需要设计传送线,从连接结构上看,通常将这些传送线设计成总线结构,称为**数据总线**,使不同来源的信息在此总线上分时传送,总线方式可以减少传送线数量。

计算机系统中的总线根据其所处的位置,可以分为内部总线和外部总线(第 6 章),其中内部总线是指 CPU 内各部件的连线,显然,运算器中的总线属于内部总线。

4. 运算器的基本结构形式

运算器的设计主要是围绕 ALU 及寄存器在数据总线上如何传送操作数和运算结果来进行的,依据数据传送的方便性和操作速度,常见的有 3 种总线结构:**单总线结构**、**双总线结构**和**三总线结构**。3 种结构运算器的原理如图 2-12 所示。

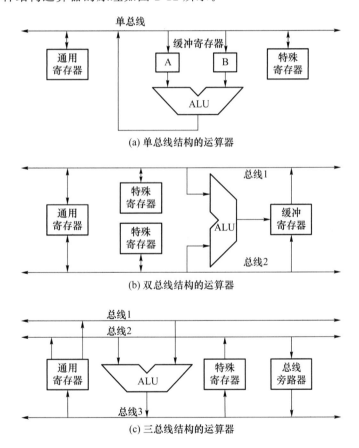

(a) 单总线结构的运算器

(b) 双总线结构的运算器

(c) 三总线结构的运算器

图 2-12 3 种结构运算器的原理

(1) 单总线结构运算器

单总线结构运算器内部只有一组数据总线,所有部件都连接到这组总线上,数据可以在任何两个寄存器之间,或者在任一个寄存器和 ALU 之间传送。

单总线结构运算器的工作原理和步骤如下:假设在通用寄存器中有两个操作数 x,y,需要在运算器中计算 $x+y$,并将运算结果放回寄存器,该任务需要 **3 次数据传送**,花费 **3 个单位时间**。

① 操作数 x 从寄存器通过总线传送到 ALU 的 A 缓冲寄存器。

② 操作数 y 从寄存器通过总线传送到 ALU 的 B 缓冲寄存器。

③ 在 ALU 完成加法操作 $x+y$,同时计算结果通过总线送回通用寄存器。

单总线结构运算器的优点是总线的控制电路比较简单,有利于提高大规模集成电路的集成度,缺点是操作速度较慢,执行一个双操作数的运算,一般需要 3 次数据传送。

(2) 双总线结构运算器

双总线结构运算器的内部设有两条数据总线,分别连接到 ALU 的两个输入端,特殊寄存器分为两组,分别与两条总线相连。为了防止总线冲突(例如 ALU 输出结果与两条总线输入操作数都要占用总线),必须在 ALU 的输出端设置缓冲寄存器。

仍以上面的加法运算为例,双总线结构运算器的工作原理和步骤如下,需要**两次数据传送**,花费**两个单位时间**。

① 操作数 x,y 从寄存器发出,并分别通过总线 1,2 传送到 ALU 的 A,B 缓冲寄存器,并同时在 ALU 完成运算,运算结果则送到 ALU 输出端的缓冲寄存器。

② 缓冲寄存器中存放的运算结果通过总线 1 送到通用寄存器。

双总线结构运算器比单总线结构运算器速度快,执行一个双操作数的运算,一般只需要两次数据传送,花费两个单位时间,但是总线控制电路要相对复杂些。

(3) 三总线结构运算器

三总线结构运算器内部设有 3 条总线,为了简化设备,每条数据总线都设计成单向总线,寄存器可以输出数据至总线 1 和总线 2,而总线 1 和总线 2 的数据分别送往 ALU 的两个输入端,与之相反,ALU 的输出只能送往总线 3,而寄存器也只能接收来自总线 3 的数据。另外,由于每条总线都是单向传输数据,为了避免寄存器之间的数据传送路线因经过 ALU 而降低速度,在三总线结构运算器中还专门设置了总线旁路器,只要开通总线旁路器,总线 2 的数据就可以直接送往总线 3 而不需要经过 ALU,由此大大地提高寄存器之间的数据传送速度。

仍以上面的加法运算为例,三总线结构运算器的工作原理和步骤如下,仅需要**一次数据传送**,花费**一个单位时间**。

操作数 x,y 从寄存器出发,分别通过数据总线 1,2 传送到 ALU 的 A,B 缓冲寄存器,并同时在 ALU 完成运算,将运算结果通过总线 3 发送到通用寄存器。

三总线结构运算器的速度最快,双操作数运算可以一步完成,但总线控制也是最复杂的。

2.5 浮点运算和浮点运算器

在计算机数值计算中广泛使用浮点运算,高级程序设计语言都提供了浮点数据类型,本节介绍浮点数的四则运算及浮点运算器的特点等。

2.5.1 浮点数的加、减法运算

设有两个浮点数 x 和 y,其规格化形式为

$$x=2^{E_x} \times M_x$$
$$y=2^{E_y} \times M_y$$

其中 E_x 和 E_y 分别为 x 和 y 的阶码,而 M_x 和 M_y 分别为 x 和 y 的尾数。浮点数加、减法运算规则如下:

$$x \pm y = 2^{E_x} \times M_x \pm 2^{E_y} \times M_y = \begin{cases} (M_x \times 2^{E_x - E_y} \pm M_y) \times 2^{E_y} \\ (M_x \pm M_y \times 2^{E_y - E_x}) \times 2^{E_x} \end{cases} \qquad (2\text{-}20)$$

浮点加法运算通常包括以下 6 个步骤：①0 操作数检查；②对阶；③尾数相加；④结果规格化；⑤舍入处理；⑥溢出处理。

由于浮点减法运算可转换为加法运算，因此下面介绍浮点加法运算的步骤和过程。

（1）0 操作数检查

在运算前，如果能判断出操作数中有一个为 0，则立刻得到结果并停止计算。

（2）对阶

因为只有两个数的阶码相同，尾数才能进行加、减运算，所以首先检查两个数的阶码是否相同，即小数点位置是否对齐。

① 如果阶码相同，则表示小数点位置已对齐，尾数直接进行加、减运算。

② 如果阶码不同，则首先要进行对阶，为了减小对阶产生的误差，必须采用"小阶向大阶靠拢"的原则，即阶码小的数，其尾数右移，阶码变大，尾数每右移 1 位，阶码加 1，直到两数阶码相同。在尾数位有限的条件下，采用"小阶向大阶靠拢"的原则，即尾数向右移动，丢失最低有效位，反过来，尾数向左移，丢失最高有效位，显然，右移可以减小尾数误差。

具体操作是求出两数阶码之差，即 $\Delta E = E_x - E_y$：

• 如果 $\Delta E = 0$，说明两数阶码相等，无须对阶；

• 如果 $\Delta E > 0$，表示 $E_x > E_y$，E_y 要向 E_x 靠拢，尾数 M_y 要做相应右移；

• 如果 $\Delta E < 0$，表示 $E_x < E_y$，E_x 要向 E_y 靠拢，尾数 M_x 要做相应右移。

（3）尾数相加

对阶完成后，两个数的尾数可直接进行加、减运算，运算方法与定点数加、减法类似，如果是减法运算还要转换为加法运算。

（4）结果规格化

如果结果不满足规格化要求，则需要做规格化处理，尾数的规格化处理有以下两种情况。

① 如果尾数相加结果的两个符号位不相等（双符号位法），表明运算结果尾数的绝对值大于 1，因此要"向右规格化"，即每次尾数右移 1 位，阶码加 1。

② 如果尾数相加结果的符号位与最高数值位相等，表示数据没有规格化，尾数要"向左规格化"，即尾数左移 n 位，阶码相应减 n。

（5）舍入处理

在对阶和向右规格化的过程中，如果尾数发生了向右移位，则尾数的低位部分可能会丢失，从而造成一定的误差，为了减小这种误差，需要做舍入处理。如果尾数没有发生向右移位，则无须做舍入处理。舍入处理通常使用以下两种方法。

① 0 舍 1 入

如果尾数右移时被丢掉的数据最高位是 0，那就舍去；如果是 1，就在数的最低位加上"1"。这种方式的优点是每次舍入产生的误差小，不会造成误差的累积，缺点是要进行一次"加 1"运算，特殊情况下还有可能需要再次"向右规格化"。

② 恒置 1

在尾数右移时，只要发生低位数据的丢失，尾数的最低位就被设定为 1，每次舍入产生的误差比"0 舍 1 入"方法大一点，不会造成误差的累积。其特点是舍入处理时无须进行加法运算，所以速度快，也不会需要再次"向右规格化"。

（6）溢出处理

溢出处理需要处理两种溢出：尾数溢出和阶码溢出。

- 尾数溢出：尾数相加的溢出，它不是真正超出表示范围的溢出，可以借由向右规格化作出调整。
- 阶码溢出：当浮点数向左或向右规格化时，阶码可能加上 1（向右规格化）或者减去 n（向左规格化，n 为尾数左移的位数），这时有可能产生阶码溢出。

如果阶码减去 n 发生溢出，即发生阶码的下溢，表示运算结果的精度超出了该浮点数可以表示的范围，运算结果趋近于 0，在这种情况下，机器一般认为运算结果就是 0。如果阶码加上 1 发生阶码溢出，即发生阶码的上溢，表示数据超出了浮点数可表示的范围，一般认为是 $+\infty$ 或 $-\infty$，这种情况才是真正的溢出，机器的溢出标志会被置"1"。

总之，浮点数运算**真正的溢出条件**是，尾数相加的时候发生尾数上溢，同时在向右规格化时阶码发生上溢。

假设两个浮点数 $x=2^{E_x}\times M_x$，$y=2^{E_y}\times M_y$，做加法的结果是 $z=2^{E_z}\times M_z$，浮点数加法流程如图 2-13 所示。

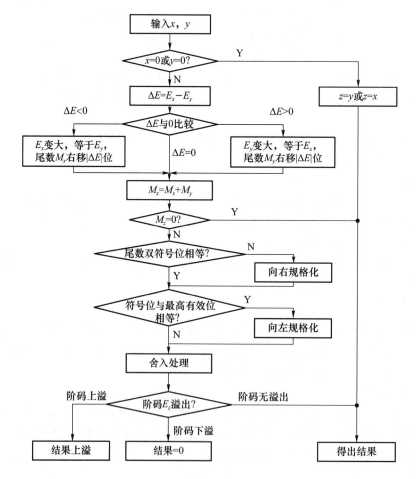

图 2-13　浮点数加法流程

在下面的例子中，为了计算过程清晰和方便起见，假设浮点数的阶码为 3 位，位数为 4 位，规格化形式为 $0.1bbb$，计算时阶码和位数均采用双符号补码表示。

【**例 2-30**】 设 $x=2^{010}\times0.1110, y=2^{100}\times(-0.1011)$，求 $x+y$。

解：

（1）0 操作数检查

x, y 均不为 0。

（2）对阶

两数的阶码和尾数均用双符号位补码表示：

$$[E_x]_补=00\,010, \quad [E_y]_补=00\,100, \quad [-E_y]_补=11\,100$$
$$[M_x]_补=00.1101, \quad [M_y]_补=11.0101$$
$$\Delta E=E_x-E_y=[E_x]_补+[-E_y]_补=00\,010+11\,100=(11\,110)_补$$

所以，$\Delta E=(-2)_{10}$。因为 x 的阶码小，应使 M_x 右移 2 位，E_x 加 2，所以，$[E_x]_补=00\,100$，$[M_x]_补=00.0011(10)$，其中(10)表示 M_x 右移 2 位后移出的最低两位数。

（3）尾数相加

$$
\begin{array}{r}
0\,0.0\,0\,1\,1\,(1\,0)\\
+\quad 1\,1.0\,1\,0\,1\quad\\
\hline
1\,1.1\,0\,0\,0\,(1\,0)
\end{array}
$$

所以，$[E_x+E_y]_补=00\,100, [M_x+M_y]_补=11.1000(10)$。

（4）结果规格化

对尾数运算结果进行判断，因为两个符号位相同，表示尾数无溢出，则不需要向右规格化。但是，尾数符号位与最高数值位为同值，应执行向左规格化，相应的阶码减 1，所以，$[E_x+E_y]_补=00\,011, [M_x+M_y]_补=11.0001(0)$。

（5）舍入处理

采用 0 舍 1 入法处理，因为 x 右移舍弃的最高位为 0，所以不再加 1，这样 $[E_x+E_y]_补=00\,011, [M_x+M_y]_补=11.0001$。

（6）溢出处理

阶码符号位为 00，不溢出，故得最终结果为

$$[E_x+E_y]_补=00\,011, \quad [M_x+M_y]_补=11.0001$$

写成真值为

$$x+y=2^{011}\times(-0.1111)$$

下面用十进制验证：

$$x=2^{010}\times0.1110, \quad y=2^{100}\times(-0.1011), \quad x+y=2^{011}\times(-0.1111)$$
$$x=2^2\times(2^{-1}+2^{-2}+2^{-3})=3.5, \quad y=-2^4\times(2^{-1}+2^{-3}+2^{-4})=-11$$

十进制计算得到 $x+y$ 为 -7.5。

浮点数二进制计算得到 $x+y=-2^3\times(2^{-1}+2^{-2}+2^{-3}+2^{-4})=-7.5$，计算结果一致。

【**例 2-31**】 设 $x=(0.5)_{10}, y=-(0.4375)_{10}$，求 $x+y$。

解：

（1）0 操作数检查

x, y 均不为 0。

（2）对阶

两个数转为二进制为

$$x = 2^{000} \times 0.1, \quad y = 2^{-001} \times (-0.1110)$$

$$[E_x]_{\text{补}} = 00\ 000, \quad [E_y]_{\text{补}} = 11\ 111, \quad [-E_y]_{\text{补}} = 00\ 001$$

$$[M_x]_{\text{补}} = 00.1000, \quad [M_y]_{\text{补}} = 11.0010$$

$$E = E_x - E_y = [E_x]_{\text{补}} + [-E_y]_{\text{补}} = 00\ 000 + 00\ 001 = (00\ 001)_{\text{补}}$$

所以 $E = (1)_{10}$。y 的阶码小,应使 M_y 右移 1 位,E_y 加 1,注意 M_y 符号位右移到最高数值位上。所以,$[E_y]_{\text{补}} = 00\ 000$,$[M_y]_{\text{补}} = 11.1001(0)$,其中 (0) 表示 M_y 右移 1 位后移出的最低位数。

(3)尾数相加

$$
\begin{array}{r}
0\ 0.1\ 0\ 0\ 0 \\
+ \quad 1\ 1.1\ 0\ 0\ 1 \\
\hline
0\ 0.0\ 0\ 0\ 1\ (0)
\end{array}
$$

所以,$[E_x + E_y]_{\text{补}} = 00\ 000$,$[M_x + M_y]_{\text{补}} = 00.0001(0)$。

(4)结果规格化

对尾数运算结果进行判断,因为两个符号位相同,表示尾数无溢出,则不需要向右规格化。又因为尾数符号位与最高数值位相同,所以执行向左规格化,左移 3 位,阶码减 3。所以,$[E_x + E_y]_{\text{补}} = 11\ 101$,$[M_x + M_y]_{\text{补}} = 00.1000$。

(5)舍入处理

因为 y 右移舍弃的位为 0,但左移 3 位,故无须做舍入处理。

(6)判溢处理

阶码符号位为 11,不溢出,故得最终结果为

$$[E_x + E_y]_{\text{补}} = 11\ 101, \quad [M_x + M_y]_{\text{补}} = 00.1000$$

写成真值为

$$x + y = 2^{-011} \times (0.1000)$$

用十进制验证:计算得到 $x + y = 0.5 - 0.437\ 5 = 0.062\ 5$。

用浮点二进制计算得到 $x + y = 2^{-3} \times (2^{-1}) = 0.062\ 5$,计算结果一致。

【例 2-32】 设 $x = 2^{110} \times 0.1011$,$y = 2^{111} \times (0.1111)$,求 $x + y$。

解:

(1)0 操作数检查

x,y 均不为 0。

(2)对阶

两数的阶码和尾数均用双符号位补码表示:

$$[E_x]_{\text{补}} = 00\ 110, \quad [E_y]_{\text{补}} = 00\ 111, \quad [-E_y]_{\text{补}} = 11\ 001$$

$$[M_x]_{\text{补}} = 00.1011, \quad [M_y]_{\text{补}} = 00.1111$$

$$E = E_x - E_y = [E_x]_{\text{补}} + [-E_y]_{\text{补}} = 00\ 110 + 11\ 001 = (11\ 111)_{\text{补}}$$

所以 $E = (-1)_{10}$,x 的阶码小,应使 M_x 右移 1 位,E_x 加 1。所以,$[E_x]_{\text{补}} = 00111$,$[M_x]_{\text{补}} = 00.0101(1)$,其中 (1) 表示 M_x 右移 1 位后移出的最低数。

（3）尾数相加

$$
\begin{array}{r}
0\ 0.0\ 1\ 0\ 1\ (1) \\
+\quad 0\ 0.1\ 1\ 1\ 1 \\
\hline
0\ 1.0\ 1\ 0\ 0\ (1)
\end{array}
$$

所以，$[E_x+E_y]_{补}=00\ 111$，$[M_x+M_y]_{补}=01.0100(1)$。

（4）结果规格化

对尾数运算结果进行判断，因为两个符号位不同，表示尾数溢出，则需要向右规格化，同时阶码加 1，即 $00111+00001=01000$，阶码发生溢出（正溢出），所以结果发生了溢出，计算结束。

【例 2-33】 设 $x=2^{100}\times0.1011$，$y=2^{110}\times(0.1111)$，求 $x+y$。

解：

（1）0 操作数检查

x,y 均不为 0。

（2）对阶

两数的阶码和尾数均用双符号位补码表示：

$$[E_x]_{补}=00\ 100,\quad [E_y]_{补}=00\ 110,\quad [-E_y]_{补}=11\ 010$$
$$[M_x]_{补}=00.1011,\quad [M_y]_{补}=00.1111$$
$$E=E_x-E_y=[E_x]_{补}+[-E_y]_{补}=00\ 100+11\ 010=(11\ 110)_{补}$$

所以 $E=(-2)_{10}$。x 的阶码小，应使 M_x 右移 2 位，E_x 加 2，所以，$[E_x]_{补}=00\ 110$，$[M_x]_{补}=00.0010(11)$，其中(11)表示 M_x 右移 2 位后移出的最低 2 位数。

（3）尾数相加

$$
\begin{array}{r}
0\ 0.0\ 0\ 1\ 0\ (11) \\
+\quad 0\ 0.1\ 1\ 1\ 1 \\
\hline
0\ 1.0\ 0\ 0\ 1\ (11)
\end{array}
$$

所以，$[E_x+E_y]_{补}=00110$，$[M_x+M_y]_{补}=01.0001(11)$。

（4）结果规格化

对尾数运算结果进行判断，因为两个符号位不同，表示尾数溢出，则需要向右规格化，同时阶码加 1，所以，$[E_x+E_y]_{补}=00\ 111$，$[M_x+M_y]_{补}=00.1000(111)$。尾数符号位与最高数值位为不同值，不用向左规格化。

（5）舍入处理

因为 y 右移舍弃的位为 1，所以加 1，$[E_x+E_y]_{补}=00\ 111$，$[M_x+M_y]_{补}=00.1001(111)$。

（6）溢出处理

阶码符号位为 00，不溢出，故得最终结果为

$$[E_x+E_y]_{补}=00\ 111,\quad [M_x+M_y]_{补}=00.1001$$

写成真值为

$$x+y=2^{111}\times(0.1001)$$

下面用十进制验证。

因为

$$x = 2^{100} \times 0.1011, \quad y = 2^{110} \times (0.1111), \quad x + y = 2^{011} \times (-0.1111)$$

$$x = 2^4 \times (2^{-1} + 2^{-3} + 2^{-4}) = 11, \quad y = 2^6 \times (2^{-1} + 2^{-2} + 2^{-3} + 2^{-4}) = 60$$

所以，十进制计算得到 $x + y = 71$ 。

浮点数二进制计算得到 $x + y = 2^7 \times (2^{-1} + 2^{-4}) = 72$ 。

因为 71 精确表示为二进制数为 1000111，需要 7 位尾数，现在只有 4 位，所以，计算只能得到近似值 72。

2.5.2 浮点数的乘、除法运算

设有两个浮点数 x 和 y，它们的规格化表示分别为

$$x = 2^{E_x} \times M_x, \quad y = 2^{E_y} \times M_y$$

两个浮点数相乘的结果是其阶码相加，尾数相乘，即

$$xy = (2^{E_x} \times M_x) \times (2^{E_y} \times M_y) = 2^{E_x + E_y} \times (M_x M_y)$$

两个浮点数相除的结果是其阶码相减，尾数相除，即

$$x/y = (2^{E_x} \times M_x)/(2^{E_y} \times M_y) = 2^{E_x - E_y} \times (M_x/M_y)$$

这样，浮点数的乘、除运算就可以转化成定点数的加、减、乘、除运算，无论是浮点数的乘法还是除法，都可以分为下面 4 个运算步骤：

① 0 操作数检查；

② 阶码加/减操作；

③ 尾数乘/除操作；

④ 规格化处理与舍入。

2.5.3 浮点运算器

浮点运算器（Floating Point Unit，FPU）是用于执行浮点运算的硬件部件，由专门硬件电路实现，在浮点运算器诞生之前，浮点运算都是用 CPU 整数运算来模拟的，效率比较低。

在早期的计算机中，由于受集成电路技术发展水平的限制，浮点数运算部件和定点数运算部件很难集成在同一块微处理器芯片中，因此需要使用专门的**浮点协处理器**芯片来执行浮点运算，如 Intel 公司早期的 8087 协处理器芯片和 8086/8088 微处理器配套使用，而 80287 协处理器芯片和 80286 与 80386 配套使用。早期的 MIPS 处理器也有专门的浮点协处理器，浮点协处理器有专门的浮点指令集。

随着集成电路技术的发展，一个芯片内可集成的逻辑元件越来越多，从 20 世纪 90 年代以来，浮点运算部件开始集成在 CPU 芯片中，如 Intel 微处理器 80486DX 开始集成 FPU。虽然其和定点运算部件集成在一个芯片内，但两者的逻辑功能是分开的，即 CPU 中有专门的定点运算部件和浮点运算部件，而且存放定点数的寄存器和存放浮点数的寄存器也是分开的。目前，几乎所有的处理器中都有专门的浮点数寄存器。在一些新的计算机架构中，CPU 内置的 FPU 中的浮点运算功能还会与 SIMD 计算集成在一起，例如 Intel 与 AMD 新的 x86 与 x64 处理器中增加了 SSE（Streaming SIMD Extensions）指令集，而 SIMD（Single Instruction Multiple Data）指在 CPU 一个指令周期中完成多个数据处理的操作方式。两者结合使得 SSE 一次可以处理 128 位的运算，即单精度 4 个浮点数的运算，大大地增强了 CPU 的浮点处理能力。

2.5.4 浮点运算流水线

1. 串行方式和流水线方式

指令执行过程通常分为取指令、指令译码、取操作数、运算、写结果 5 个步骤(见 5.2.1 节),其中前三步一般由指令控制器完成,后两步则由运算器完成。按照传统**串行方式**,执行运算的指令是一条一条顺序执行的:指令控制器工作,完成第一条指令的前三步,运算器工作,完成后两步;指令控制器工作,完成第二条指令的前三步,运算器工作,完成第二条指令的后两步……。在串行方式中,当指令控制器工作时,运算器基本上处于空闲状态,而当运算器工作时,指令控制器又处于空闲状态,造成相当大的资源浪费。

在计算机引入专门**浮点运算器**硬件后,就为控制器和运算器**并行工作**提供了条件。**流水线**(pipeline)是一种多条指令重叠执行的处理机实现技术,能够实现时间并行性。具体地说,在控制器完成第一条指令的前三步后,指令控制器不等运算器完成第一条指令的后两步,就立即开始第二条指令的操作,对于运算器也是如此。浮点运算流水线是指运算器中的操作部件,如浮点加法器、浮点乘法器等可以采用流水线方式工作,属于部件流水线。

2. 流水线方式的基本原理

将输入的任务分割为一系列子任务,各子任务能在流水线各个阶段并发执行,将任务连续不断地输入流水线,实现子任务级并行,从而形成与工厂中的装配流水线类似的流水线。在流水线方式中,原则上要求各个阶段的处理时间都相同,若某一阶段处理时间较长,势必造成其他阶段的空转等待,因此,对子任务的划分是决定流水线性能的关键因素。

3. 线性流水线模型

假设将作业 T 分成 k 个子任务,$T=\{T_1,T_2,\cdots,T_k\}$,并且各子任务之间有一定的优先关系:若 $i<j$,则必须在 T_i 完成以后,T_j 才能开始工作。各子任务之间具有线性优先关系的流水线,称为**线性流水线**,线性流水线的基本模型如图 2-14 所示。

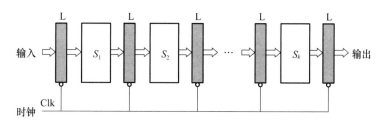

图 2-14 线性流水线的基本模型

在线性流水线的基本模型中,任务被分成一个个子任务,处理每个子任务的过程称为"**过程段**"(S_i),这样,线性流水线便由一系列串联并按顺序安排的过程段组成,各个过程段之间还设有**高速缓冲寄存器**(L),以暂时保存上一过程子任务处理的结果,在**统一的时钟**(Clk)控制下,任务数据从第一个过程段进入处理过程,然后从一个过程段流向下一个相邻的过程段,最终从最后一个过程段输出,就是处理完的任务数据。

假设过程段 S_i 所需的时间为 τ_i,缓冲寄存器的延时为 τ_l,则线性流水线的时钟周期定义为

$$\tau=\max\{\tau_i\}+\tau_l \tag{2-21}$$

流水线处理的频率为 $f=1/\tau$,当流水线中任务饱满时,任务会连续不断地输入流水线,每

隔一个时钟周期会输出一个任务,一个具有 k 级过程段的流水线处理 n 个任务,则理论上需要的时钟周期数为

$$T_k = k + (n-1) \qquad (2\text{-}22)$$

其中,k 个时钟周期用于处理第一个任务,k 个时钟周期后,流水线被装满,剩余的 $n-1$ 个任务只需 $n-1$ 个时钟周期就可完成。

作为对比,如果用非流水线的硬件来处理这 n 个任务,时间上只能串行进行,则所需时钟周期数为

$$T_L = n \cdot k \qquad (2\text{-}23)$$

将 T_L 和 T_k 的比值定义为 k 级线性流水线的**加速比**:

$$C_k = \frac{T_L}{T_k} = \frac{n \cdot k}{k + (n-1)} \qquad (2\text{-}24)$$

当 $n \gg k$ 时,则 $C_k \to k$,也就是说,理论上 k 级线性流水线处理几乎可以提高 k 倍速度。但在实际应用中,由于在流水过程中还有存储器冲突、数据相关等因素的限制,流水线加速比是达不到理想加速比的(见 5.4.3 节)。

【例 2-34】 假设有一个 4 级流水浮点加法器,每个过程段所需时间如表 2-4 所示,每个过程段中缓冲器 L 的延时 $\tau_l = 10$ ns,求:

① 4 级流水浮点加法器的加速比是多少?

② 如果每个过程段的时间相同,都需要 50 ns(包括缓冲器 L 的延时),加速比是多少?

表 2-14 每个过程段所需时间

过程段	0 操作数检查	对阶	尾数相加	结果规格化
时 间	τ_1	τ_2	τ_3	τ_4
	40 ns	30 ns	70 ns	60 ns

解:①流水浮点加法器的时间周期为

$$\tau = \max\{\tau_i\} + \tau_l = \{40,30,70,60\} + 10 = 80 \text{ ns}$$

所以,当流水任务饱满时,每隔 80 ns 输出一个任务。如果采用相同逻辑的非流水方式,则浮点加法器所用时间为

$$\tau_1 + \tau_2 + \tau_3 + \tau_4 = 40 + 30 + 70 + 60 = 200 \text{ ns}$$

所以,4 级流水浮点加法器的加速比为

$$C_k = 200/80 = 2.5$$

② 如果每个过程段的时间相同,都需要 50 ns,则加速比为

$$C_k = 200/50 = 4$$

2.6 本章小结

计算机是处理信息的机器,计算机内部使用二进制指令来处理二进制数据,二进制相比十进制具有更多优势。由于二进制数据书写起来比较长,所以为书面表达方便,常常使用十六进制形式。二进制的基本问题是二进制与其他进制的转换、二进制编码表示问题。其中,将十进制小数转换为二进制小数时,整数部分采用除基取余法,能得到精确值,小数部分采用乘基取整法,但一般得不到精确值,需要根据精度要求,设定停止迭代条件。

数据的各种编码表示实质都是二进制形式的,由于数据类型或应用需求不同而引出各种不同编码。对于有符号整数,需要将数值与符号位统一编码,由此引出原码、反码、补码和移码。对于一般小数,预先规定好小数点位置,或在数据最左端(纯小数),或在数据最右端(纯整数),这就是定点数。定点数表示的数据范围有限,因此借鉴科学记数法形式,引入了浮点数表示方法,其中关于浮点数的重要国际标准是 IEEE-754,通常高级编程语言中的 float 和 double 数据类型都采用这个标准。

十进制是最常使用的进位计数制,在计算机中为十进制数专门规定了编码方法,如 BCD 码,这是一种加权码,该方法是各权取值为"8421"的二进制编码方法。

在非数值型数据中,英文字母、阿拉伯数字以及常用的符号广泛使用 ASCII 码表示,标准 ASCII 码使用 7 位二进制数表示,加上固定设置为 0 的 1 个最高位,共占用 8 位,即一字节。Unicode 码是一种全新的编码,其设计目标是满足跨语言、跨平台进行文本转换和处理的要求,常用的 Unicode 码是 UCS-2 和 UCS-4 编码。

汉字一般需要采用两个或更多个字节进行编码,根据汉字在计算机中不同处理阶段的使用需求,将汉字编码分为输入码、交换码、机内码和字形输出码。其中,交换码也称为汉字国标码;机内码是计算机内部处理汉字信息的编码,为了区分 ASCII 码,机内码由国标码的每个字节各加上 80H 构成;字形输出码对应的是字形码,分为点阵字库和矢量字库,点阵字库是由行列像素组成的位图,矢量字库保存的是每一个汉字的描述信息,它存取字形速度快,字体放大后质量不受影响。

不同的数据类型具有不同的宽度,而计算机也有不同的位宽,将一个数据保存到计算机内存时,这个数据在高、低位存放顺序上有两种方式:一种是大端方式,即高位放在低地址空间,低位放在高地址空间;另一种是小端方式,即高位放在高地址空间,低位放在低地址空间,不同体系结构的计算机采用了各自的方式。

数据在存取、交换和传输时都可能发生错误,因此在实际应用中采用校验码和纠错码保证数据的可靠性。校验码是在有效数据之后再增加校验数据,两者一并存储或传输,以后再次访问,或者接收方使用时,利用有效数据和校验数据就可以判断有效数据的正确性。奇偶校验是一种常用的校验方式,交叉校验可以检查两位同时出错的情况,或者纠正 1 位的错误。海明校验本质上是一种多重奇偶校验,且具有纠错能力。循环冗余校验通过数学运算建立数据和校验位之间的约定关系,是纠错能力更强的校验。

定点运算是 CPU 的基本功能,定点加、减法运算使用补码运算最为便捷,定点乘、除法运算既可以采用原码也可以采用补码运算。除了 4 种运算外,CPU 还具有与、或、非、异或等逻辑运算功能,以及移位运算功能。运算器是计算机五大部件之一,从组成结构上看,运算器通常包括算术逻辑单元、寄存器、数据总线及其他逻辑部件,运算器内部的 ALU、通用寄存器以及多路开关等部件采用总线结构连接并进行通信,这种总线结构有单总线结构、双总线结构和三总线结构,对指定的操作,单总线结构需要的步骤多,但结构简单,而三总线结构需要的步骤少,但结构复杂。

在计算机数值计算中广泛使用浮点运算,浮点运算的加、减法和乘、除法运算相对定点数,需要更多的步骤,计算也较为繁琐,现代的计算机大都提供了专门的浮点运算器,并且都集成在 CPU 芯片内部。流水线是一种多条指令重叠执行的处理机实现技术,能够实现时间并行性。把输入的任务分割为一系列子任务,各子任务能在流水线各个阶段并发执行,将任务连续不断地输入流水线,实现子任务级的并行。

在计算机发展历程中,其结构从以运算器为中心,过渡到以存储器为中心,本章介绍了CPU的重要部件——运算器,接下来将介绍CPU中另一个重要部件——存储器。

习　题

1. 计算机中处理的数据可分成数值型数据和非数值型数据两类,下面属于数值型数据的是_____。

　A. 3.14　　　　　B. 字母　　　　　C. 算术符号　　　　D. MP3 歌曲

2. 数值型数据和非数值型数据在计算机内部都要被转换为_____进制的数码进行存储、传送和加工处理。

3. 数值型数据可以采用多种进制表示,当对同一个数值型数据采用不同进制表示时,基数越大,表示这个数所用位数就越_____。

4. 计算机中关于小数的编码表示,根据小数点位置是否固定,分为_____数和_____数。

5. 1985 年,IEEE 提出了 IEEE-754 标准,并以此作为_____数据类型的统一标准。

6. 在 IEEE-754 标准的浮点格式中,单精度格式采用_____位二进制数表示,双精度格式采用_____位二进制数表示。

7. 一个浮点数有多种表示形式,为了提高浮点数的表示精度,当浮点数的尾数不为_____时,通过修改阶码并移动小数点,使尾数域的最高有效位为_____,称为浮点数的规格化表示。

　A. 0,0　　　　　B. 0,1　　　　　C. 1,0　　　　　D. 1,1

8. 标准 ASCII 码采用_____位二进制数表示 1 个字符,在计算机中用一字节来存放一个 ASCII 码,其特点是字节的_____位固定为 0,并常常用于区别西文字符和汉字字符。

9. 在汉字的编码方法中,当汉字用一个由 $m \times n$ 个像素组成的位图表示和存储时,称为字模,我们将其称为_____字库,当汉字使用描述信息(如一个笔画的起始坐标与终止坐标、半径、弧度等)表示和存储时,改变文字的字号只需要改变缩放系数,我们将其称为_____字库。

10. 下面 3 种非数值编码,在表示一个字符时所采用的二进制位数不同,其中扩展 ASCII 码用_____位表示,Unicode UCS-2 用_____位表示,Unicode UCS-4 用_____位表示。

　A. 4,8,16　　　　B. 7,14,28　　　　C. 8,16,32　　　　D,16,32,64

11. 在我国使用的计算机汉字操作系统平台中,_____字符集是简体字符集。

　A. GB 2312　　　B. BIG5　　　　　C. GBK　　　　　D. GB 18030

12. 在计算机数据处理中,当采用奇校验方式时,如果有效信息位中"1"的个数为奇数,则奇校验位为_____。

13. 在计算机数据处理中,当采用偶校验方式时,如果有效信息位中"1"的个数为偶数,则偶校验位为_____。

14. 根据奇偶校验的特点,当一个数据采用奇偶校验时,可以检查出的错误包括_____。

　A. 一位错误　　　B. 两位错误　　　C. 奇数位错误　　　D. 出错位置

15. 交叉奇偶校验采用纵向、横向同时校验的方法,可发现_____位(多少位)同时错。

16. 在定点_____运算中,为了判断溢出是否发生,可采用双符号位检测法。不论溢出与否,其_____符号位始终指示正确的符号。

A. 小数,最高　　　　B. 小数,最低　　　　C. 整数,最高　　　　D. 整数,最低

17. 定点数加、减法运算属于算术运算,要考虑参加运算数据的符号和编码格式,现代计算机的运算器一般都采用　　　　码形式做加、减法运算。

18. 在定点二进制运算器中,减法运算一般通过_____来实现。

A. 原码运算的二进制减法器　　　　　　　B. 补码运算的二进制减法器

C. 补码运算的十进制加法器　　　　　　　D. 补码运算的二进制加法器

19. 计算机的某种逻辑运算,对任意二进制数 A,当与二进制数 B 执行这种逻辑运算后,对运算结果再次执行这种运算,则运算结果又变成了 A,这种逻辑运算是_____运算。

20. 运算器由 ALU、_____、数据总线和其他逻辑部件组成。

21. 寄存器用于存放参与运算的操作数,其中的_____是一个特殊的寄存器,除了可以存放操作数外,还用于存放中间结果和最后结果。

22. 根据总线的多少,运算器的基本结构形式可以分为_____结构的运算器、_____结构的运算器和_____结构的运算器。

23. 在定点运算器的结构中,对于一个双操作数的运算,一般单总线结构的运算器需要_____次数据传送,双总线结构的运算器需要_____次数据传送,三总线结构的运算器_____步完成。

24. 根据流水线的原理,为了实现流水,把输入的任务分割为一系列子任务,各子任务能在流水线各个阶段并发执行,为了避免某一阶段处理时间较长造成其他阶段空转等待,原则上要求各个阶段的处理时间长度_____。

25. 从理论上讲,计算一个具有 k 级过程段的流水线处理 n 个任务需要的时钟周期数,在 k 个周期流水线被装满后,剩余的 $n-1$ 个任务只需_____个周期就能完成。

26. 请简述运算器的单总线、双总线和三总线形式彼此之间有什么不同。

27. 将下列数据转化为其他两种进制表示(十进制、二进制和十六进制)。

(1) 24.812 5　　　　(2) 101101.011B　　　(3) 31AB. CH

28. 对于8位字长计算机,求下列十进制数的原码、反码和补码。

(1) 0.546 875　　　(2) −0.179 687 5　　　(3) −127

(4) −1　　　　　　(5) 100　　　　　　　(6) 127

29. 已知如下的 $[x]_补$,求出它们的原码和真值。

(1) 11100101B　　　　　　　　　(2) 10000000B

(3) 01010011B　　　　　　　　　(4) 00110101B

30. 计算题:已知 x 和 y,用双符号位补码计算 $x+y$,同时指出运算结果是否溢出。

(1) $x=0.11011B, y=0.00011B$　　　(2) $x=0.11011B, y=-0.1011B$

31. 计算题:已知 x 和 y,用双符号位补码计算 $x-y$,同时指出运算结果是否溢出。

(1) $x=0.10111B, y=-0.11111B$　　　(2) $x=0.10111B, y=0.11011B$

32. 计算题:假设下列浮点数的阶码是 3 位,尾数是 4 位,采用浮点数计算方法求 $x+y$,其中阶码和尾数采用双符号法,舍入处理采用 0 舍 1 入方法。

(1) $x=2^{-011}\times(0.1001), y=2^{-010}\times(0.0111)$

(2) $x = 2^{-101} x(-0.1011), y = 2^{-100} x (0.1011)$

33. 综合应用：如下 C 语言程序实现数组 a 中元素求和，当参数 len 为 0 时，返回值应该为 0，但是在机器上执行时却发生了异常，请问是什么原因？并说明如何修改。

```
float matrixSum(float a[],unsigned len)
{
        int i;
        float sum = 0;
        for(i = 0;i < len - 1;i + + )
          sum + = a[i];
        return sum;

}
```

34. （综合应用）已知 $f(n) = \sum_{i=0}^{n} 2^i - 1 = \overbrace{11\cdots11}^{n+1位}B$，现编写的 C 语言程序定义了函数 f1，用于实现 $f(n)$ 的计算功能，如果将函数 f1 定义的返回类型 int 都改为 float，可得到 $f(n)$ 的另一个函数 f2。假设 unsigned、int 数据类型为 32 位，float 采用 IEEE-754 的单精度标准，请回答下述问题。

```
int f1(unsigned n)
{
        int sum = 1,power = 1;
        for(unsigned i = 0;i < n - 1;i + + ){
          power * = 2;
          sum + = power;
        }

}
```

(1) 当 $n = 0$ 时，f1 会出现死循环，如何修改？

(2) f1(23) 和 f2(23) 的返回值是否相等？机器数格式分别是什么（用十六进制表示）？

(3) f1(24) 和 f2(24) 的返回值分别为 33554431 和 33554432.0，为什么不相等？

第3章 存储系统

本章学习目标

本章为存储系统,从存储器和存储系统概念的内涵讲起,引入不同维度的存储器分类方法,概述存储系统多级结构,然后介绍计算机中常用的半导体存储器,在此基础上介绍各类常见存储器和存储系统的结构和工作原理,包括主存储器、高速缓冲存储器、双端口存储器、多模块存储器、虚拟存储器。

① 存储器的基本概念和分类。
② 双端口存储器和多模块存储器的结构和工作原理。
③ 高速缓冲存储器的结构和工作原理。
④ 虚拟存储器的结构和工作原理。
⑤ 虚拟地址映射和变换、替换算法及其实现。

3.1 存储器概述

存储器是计算机中的**记忆设备**,用于存放**程序**和**数据**,随着计算量和存储量的不断增加,现代计算机硬件体系转变为以**存储器为中心**的结构。首先,计算机系统工作流程都是围绕存储器展开的,因为编写的程序和数据一般存放在外部存储器中,当程序编译成计算机可识别的指令后,需要先加载到内部存储器,而后由 CPU 将程序和数据读到其内部,并在运算器中完成运算,而部分运算结果也将存放到内部存储器,在这个过程中,输入/输出设备也与存储器存在数据交换。其次,随着计算机的发展,需要处理、加工的信息量越来越大,早期以运算器为中心的结构已不能满足计算机发展的需求,甚至会影响计算机的性能。

在现代计算机中,为了同时满足存储系统的**大容量**、**高速度**和**低价格**的要求,往往需要将各种不同工艺的存储器组合在一起,构成一个多级、分层次的存储体,这就是**存储器多级结构**,或称为**存储系统**。存储器通常指某种具体类型的存储装置,而存储系统通常指由多种类型存储器按层次结构组成的体系,本章介绍的一些存储系统,在名称上也习惯称为存储器,如虚拟存储器等。

3.1.1 存储器容量单位

存储器用来存放二进制的程序或数据,最小单位是一个二进制位,称为**存储元**,又称**存储位**,8 个存储元构成一个**存储单元**,即 1 字节大小,多个存储单元构成一个存储器,图 1-7 所示的存储器由地址为 0000H~FFFFH 的共 64K 个存储单元构成,下面是几个与存储器容量有关的单位。

① 位(bit)：计算机中二进制数的最小单位，对应**1 个存储元**的容量。

② 字节(byte)：存储器容量的基本单位，对应**1 个存储单元**容量，1 字节包含 8 位，存储单元通常按字节编址。

③ 字(word)：CPU 与存储器数据的传送单位，CPU 一次处理数据的最大位数。字长通常表示为若干二进制位或字节，例如字长 64 位的计算机，表示 CPU 一次可以处理 64 位二进制数据，或者 8 字节数据。

存储容量单位通常用 KB、MB、GB、TB 来表示，B 表示字节，K 代表 2^{10}，M 代表 2^{20}，G 代表 2^{30}，T 代表 2^{40}，这些单位之间的换算关系为

$$1\,KB=1\,024\,B,1\,MB=1\,024\,KB,1\,GB=1\,024\,MB,1\,TB=1\,024\,GB$$

3.1.2 存储器的分类

根据存储器所采用的材料、特点和使用方法的不同，可以从以下几个维度对存储器进行分类。

1. 按存储介质分类

由于计算机采用二进制形式表示信息，存储介质中的**存储元**必须具有两种明显区别的稳定状态，分别表示二进制的 0 和 1，并且这两种状态能够转换，其转换速度影响存储器的读写速度。

目前存储介质主要有半导体器件、磁性材料和光存储材料，由此将存储器分为**半导体存储器、磁表面存储器**和**光盘存储器**。

半导体存储器是由半导体器件构成的存储器，半导体器件由一个双稳态半导体电路或一个 CMOS 晶体管来记录一个二进制位。物理形态上半导体存储器都是采用集成电路工艺制成的存储芯片，常见的内存条及固态硬盘都是典型的半导体存储器。

磁表面存储器是以磁性材料为存储介质构成的存储器，其在金属或塑料基体的表面上涂一层磁性材料以记录二进制位，并且设置磁介质运动机构及磁头装置，以便从介质中读出或向介质中写入信息，例如磁盘、磁带等。早期的磁芯存储器也是由磁性材料构成的存储器，不过是将磁性材料做成环形元件，并在磁芯中穿有驱动线和读出线，以便写入和读出信息。

光盘存储器是使用光存储介质的存储器，其基本工作原理是在基板上涂抹专用材料以产生激光反射率差异，并由此存储二进制位，常见的是各种光盘。

2. 按存取方式分类

按存取方式，存储器分为**随机存取存储器**(Random Access Memory，RAM)、**串行访问存储器**。

☞**【注意】** 在存储器中"存取"一词又称为"访问"，其对应的英文词是 access，包含存储器"存"和"取"两层含义，其中"取"指 CPU 对存储器的读操作，而"存"指 CPU 对存储器的写操作。

(1) 随机存取存储器

在随机存取存储器中，任意存储单元的信息都可以随机存取，即存储时间与存储单元的物理位置无关。因为每个存储单元地址的译码时间相同，在不考虑存储器内部缓冲的前提下，每个存储单元的访问时间是固定的。

随机存取存储器是半导体存储器,通常用作高速缓冲存储器和主存储器。

（2）串行访问存储器

在串行访问存储器中,需要按照物理位置的先后顺序寻找地址,因而访问不同位置的信息时间不同。串行访问存储器又分为顺序存取存储器和直接存取存储器。

① 顺序存取存储器（Sequential Access Memory,**SAM**）

顺序存取存储器的特点是必须按位置先后顺序存放和读出,因此存取时间取决于存放的前后位置,通常以记录块为编址单位。磁带是典型的顺序存取存储器。

② 直接存取存储器（direct access memory）

直接存取存储器兼有**随机**访问和**顺序**访问的特点,直接选取所需信息所在区域,然后再按顺序方式存取信息,因此它是一种**半串行访问存储器**。磁盘是这种存储器的典型代表,其读写包括两个过程,首先,在磁盘中寻找数据所在的磁道,称为寻道过程,属于随机访问,然后再在磁道上寻找数据,这时需在磁盘旋转过程中顺序寻找数据,因此该过程属于顺序访问存储器。

3. 按信息的可更改性分类

按信息的可更改性存储器分为**读写存储器**（read/write memory）和**只读存储器**（Read Only Memory,**ROM**）。读写存储器中的信息可以读出也可以写入,如随机读写存储器 RAM,而只读存储器中的信息一旦被存入,通常情况下只能读出而不能再次写入,如半导体存储器 ROM、光盘存储器 CD-ROM 等,有些类别的只读存储器可以在特定条件下重新写入（见 3.2.3 节）。

另外,上述存储器的信息是**按地址编址**、按地址访问的。在某些应用场景中,需要根据内容而不是地址来访问存储器中的信息,这类存储器称为**按内容访问存储器**（Content Address Memory,**CAM**）或**相联存储器**（Associative Memory,**AM**）,见 3.4.4 节。

4. 按信息的可保存性分类

按断电后存储器中的信息是否消失,可以将存储器分为**易失性存储器**（volatile memory）和**非易失性存储器**（nonvolatile memory）。易失性存储器在断电后信息会消失,如半导体存储器 RAM,而非易失性存储器在断电后信息会一直保持,不会消失,如半导体存储器 ROM、磁带、磁盘、光盘等。

5. 按在计算机系统中的作用分类

根据在计算机系统中的作用,存储器可以分为**主存储器**（简称"主存"）、**辅助存储器**（简称"辅存"）和**高速缓冲存储器（cache）**。

这些存储器总体上还可分为**内部存储器**（简称"内存"）和**外部存储器**（简称"外存"）。其中内部存储器包括高速缓冲存储器和主存储器,在有些机型中没有高速缓冲存储器,这时内存就是主存,而外存则是指辅助存储器。

内部存储器与外部存储器的区别在于能否和 CPU **直接交换信息**,内部存储器能和 CPU 直接交换信息,而外部存储器则不能,外部存储器一般用来存放当前 CPU 运行时暂时不用的程序和数据。高速缓冲存储器位于 CPU 和主存储器之间,正如其名字那样,起到高速缓冲作用,3.5 节将会详细阐述。

按在计算机系统中的作用,存储器的分类如图 3-1 所示,其中一些存储器类型将在 3.2 节中介绍。

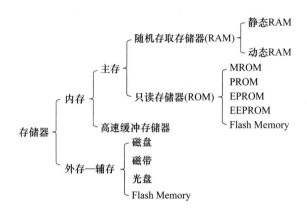

图 3-1 存储器的分类

3.1.3 存储器的多级结构

设计一台计算机的存储系统,通常需要考虑存储器三方面的指标:**存储容量**、**存储速度**和**单位价格**。当然追求的目标是容量大、速度快、成本低。但大容量、低价格和高速度三者之间存在矛盾,例如,存储器速度越快,价格就越高,容量也难以做到更大,表 3-1 给出了 CPU 内部寄存器和几种存储器的典型速度和容量指标。可见 cache 的速度快于主存储器,而主存储器的速度快于硬盘,但容量上正好相反,从成本和价格来看,硬盘比主存储器具有更高的单位价格,主存比 cache 具有更高的单位价格等。因此,计算机通常采用多种类型存储器并将其有效组合起来协同工作。

表 3-1 存储器的典型存取时间和容量指标

存储器类别	典型存取时间	典型容量
寄存器(CPU 内部)	1 ns	<1 KB
高速缓冲存储器	2 ns	4 MB
主存储器	<10 ns	1~32 GB
硬盘(机械硬盘)	10 ns 以上	500 GB~4 TB

1. 多级存储结构

计算机存储系统通常由高速缓冲存储器、主存储器和外存储器组成多级存储结构,如图 3-2所示。

CPU 内部的寄存器是容量有限的高速存储部件,它们用来暂时存放指令和数据,速度最快、价格最贵、容量最小,为了表示计算机中存储功能部件之间的层次关系,图 3-2 中画出了寄存器,但寄存器通常不归为存储器范畴。

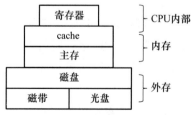

图 3-2 多级存储结构

cache 是计算机系统中一个高速、小容量的半导体存储器,位于高速 CPU 和低速主存之间,用于匹配两者的速度,达到高速存取指令和数据的目的。同主存相比,cache 的存取速度更快,但存储容量小于主存储器。在现代计算机中 cache 通常又分为多级结构,如 CPU 内部的 1 级 cache、2 级 cache,以及

CPU 外部的 3 级 cache 等,它们的特点是级数越小速度越快,但容量也越小。

主存是计算机系统的主要存储器,用来存放计算机正在执行的程序和数据,主要由半导体存储器 RAM 和 ROM 组成。

外存是大容量辅助存储器,用于存放系统中大量的程序及数据文件,与主存相比,外存容量大,单位价格低,但访问速度慢,目前外存主要有磁盘存储器、磁带存储器和光盘存储器。

☞【注意】 内存与外存的本质区别在于能否和 CPU **直接交换信息**。在微型计算机物理结构中,通常将内存设置在主板上,而将外存设置在主板外,但仍在主机内部,因此不能依据是否位于主机内部来判断是内存还是外存。

2. 两个存储层次

存储器多级结构的层次体现为由 cache-主存-辅存构成的两个存储层次,如图 3-3 所示。

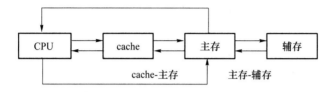

图 3-3 由 cache-主存-辅存构成的两个存储层次

首先,由 cache 和主存构成 **cache-主存**层次(系统),其主要目标是利用与 CPU 速度接近的 cache 来高速存取指令和数据,以提高存储器的整体速度,从 CPU 角度看,这个层次的速度接近 cache,而容量和每一位的价格则接近主存。

其次,由主存和辅存构成**虚拟存储器**层次(系统),其主要目的是增加主存储器的容量,从整体上看,这个层次的速度接近于主存,而容量则接近于辅存。

计算机存储系统的多级、分层次结构很好地解决了容量、速度、成本三者之间的矛盾,这种结构对应用程序员而言是透明的。在应用程序员看来,它是存储器速度接近最快的那个存储器,存储容量接近容量最大的那个存储器,单位价格则接近最便宜的那个存储器的结构。

3.2 半导体存储器

目前计算机中主存储器主要由半导体存储器芯片构成。半导体存储器分为随机读写存储器(RAM)和只读存储器(ROM)两大类。RAM 是可读可写存储器,断电后信息丢失,ROM 是只读存储器,其信息一般只能读出不能写入,并且可以永久保存,不会因为断电而丢失。

3.2.1 随机读写存储器

目前广泛使用的半导体随机读写存储器是 MOS 半导体存储器,其分为**静态存储器**(Static RAM,**SRAM**)和动态存储器(Dynamic RAM,**DRAM**)。

1. 静态存储器

从工作原理看,静态存储器利用双稳态触发器来保存信息,其基本存储元由 6 个 **MOS 管**组成,保存 0 或 1 信息,只要不断电信息就不会丢失。如图 3-4 所示,$VT_1 \sim VT_4$ 组成一个触发器,$VT_5 \sim VT_6$ 为门控管,$VT_1 \sim VT_6$ 组成一个基本存储元,$VT_7 \sim VT_8$ 用于接收列(Y)选择信号,它们为芯片内同一列的各个存储元共用,不包含在基本存储元中。【课程关联】数字电路。

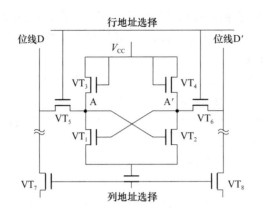

图 3-4 六管静态存储元

A 点电位作为存储的位信息,在读出时,行、列选择信号有效,则 $VT_5 \sim VT_8$ 导通,如果 A 点为高电平,则存储信息位"1",A 点高电平通过 VT_5 到位线 D,A' 点低电平通过 VT_6 到位线 D';反过来,如果 A 点为低电平,则存储信息位"0",A 点低电平通过 VT_5 到位线 D,A' 点高电平通过 VT_6 到位线 D',由触发器的工作原理可知,存储元可以保持原有电位信息。

当向存储元写入信息时,将高、低电平分别加到 D 和 D' 上,同时行选和列选有效,$VT_5 \sim VT_8$ 导通,则 A 和 A' 被置为相反电平,如果 D 为高电平,则 A 为高电平,表示存储信息"1",反过来,如果 D 为低电平,则 A 为低电平,表示存储信息"0"。

在上述电路中,即使不对存储元做读写操作,也会有电流流动。例如,VT_1 导通,VT_2 截止,会有电流从"电源 $\rightarrow VT_3 \rightarrow VT_1 \rightarrow$ 地"地流动,反过来,VT_2 导通,VT_1 截止,会有电流从"电源 $\rightarrow VT_4 \rightarrow VT_1 \rightarrow$ 地"地流动,因此整个存储器功耗较大。

2. 动态存储器

动态存储器基本存储元由 1 个 **MOS 管**组成,利用 MOS 电容存储的**电荷**来保存信息,若

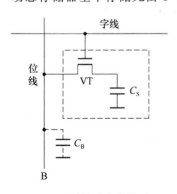

图 3-5 单管动态存储元

电容上存有足够多的电荷,则表示存"1",若电容上无电荷则表示存"0",如图 3-5 所示,由 MOS 管 VT 和电容 C_S 组成存储元,其中字线在读、写时有效,位线代表写入或读出的信息,C_B 为旁路电容。

在读出的情况下,字线有效,C_S 上的电荷通过 VT 输出到位线,当 C_S 上保存有足够多电荷时,则位线为高电平,表示读出信息"1",否则表示读出信息"0",但是由于读时 C_S 上电荷放电,为了保证之后还能够读出正确信息,需要反复对电容 C_S 进行充电,称为**"刷新"**(refresh)操作。电容上的电荷一般只能维持 $1 \sim 2 \, ms$,因此在工作时需要反复进行刷新操作才能维持信息。

在写入的情况下,当写"1"时,字线有效,位线高电平通过 VT 对电容 C_S 进行充电,而当写"0"时,字线有效,位线低电平通过 VT 对电容 C_S 进行放电。

需要说明的是,当没有读写操作时,VT 截止,存储元中几乎没有电流流动,这时功耗会很低。

总之,为防止由于存储信息的电荷泄漏而丢失信息,由外界按一定规律不断地给栅极进行充电,补足栅极的信息电荷,主要采用"读出"的方式进行刷新,依次读出存储器的每一行,就可

完成对整个 DRAM 的刷新。由于这种存储器需要不间断地进行刷新操作,故称为动态存储器。

由上可知,静态存储器使用更多的 MOS 管,占用硅片面积大,功耗大,集成度低,但无须刷新操作,因而读写速度快,它适合用作高速小容量的 cache;动态存储器使用更少的 MOS 管,占用硅片面积小,功耗小,集成度高,但必须定时刷新操作,因而速度相对 SRAM 要慢,适合用作较低速的大容量主存。

在实际应用中通常将 DRAM 的刷新控制电路做在一个芯片上,形成 DRAM 控制器,然后将 DRAM 控制器和 DRAM 存储器芯片做在一个存储器板上,这样,DRAM 就无须外部刷新电路,可以当作 SRAM 一样使用,给存储系统设计带来了很大的方便。

3. 增强型 DRAM

增强型 DRAM(Enhanced DRAM,EDRAM)是 SRAM 和 DRAM 的混合结构,在 DRAM 芯片上集成一个高速小容量的 SRAM,这个小容量的 **SRAM** 芯片起到高速缓存作用,从而提升整个 DRAM 芯片的存取速度。

当 CPU 从主存 DRAM 中读取数据时,将包含此数据的整个数据块都写入高速缓存 SRAM 内,下次读取连续地址数据时,CPU 就可以从这个 SRAM 中直接取用,而不必到较慢的 DRAM 中读取,从而加快 CPU 的存取速度。

将由若干 EDRAM 芯片组成的存储模块做成电路**插件板**形式,就是目前普遍使用的微型计算机**内存条**。

3.2.2 微型计算机内存

1. SDRAM

为了提供更快的读写速度,满足高速 CPU 发展的需求,目前微型计算机上的主存(内存条)普遍采用 **SDRAM**(Synchronous Dynamic Random Access Memory)芯片,又称为同步动态 SDRAM。SDRAM 具有**与 CPU 时钟同步**,采用 DRAM 技术,需要刷新操作,可随机访问存储单元等特点。DDR(Double Data Rate)SDRAM 是对标准 SDRAM 的改进设计,可将其分为 1 代到 4 代产品,即 **DDR/DDR2/DDR3/DDR4 SDRAM**,目前正向第 5 代 **DDR5 SDRAM** 发展。相比传统的 DRAM,SDRAM 的主要技术特点如下。

① 同步读写方式。传统的 DRAM 技术与 CPU 之间采用异步方式交换数据,CPU 在读写某一个存储单元时,发出地址和控制信号后,经过一段时间延迟数据才能被读出或者写入,这段延迟时间是不固定的,为此 CPU 需要不断查询 DRAM 就绪信号,这就有可能需要插入若干不等的等待周期。而 SDRAM 则采用与 CPU 时钟严格同步的方式来交换数据,由前端总线在每个时钟的上升沿向 SDRAM 引脚发出地址和控制命令,SDRAM 将这些地址和控制信号锁存起来,经过确定的几个周期后,数据被读出或者写入,此外,在这几个周期中 CPU 或其他主设备还可以进行其他操作。

② 内部组织结构改进。在 SDRAM 内部将存储芯片的存储单元分成两个或以上的体(bank),一般为 2~4 个,当对 SDRAM 进行读/写时,被选中的一个体进行读/写,而没有被选中的体便可以预充电,做必要的准备工作。当下一个时钟周期选中它读或写时,它可以立即响应,不必再做准备,可提高 SDRAM 的读/写速度。

2. DDR/DDR2/DDR3 SDRAM

在 SDRAM 之后,人们又发展出了 DDR/DDR2/DDR3 SDRAM 技术,利用芯片内部输入/输出缓冲器(I/O buffer)数据的若干位预取功能,在存储器总线时钟信号的上升沿和下降沿各做一次数据传输,从而实现一个时钟周期内多次数据传输的功能,大大地提高了数据传送的速度和带宽。其中,DDR 具有 2 位预取功能,存储器总线时钟信号上升沿和下降沿各做一次数据传输,实现一个时钟周期内两次数据传输,相当于工作的时钟频率提高了 1 倍,即等效频率是传统 SDRAM 的 2 倍。而 DDR2、DDR3 分别具有 4 位和 8 位预取功能,等效频率相对同频率的 DDR 分别增加为 2 倍和 4 倍。

例如,DDR-400(PC-3200)存储器片内 clk 时钟频率为 200 MHz,则等效频率为 $200 \times 2 = 400$ MHz,若每次传送 64 位数据,则总线数据带宽为 $200 \times 2 \times 64/8 = 3.2$ GB/s。再如,DDR2-800(PC-6400)存储器片内 clk 时钟频率为 200 MHz,等效频率为 $200 \times 4 = 800$ MHz,若每次传送 64 位数据,则总线数据带宽为 $200 \times 4 \times 64/8 = 6.4$ GB/s。又如,DDR3-1600(PC-12800)存储器片内 clk 时钟频率为 200 MHz,等效频率为 $200 \times 8 = 1\,600$ MHz,若每次传送 64 位数据,则总线数据带宽为 $200 \times 8 \times 64/8 = 12.8$ GB/s。如上,一般存储器型号采用两种方法标记,一种是内存类型-等效频率,另一种是 PC-带宽。

DDR4 SDRAM 在预取位上保持 DDR3 的 8 位设计,但提升了 bank 数量,它使用 bank group(BG)设计,将 4 个 bank 作为一个 BG 组,可自由使用 2~4 组 BG,每组 BG 都可以独立操作。以使用 2 组 BG 为例,每次操作的数据为 16 bit,而 DDR3 只有 8 位,相当于 DDR4 预取 16 位,从而在同样内核频率下理论速度可达 DDR3 的两倍。SDRAM 和 DDR/DDR2/DDR3 SDRAM 的常用参数如表 3-2 所示。

表 3-2   SDRAM 和 DDR/DDR2/DDR3 SDRAM 的常用参数

分 类		SDRAM	DDR SDRAM	DDR2 SDRAM	DDR3 SDRAM
基本特性	核心频率/MHz	66~166	100~200	100~200	100~250
	时钟频率/MHz	66~166	100~200	200~400	400~1 000
	数据传输率/(Mbit·s^{-1})	66~166	200~400	400~800	800~2 000
	预取设计	1 bit	2 bit	4 bit	8 bit
	突发长度	1/2/4/8/full page	2/4/8	4/8	8
	CL 值	2/3	2/2.5/3	3/4/5/6	5/6/7/8/9
	bank 数量	2/4	2/4	4/8	8/16
电气特性	工作电压	3.3 V	2.5 V/2.6 V	1.8 V	1.5 V
	封装	TSOPⅡ-54	TSOPⅡ-54/66	FBGA60/68/84	FBGA78/96
	生产工艺/nm	90/110/150	沿用 SDRAM 生产体系,70/80/90	53/65/70/90	45/50/65
	容量标准/Byte	2M~32M	8M~128M	32M~512M	64M~1G

注:表中核心频率是指存储器片内 clk 时钟频率;时钟频率是存储器 I/O 控制器频率;数据传输率是存储器传送数据的等效频率。

3. 主存与 CPU 的连接

在 x86 和 x64 体系结构的微型计算机中,主存与 CPU 之间通常通过**桥接器**(北桥芯片)进行连接,如图 3-6 所示。目前桥接器功能大多集成在 CPU 内部了。

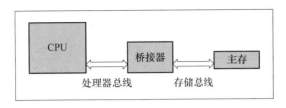

图 3-6　主存与 CPU 的连接

受集成度和功耗等因素的影响,单个芯片(称为内存颗粒)的容量有限,所以常常通过存储芯片的扩展技术,将多个芯片以及主存控制器等放在一个主存模块(即内存条)上,然后将主存模块插在计算机主板的**内存插槽**(slot)中,主存模块连同主板或扩展板上的 RAM 和 ROM 构成计算机的主存空间。图 3-7 所示是内存条和主板内存插槽示意图。不同 DDR 类型的插槽一般互不兼容。

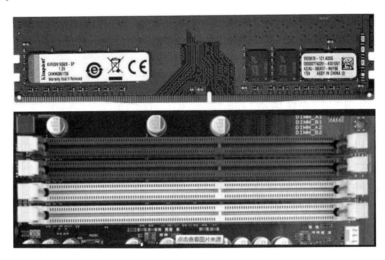

图 3-7　内存条和主板内存插槽

3.2.3　只读存储器

ROM 是只读存储器,其信息一般只能读出而不能写入,并且可以永久保存,不会因为断点而丢失,ROM 的最大优点就是信息的非易失性。

只读存储器具有结构简单、成本低及信息非易失等优势,使得它特别适合于存储需永久保存的程序和数据。计算机中的基本输入输出系统(Basic Input Output System,BIOS)就是固化在计算机内主板 ROM 芯片中的程序,它保存着计算机最重要的基本输入输出程序、开机后自检程序和系统自启动程序等。

根据可否向只读存储器中重复写入信息,可以将只读存储器分为不可重写只读存储器和可重写只读存储器。

1. 不可重写只读存储器

有如下两种类型的不可重写只读存储器。

(1) 掩模只读存储器(Mask ROM,MROM)

掩模只读存储器不能由用户写入信息,用户使用时需要向生产商提供程序和数据,由生产商在产线上利用掩模(mask)工艺将信息写入存储器中,在交付用户使用之后,用户无法再次更改。显然,这种内容定制的存储器适于大批量生产。

(2) 可编程只读存储器(Programmable ROM,PROM)

可编程只读存储器是在掩模只读存储器的基础上发展起来的,其将信息写入过程交由用户完成,由用户一次性写入信息。其特点是用户只能写入一次数据,一经写入便不能更改。

2. 可重写只读存储器

可重写只读存储器可以由用户多次写入程序和数据,使用起来比较方便。可重写只读存储器可以分为光擦除(紫外光)可编程只读存储器、电擦除可编程只读存储器和闪速存储器,在这些名字中"可编程"3个字表明其具有可以多次写入程序的特点。

(1) 光擦除可编程只读存储器(Erasable Programmable ROM,**EPROM**)

EPROM 中的内容可以使用紫外灯擦除,然后采用专用设备重新写入。EPROM 出厂时,其存储内容为全"1",用户可根据需要将一些位改写为"0"。当需要更新存储内容时,需要将原存储内容擦除(即恢复为全"1")后才能写入新内容。

EPROM 一般通过插座安置在电路板上,当需要擦除时,将芯片拔出并置于**紫外线**下照射15~20 分钟,以擦除其中的内容,然后用**专用写入设备**(EPROM 写入器)将信息重新写入,一旦写入则相对固定下来。

在闪速存储器大量应用之前,EPROM 常用于软件开发过程中。

(2) 电擦除可编程只读存储器(Electrical Erasable Programmable ROM,**EEPROM** 或 **E2PROM**)

EEPROM 可以用电气方法将芯片中的存储内容擦除,擦除时间较短,甚至可以在联机状态下操作。在擦除方式上分为字擦除和块擦除,其中,字擦除方式可擦除一个存储单元,块擦除方式则可擦除数据块中所有的存储单元。

(3) 闪速存储器(flash memory)

闪速存储器简称**闪存**,是 20 世纪 80 年代中期出现的一种块擦写型存储器,是一种高密度、非易失性的读/写半导体存储器。

从闪存的结构看,每个存储元都类似单个场效应管,主要由源极、漏极、浮动栅、控制栅以及衬底组成,如图 3-8 所示。相对场效应管的单栅极结构,闪存是双栅极结构。浮动栅由氮化物夹在二氧化硅材料之间构成,在栅极与硅衬底间有二氧化硅绝缘层,用来保护浮动栅极中的电荷不会泄漏,因此信息可以长久存储。

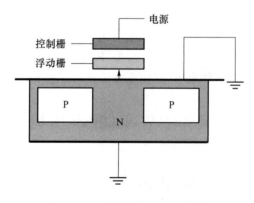

图 3-8　闪存存储元结构示意图

闪存中的数据内容不像 RAM 一样需要电源支持才能保存,但又像 RAM 一样具有可重写性,因此目前微型计算机主板的 BIOS 程序大多改用 flash 存储器存储,为升级 BIOS 提供了方便。

由于闪存单片具有存储容量大、功耗低、内容可改写,以及无须机电装置的优势,因而在便携式和移动设备中得到广泛使用,例如手机、U 盘、固态硬盘、数码相机等,目前成为替代传统磁盘的理想工具。

3.3　主存储器

主存储器是 CPU 能够直接访问的存储器,用于存放计算机正在执行的程序和数据,由随机读写存储器(RAM)和只读存储器(ROM)组成,相比辅助存储器,具有快速读写能力。

3.3.1　主存储器技术指标

衡量主存储器性能的技术指标主要有**存储容量**、**存取时间**、**存储周期**和**存储器带宽**。

1. 存储容量

一个存储器中可以容纳的**存储单元**的总数称为存储容量(memory capacity)。存储器的每个存储单元大小是相同的,每个存储单元的地址按顺序排列,称为**线性编址**。当存储器中存放不同类型的数据时,存储单元可以有字节存储单元和字存储单元,相应的地址称为字节地址和字地址。

字节存储单元是指存放 1 字节数据类型的存储单元,字存储单元是指存放一个字长数据类型的存储单元,例如字长为 16 位,则每个字的存储单元都是 16 位,可以存放 16 位二进制数,相当于 2 字节存储单元。

如果一台计算机中主存储器可编址的最小单位是字存储单元,则该计算机称为按字编址的计算机,如果最小单位是字节存储单元,则该计算机称为按字节编址的计算机。目前大多数计算机都采用按字节编址方式,而不管机器字长是多少,图 1-7 所示的存储器就是按字节表征存储容量的。

一台计算机使用的主存储器容量有最大存储容量和实际存储容量之分。

(1) 最大存储容量

在按字节寻址的计算机中,存储容量的最大字节数由 CPU 地址码位数(即地址总线根数)确定。例如,一台计算机 CPU 的地址码为 n 位,则可产生 2^n 个不同的地址码,其理论上可支持的存储器最大容量为 2^n 字节,计算机设计定型以后,其地址总线、地址译码范围也就确定了,因此其最大存储容量是确定的。

(2) 实际存储容量

实际存储容量是指为计算机配置的实际存储器容量,其不大于最大存储容量。例如,一台计算机使用了 32 位的 CPU,具有 32 根地址总线,其最大存储容量为 2^{32} 字节 $=4$ G 字节 $=4$ GB,而实际存储容量可能是 1 GB 或 2 GB。

一般地,在讨论存储器容量时是指实际存储容量,存储器容量越大,所能存放的程序和数据就越多。

2. 存取时间

存取时间(memory access time)是指启动一次存储器操作到完成该操作所需的时间,读出时为取数时间,表示为 T_A,写入时为存数时间,表示为 T_W。取数时间是指存储器从接收读命令到信息被读出,到稳定在存储器数据寄存器中所需的时间;存数时间是指存储器从接收写命令到将数据从存储器数据寄存器的输出端传送到存储单元所需的时间。对主存而言,通常取数时间和存数时间大致相等,统称为存取时间。

3. 存储周期

存储周期是指连续启动两次独立的存储器操作所需间隔的最少时间,表示为 T_M,因为存储器中读出放大器、驱动电路等都需要一段稳定恢复时间,所以一般存储周期通常略大于存取时间,即 $T_M > T_A$,$T_M > T_W$。

4. 存储器带宽

存储器带宽指单位时间里存储器所存取的信息量,是衡量数据传输速率的重要指标,通常以位/秒(bit/s,bit per second)或字节/秒(B/s,Byte per second)为单位。例如,总线宽度为 32 位,存储周期为 250 ns ,则

$$存储器带宽=32\ bit/250\ ns=128\ Mbit/s$$

存取时间、存储周期、存储器带宽都是反映主存速度的指标。

3.3.2 主存储器的基本组成

主存储器中 SRAM、DRAM 和 ROM 的组成结构有较大差异,下面以 SRAM 为例介绍主存储器的基本组成。

主存储器由**存储体、寻址系统、存储器数据寄存器(MDR)、读/写系统及控制线路**等组成,如图 3-9 所示。CPU 读取存储器的基本过程是:CPU 在地址总线上给出存储器地址信号,在控制总线上给出读信号和片选信号,地址信号经过译码后选中存储体中的某个存储单元,然后,被选中存储单元的数据会被送到数据总线上并由 CPU 获取。CPU 写存储器的基本过程是:CPU 在地址总线上给出存储器地址信号,在控制总线上给出写信号和片选信号,地址信号经过译码后选中存储体中的某个存储单元,在数据总线上给出待写入的数据,然后将该数据写入选中的存储单元中。

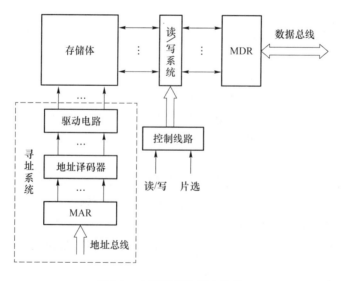

图 3-9 主存储器的基本结构

1. 存储体

存储体是一个由存储单元按照一定规则排列起来的存储阵列,存储体是存储器的核心,是存储信息的实体。常用 X 选择线(行线)和 Y 选择线(列线)的交叉来选择所需要的单元。

图 3-10 所示是一个 1K×1 位的存储体和译码方式示意图,其中 1K 指存储单元的个数,而 1 位指每个存储单元保存二进制的位数。下面介绍如何通过行列方式选中 1K 个存储单元中的某个指定单元。首先,由于 1K=32×32,通过行列矩阵方式选择这些单元就需要用 64 条选择线,其中行线 X 和列线 Y 各 32 条,记为 $X_0 \sim X_{31}$,$Y_0 \sim Y_{31}$。当 X_0 和 Y_0 有效时,矩阵中第 0 行、第 0 列交叉的那个位被选中。然后,再看如何从地址线变换为行、列线,由于 $1K = 2^{10}$,所以共需要 10 条地址线 $A_0 \sim A_9$,即 10 条地址线经译码器后便可得到所需数量的行、列线,其中 5 条地址线 $A_0 \sim A_4$ 经译码器得到 32 条行线,另 5 条地址线 $A_5 \sim A_9$ 经译码器得到 32 条列线。

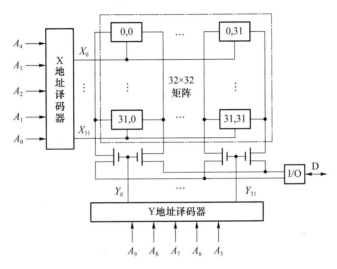

图 3-10 存储体和译码方式示意图

2. 寻址系统

寻址系统是读出和写入信息的地址选择机构,包括存储器地址寄存器(MAR)、地址译码器及驱动电路。其工作原理是来自 CPU 的 n 位地址信号,被送到存储器地址寄存器中,经过地址译码器译码后产生 2^n 个地址选择信号,然后经驱动电路送到存储体,从 2^n 个单元中选出一个单元。

为了实现 CPU 与主存速度匹配,在地址总线和数据总线上一般都设置有缓冲器,其中,地址总线上的存储器地址寄存器具有地址缓冲功能,在速度要求较高的计算机中,CPU 与主存中都设有地址寄存器,从功能上看 MAR 属于主存,但在一些微型机中 MAR 常常被设置在CPU 内部。

3. 存储器数据寄存器

数据总线上的存储器数据寄存器作为存储器接收输入数据和发送输出数据的缓冲器件,使 CPU 与主存速度相匹配,从而使两者的速度都能得到发挥。

4. 读/写系统

读/写系统包括向存储器写入信息或从存储器读出信息所需线路,写入信息所需线路包括写入线路、写驱动器等,读出信息所需线路包括读出线路、读驱动器和读出放大器等。

5. 控制线路

无论是读还是写操作,都是明确规定的一系列连续操作,这些操作步骤是在控制线路的控制下完成的。控制线路包括主存时序线路、时钟脉冲线路、读逻辑控制线路、写逻辑控制线路等,其主要功能是接收**片选**(Chip Select,CS)信号及来自 CPU 的读/写控制信号,并依据存储器芯片内部控制信号来控制数据的读出或写入。

3.3.3 主存储器扩展

1. 存储器容量规格

在 3.3.1 节中介绍主存储器性能指标时,提到了存储器存储单元大小和容量的问题,对于存储器容量而言,如果存储器含有 $M \cdot K$ 个存储单元,每个存储单元的字长为 N(即 N 个二进制位),则存储器容量规格一般表示为 $MK \cdot N$ 位,例如 1K 个存储单元,每个存储单元都是4 个二进制位,则表示为 1K×4 位,类似 4K×8 位,则表示存储器有 4K 个存储单元,每个存储单元都为 8 个二进制位。用字节表示存储器容量,如 4 KB,便可以表示为 4K×8 位。

2. 存储器扩展

工业界生产的存储器芯片有各种不同的型号,各种型号存储器芯片有不同的容量规格。例如:型号为 2114 的 RAM 芯片,其规格为 1K×4 位,表示其容量为 1K 个存储单元,而每个存储单元为 4 个二进制位;型号为 6116 的 RAM 芯片,其规格为 2K×8 位;型号为 6264 的RAM 芯片,其规格为 8K×8 位;等等。

此外,在设计一台计算机实际存储器容量规格时,必须在 CPU 最大存储容量的限制下,从现有存储器芯片型号中选择若干个芯片,并满足总容量和位数的要求,称为存储器扩展。存储器扩展主要有 3 种方法:**位扩展法、字扩展法**和**字位同时扩展法**。存储器扩展需要解决两方面的问题:一是计算所需芯片数量;二是将这些存储器芯片和 CPU 用信号线连接起来,在连接时,一般需要考虑存储器芯片和 CPU 之间地址线、控制线和数据线的连接。

(1)位扩展法

存储器通常以字节编制,但对于现有存储器芯片,其每个存储单元位数未必正好是 1 字节,位扩展法是用多个现有存储器芯片组合出存储单元所需位数的方法。

【例 3-1】 现有若干片 1K×4 位的芯片(芯片型号为 2114),欲组成 1K×8 位的存储器,问需要多少片 2114 芯片,并画出 CPU 与存储器连接的电路图。

解:首先,计算需要的 2114 芯片数。由 $\dfrac{1K×8\ 位}{1K×4\ 位}=2$ 可知,需要 2 片 2114 芯片。

其次,连接地址线与控制线。由于 1K×8 位的存储器包括 1K 个存储单元,寻址 1K 存储单元的地址码位数是 10 条,即 $2^{10}=1K$,所以需要将来自 CPU 的 10 条地址总线 $A_0 \sim A_9$,以及控制线(主要是片选 $\overline{CS}$ 和写线 $\overline{WE}$)分别与每个存储芯片的对应线连接起来。

最后,连接数据线,由于组成 1K×8 位的存储器的存储单元是 8 位的,需要 8 位数据线 $D_0 \sim D_7$,而 2114 存储器的存储单元是 4 位的,所以需要将 2 片 2114 存储器的 4 位数据位分别作为低 4 位 $D_0 \sim D_3$ 和高 4 位 $D_4 \sim D_7$,并对应与 CPU 数据线 $D_0 \sim D_7$ 相连。

在图 3-11 中,将 CPU 的地址线 $A_0 \sim A_9$,以及 $\overline{CS}$ 和 $\overline{WE}$ 对应连接到两个 2114 芯片上,而将数据位低 4 位连接到一片 2114 芯片上,将高 4 位连接到另一片 2114 芯片上。

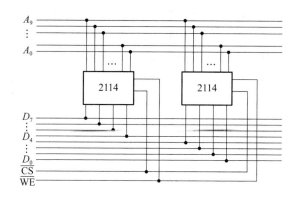

图 3-11 由 2 片 1K×4 位的芯片组成 1K×8 位的存储器

【例 3-2】 现有若干片 16K×1 位的存储器芯片,欲组成 16K×8 位的存储器,问需要多少片这种存储器芯片,并画出 CPU 与存储器连接的电路图。

解:由 $\dfrac{16K \times 8\ 位}{16K \times 1\ 位} = 8$ 可知,需要 8 片 16K×1 位的芯片。

由于 16K×8 位的存储器包括 16K 个存储单元,$2^{14} = 16K$,寻址 16K 存储单元需要 14 条地址线,即 $A_0 \sim A_{13}$。对于数据线而言,由于组成 16K×8 位的存储器需要用 8 位数据线 $D_0 \sim D_7$,而 16K×1 位芯片的存储单元是 1 位的,所以将每个芯片的 1 位数据线分别用作 $D_0 \sim D_7$ 中之一,并与 CPU 数据线 $D_0 \sim D_7$ 对应相连。

连接方法与例 3-1 类似,具体连接方式如图 3-12 所示。

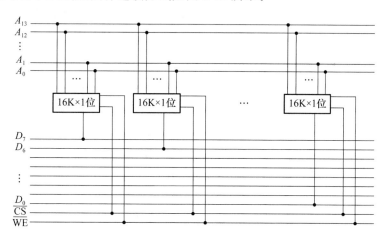

图 3-12 由 8 片 16K×1 位的芯片组成 16K×8 位的存储器

(2)字扩展法

字扩展法是利用多个存储器芯片来增加存储单元的数量的方法。

【例 3-3】 现有若干片 1K×8 位的芯片,欲组成 2K×8 位的存储器,问需要多少片 1K×8 位的芯片,并画出具体连接电路。

解:首先计算所需芯片的数量。由 $\dfrac{2K \times 8\ 位}{1K \times 8\ 位} = 2$ 可知,需要 2 片 1K×8 位的芯片。

下面讨论 CPU 与存储器芯片连接的问题。

由于 1K×8 位的存储器包括 1K 个存储单元,$2^{10} = 1K$,即寻址 1K 存储单元需要 10 条地址线,而组成 2K×8 位的存储器,寻址 2K 存储单元需要 11 条地址线,所以扩展连接时,首先将从 CPU 来的 11 条地址总线 $A_0 \sim A_{10}$ 中的 10 条 $A_0 \sim A_9$ 以及控制线(写线 $\overline{WE}$)分别与每个存储芯片对应线连接,与 CPU 直接连接的地址线称为低位地址或片内地址。

其次连接存储器片选线。由 2 个 1K×8 位的芯片组成 1 个 2K×8 位的存储空间,在地址上可以划分为前 1K 空间和后 1K 空间,并且让 CPU 访问前 1K 空间时,第 1 个芯片被选中工作,CPU 访问后 1K 空间时,让第 2 个芯片被选中工作,因此,将地址线中的高位(即比 $A_0 \sim A_9$ 高的地址线,或称为片外地址)A_{10} 接到第 1 个芯片,而 A_{10} 经过反相器后连接到第 2 个芯片片选信号,形成的地址空间如表 3-3 所示。在这样的连接方式下,当 $A_{10}=0$ 信号时,选中第一个芯片工作,当 $A_{10}=1$ 信号时,经过反相器变成 0,正好选中第 2 个芯片工作。表 3-3 所示为两个芯片的地址空间分配,第 1 个芯片的地址范围是 0000H~03FFH,第 2 个芯片的地址范围是 0400H~07FFH。

表 3-3　存储器的空间分配

片　号	地　址		
	片外 A_{10}	片内 $A_9 \cdots A_0$	地址空间
第 1 片	0	0 0 0 0 0 0 0 0 0 0	起始地址
	0	1 1 1 1 1 1 1 1 1 1	结束地址
第 2 片	1	0 0 0 0 0 0 0 0 0 0	起始地址
	1	1 1 1 1 1 1 1 1 1 1	结束地址

最后连接数据线,由于 1K×8 位的芯片存储单元是 8 位数的,所以将 2 片芯片的 8 位数据线 $D_0 \sim D_7$ 分别对应连接到 CPU 数据线,如图 3-13 所示。

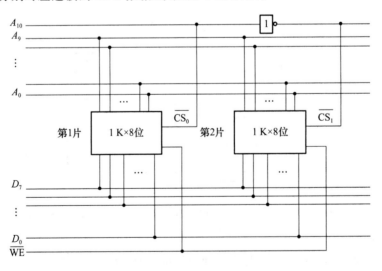

图 3-13　由 2 片 1K×8 位的芯片组成 2K×8 位的存储器

【例 3-4】　现有 16K×8 位的芯片,需要组成 64K×8 位的存储器,问需要多少个 16K×8 位的芯片,并画出具体连接电路。

解:首先计算所需芯片的数量。

由 $\dfrac{64K \times 8 \text{ 位}}{16K \times 8 \text{ 位}} = 4$ 可知,需要 4 个 16K×8 位的芯片。

其次将 CPU 与存储器芯片连接。

64K×8 位的存储器由 4 个 16K×8 位的存储芯片组成,寻址 16K 存储单元的地址线是 14 条,即 $2^{14}=16K$,64K×8 位的存储器包括 64K 个存储单元,寻址 64K 存储单元的地址线是 16 条,所以扩展连接时,将从低位的 14 条地址线($A_0 \sim A_{13}$)以及控制线(写线 $\overline{WE}$)分别与每个存储芯片对应线连接起来。

然后连接存储器芯片片选线,由于 64K 存储空间可分成 4 个 16K 的连续空间,在第 1 个 16K 空间中,第 1 个芯片要选中工作,在第 2 个 16K 空间中,第 2 个芯片要选中工作……因此,将地址线中的高位 $A_{14}A_{15}$ 通过一个 2/4 译码器,形成 4 个输出信号,分别作为 4 个存储芯片的片选信号。表 3-4 所示为 4 个芯片的空间分配。

表 3-4 存储器的空间分配

片 号	地 址		
	片外 $A_{15}A_{14}$	片内 $A_{13}A_{12}\cdots A_0$	地址空间
第 1 片	0 0	00000000000000	起始地址
	0 0	11111111111111	结束地址
第 2 片	0 1	00000000000000	起始地址
	0 1	11111111111111	结束地址
第 3 片	1 0	00000000000000	起始地址
	1 0	11111111111111	结束地址
第 4 片	1 1	00000000000000	起始地址
	1 1	11111111111111	结束地址

最后连接数据线,16K×8 位和 64K×8 位的芯片每个存储单元均为 8 位数,所以均需要 8 位数据线 $D_0 \sim D_7$,直接将 CPU 和存储器芯片的 8 位数据对应连接,如图 3-14 所示,各个芯片的地址范围如下。

第 1 个芯片:0000H~3FFFH。第 2 个芯片:4000H~7FFFH。第 3 个芯片:8000H~BFFFH。第 4 个芯片:C000H~FFFFH。

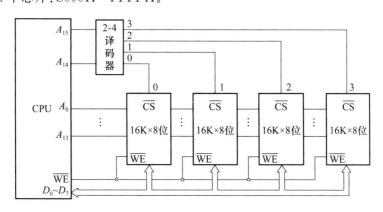

图 3-14 由 4 片 16K×8 位的芯片组成 64K×8 位的存储器

在字扩展法中,如果 CPU 的字长不是 8 位而是 16 位、32 位等,而存储器一般是按 8 位组织的,则字扩展法有所不同,需要将存储器芯片分为多个存储体,然后再利用 CPU 的控制线和地址线组成存储器的片选信号,下面以 16 位的 8086 CPU 扩展存储器为例进行说明。

【例 3-5】*　8086 CPU 有 20 条地址线、16 条数据线,现用 16K×8 位的芯片组成 32K×8 位的存储器,问需要多少个 16K×8 位的芯片? 并画出 CPU 与存储器的连接电路。

解: 首先计算所需芯片的数量。

由 $\dfrac{32K×8 位}{16K×8 位}=2$ 可知,需要 2 个 16K×8 位的芯片。

其次,进行芯片连接。8086 CPU 有 20 条地址线,最大寻址空间为 $2^{20}=1M×8$,该题给出的扩展容量是 32K×8,在最大空间范围内。由于 16K×8 位的存储器需要 14 条地址线,即 $2^{14}=16K$,32K×8 位的存储器包括 32K 个存储单元,寻址 32K 存储单元需要 15 条地址线。

8086 CPU 的数据线是 16 位的,可以将两个存储芯片分成两组存储体,即奇地址存储体和偶地址存储体,奇地址存储体的数据线连接到高 8 位数据线 $D_8 \sim D_{15}$ 上,而偶地址存储体的数据线连接到低 8 位数据线 $D_0 \sim D_7$ 上,并由 CPU 最低地址线 A_0 和 $\overline{BHE}$ 信号进行高低存储体的选择,如表 3-5 所示。

表 3-5　地址线 A_0 和 $\overline{BHE}$ 信号组合的操作

$\overline{BHE}$	A_0	数据读/写格式	使用数据线
0	0	从偶地址读/写一个字	$D_{15} \sim D_0$
1	0	从偶地址读/写一个字节	$D_7 \sim D_0$
0	1	从奇地址读/写一个字节	$D_{15} \sim D_8$
0	1	从奇地址读/写一个字 先读/写字的低 8 位(在奇地址存储体中)	$D_7 \sim D_0$
1	0	再读/写字的高 8 位(在偶地址存储体中)	$D_{15} \sim D_8$

数据线、地址线和控制线的具体连接如图 3-15 所示。

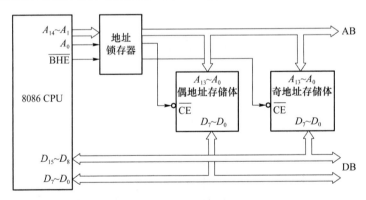

图 3-15　8086 CPU 中 2 个 16K×8 位的存储器构成 32K×8 位的存储器

(3)字位同时扩展法

一个存储器的容量规格假定为 M×N 位,若使用 L×K 位的芯片($L<M,K<N$),则需要在字向和位向同时进行扩展,此时共需要 (M/L)×(N/K) 个存储器芯片。

3. 存储器扩展法总结

将存储器连接到 CPU 中,需要完成 **CPU** 和存储器芯片的**地址线、控制线和数据线**的连接,通常步骤如下。

（1）计算所需芯片数

已知存储器芯片的规格是 $L \times K$ 位，实际需要的存储器规格是 $M \times N$ 位，则需要的芯片数计算公式是

$$芯片数 = \frac{M \times N \text{ 位}}{L \times K \text{ 位}} \tag{3-1}$$

（2）连接地址线、写线和片选线

首先，确定已知存储器芯片的地址线（称为片内地址线），表 3-6 给出了芯片容量与地址线的关系，也可以通过 $2^n = L$ 来计算出地址线条数 n。将这些片内地址线连接到各个芯片。

表 3-6 常用地址线条数与存储单元数量、地址范围的关系

地址线数量	8	10	11	12	13	14	15	16
地址线	$A_7 \sim A_0$	$A_9 \sim A_0$	$A_{10} \sim A_0$	$A_{11} \sim A_0$	$A_{12} \sim A_0$	$A_{13} \sim A_0$	$A_{14} \sim A_0$	$A_{15} \sim A_0$
存储单元	256	1K	2K	4K	8K	16K	32K	64K
地址范围：十六进制	00H～FFH	000H～3FFH	000H～7FFH	000H～FFFH	0000H～1FFFH	0000H～3FFFH	0000H～7FFFH	0000H～FFFFH

先连接片内地址线，再连接片选线。由实际容量计算需要的地址线总数 n'，则 n' 比 n 多出的地址线，作为片外地址线，用片外地址线组合起来连接各个芯片的片选信号，通常使用 2-4 译码器、3-8 译码器、4-16 译码器的输出连接各个芯片的片选信号，如果只有两个芯片，则可用一个反相器做译码，反相器的输入和输出分别连接两个芯片的片选信号。

（3）连接数据线

根据芯片存储单元位数，确定数据线条数，数据线条数等于存储单元位数。

对于位扩展法，将数据线按顺序分成若干组，组数就是芯片数，每组数据线分别连接到各个芯片数据线上。

对于字扩展法，则将数据线全部连接到各个芯片数据线上。

☞【注意】 由于不同 CPU 和存储器在信号线名称定义上的差别，片选信号有 $\overline{\text{CS}}$ 和 $\overline{\text{CE}}$ 等不同名称，其含义相同，写信号也有 $\overline{\text{WE}}$ 和 $\overline{\text{WR}}$ 等不同名称，其含义也相同。另外，当连接只读存储器时，一般使用存储器芯片的读线 $\overline{\text{RD}}$ 或输出使能线 $\overline{\text{OE}}$，只读存储器没有写线。

【例 3-6】 现有一个具有 20 位地址和 32 位数据的存储器，问：

① 该存储器能存储多少字节的信息？

② 如果该存储器由 512K×8 位的 SRAM 芯片组成，需要多少片？

③ 需要多少位地址做芯片选择？

解：

① 根据该存储器的地址线和数据线，计算该存储器能存的字节数：

$$\frac{2^{20} \times 32}{8} = \frac{1M \times 32}{8} = 4 \text{ MB}$$

② 4 MB 的存储容量，如果使用 512K×8 位的 SRAM 来扩展，则需要

$$\frac{4M \times 8 \text{ 位}}{512K \times 8 \text{ 位}} = \frac{4M \times 8 \text{ 位}}{0.5M \times 8 \text{ 位}} = 8 \text{ 片}$$

③ 8 个芯片需要 3 条地址线，再加上一个 3-8 译码器就可实现片选。

进一步讨论，究竟需要哪 3 条地址线呢？由于 512K×8 位的 SRAM 占用了 19 条地址线

$(A_0 \sim A_{18})$，所以应该选更高的 3 位地址线，例如选择 $A_{19} \sim A_{21}$ 输入 3-8 译码器，而 3-8 译码器的 8 个输出端分别连接到 8 片存储器芯片的片选端。

3.4 高速存储器

计算机向着更快处理速度方向发展，CPU 不断地提高运算速度，主存储器也在不断地缩短访问时间，但目前主存储器的速度与 CPU 的速度仍不匹配，已成为提高计算机速度的瓶颈，人们通过各种技术手段发展高速存储器以解决这个问题。

为了使 CPU 不至于因为等待存储器读写操作的完成而无事可做，主要可以采取如下措施，以加速 CPU 和存储器之间的有效传输。

① 采用**更高速的技术**来缩短存储器的读出时间，例如 3.2.2 节中介绍的微型计算机的主存新技术。

② 采用**并行技术**的存储器，如基于空间并行的双端口存储器，以及基于时间并行的多体交叉存储器。

③ CPU 和存储器之间插入一个**高速缓冲存储器**，以缩短读出时间。

④ 在每个存储器周期中**存取几个字**，如单体多字存储器。

3.4.1 双端口存储器

主存储器是信息交换的中心，一方面 CPU 频繁地与主存交换信息，另一方面外设也频繁地与主存交换信息，由于常规存储器是**单端口存储器**，每次只接收一个地址并访问一个存储单元，对主存的访问总体上是串行的操作，这影响了存储器的整体工作速度。**双端口存储器**的设计思路是在存储器中设计两个独立访问端口，将原来的串行操作变成存储器并行地与 CPU 和外设交换信息，从而提高系统总体工作速度。

双端口存储器具有两个彼此独立的读、写端口，每个端口都有独立的寻址系统、存储器数据寄存器、读写系统及控制线路，但共用一个存储体，并增加了一个**读写冲突仲裁控制逻辑部件**。图 3-16 所示是双端口存储器 7130 的结构示意图，7130 是 $1K \times 8$ 位的双端口 SRAM 存储器，包括**左、右读写端口两套逻辑**，图中 L 下标表示左端口，R 下标表示右端口。

左、右两个端口可以并行地独立工作，按各自接收的地址同时读出或写入，或一个写入而另一个读出。双端口存储器与两个独立的存储器不同，两个读写端口访问的是同一个存储体，如果两个端口同时访问存储体的同一个存储单元，便会发生读写冲突。

为了解决读写冲突，需要在存储器的控制中引入仲裁逻辑部件，并在仲裁逻辑部件中设置左、右两个**"忙"**(busy)标志，即图 3-16 中的左、右两个仲裁输出，当发生读写冲突时，双端口存储器片上判断逻辑部件决定对哪个端口优先进行读写操作，而对另一个被延迟的端口设置"忙"标志，即暂时关闭此端口，直到优先端口完成读写操作才将被延迟端口的"忙"标志复位，重新开放此端口，并允许延迟端口的存取。

发生冲突的情况是左、右端口访问**同一存储单元**，即左、右端口的访问地址相同，与访问时读写的数据无关。发生冲突属于正常操作，并不会造成数据错乱，主设备仍会正确地读出或写入数据，只是延迟了另一个端口访问存储器的时间，或者数据被另一个端口数据覆盖（例如一个存储单元刚被左端口写入数据，又被右端口数据覆盖）。

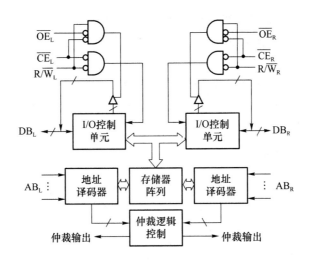

图 3-16 双端口存储器 7130 的结构示意图

在双端口存储器的应用中,通常将一个读写端口面向 CPU,另一个读写端口则面向外设或输入/输出处理机,或者两个端口面向不同的 CPU,如图 3-17 所示。

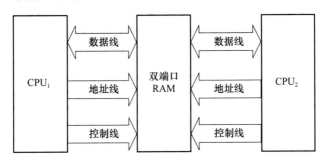

图 3-17 两个 CPU 共用一个双端口存储器

3.4.2 单体多字存储器

单体存储器是按照 CPU 的**字长**进行存储的**单模块**存储器,考虑程序和数据在存储器中通常是连续存放的,如果将单体存储器的字长增加 n 倍,称为**单体多字存储器**,则从理论上讲可以使存放的指令字增加 n 倍,最大带宽也提高 n 倍。图 3-18 所示是单体四字结构存储器示意图,其中一个字长为 W 位,$n=4$。

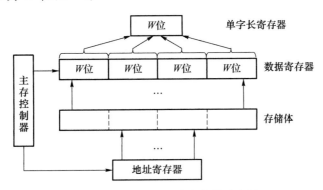

图 3-18 单体四字结构存储器示意图

在实际应用中,由于程序执行的指令字和数据字的顺序具有一定的随机性,所以一次读取 n 个字未必是最新待执行的指令和所需处理的数据,通常带宽也不可能提高 n 倍。

单体多字存储器的缺点很明显,由于它必须凑够 n 个字长的数据才一次写入存储器,因此,在写存储器时需要将属于一个存储字 n 倍的数据先读到数据寄存器中,等数据寄存器中的数据达到指定长度才将其写入存储器。另外,为了发挥单字存储器的传输效率,需要将 CPU 与存储器的传送总线宽度提高到 n 倍,这些要求在实际应用中具有较大的局限性。

3.4.3　多模块存储器

相比单体存储器,多体存储器是由多个模块组成的存储器,也称为**多模块存储器**,每个模块都具有相同的容量和速度,各模块具有独立的地址寄存器、数据寄存器、地址译码器和读/写电路,每个模块都可以看作一个独立的存储器,基于这种结构,就有可能在任一给定时刻对几个模块**同时并行**地执行读或写操作,从而提高整个主存的平均存取时间。

通常单体存储器中的存储单元是连续编址的,而多模块存储器中各个模块都有自己的编址方法,当多个模块在一起构成多模块存储器时,就会有两种不同的编址方式:**顺序方式**和**交叉方式**。

1. 顺序方式多模块存储器

顺序方式多模块存储器的实质是**高位交叉编址**方式,在主存储器的扩展设计中,多个存储器芯片就是采用的高位交叉编址方式。如图 3-19 所示,CPU 送来的主存地址可以被分成高 2 位和低 3 位,高 2 位用于各个模块编址,00 对应 M_0,01 对应 M_1,10 对应 M_2,11 对应 M_3,而低 3 位用于每个模块内存储单元 0~7 的连续编址,框内数字表示各模块存储单元统一编址后的地址。

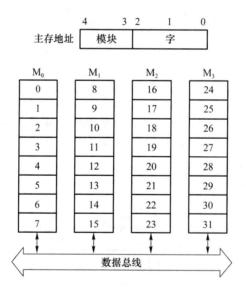

图 3-19　高位交叉编址的多体存储器

在一个模块内,程序从低位地址连续存放,当 CPU 对主存连续单元执行读写请求时,只有一个模块和 CPU 进行数据存取操作,其他模块则可停止工作或与外部设备进行直接存储器存取(DMA)操作。

顺序方式的优点是可以通过简单地增加模块来扩展系统存储容量。但由于各模块彼此之间还是串行工作,所以存储器带宽受到限制,难以有效地提高主存速度。

2. 交叉方式多模块存储器

多模块存储器的另一种地址分配方案是交叉方式,与顺序方式相比,交叉方式采用**低位交叉编址**的方式。在这种方式下,程序连续存放在相邻存储体中,故又称为交叉存储方式,采用这种方式的存储器称为交叉方式多模块存储器。

为方便起见,假设存储器的容量为 32 个字,分成 4 个模块,则每个模块为 8 个字,在分配地址时,将 4 个线性地址 $0,1,2,3$ 依次分配给 M_0,M_1,M_2,M_3 模块中第 1 个字,再将线性地址 $4,5,6,7$ 依次分配给 M_0,M_1,M_2,M_3 模块中第 2 个字……当存储器寻址时,用地址寄存器的低 2 位选择 4 个模块中的 1 个,而用高 3 位选择模块 8 个字中的某字。图 3-20 所示为 4 模块交叉编址结构,4 模块交叉编址又称为模 4 交叉编址,图中框内数字表示各模块存储单元统一编址后的地址。

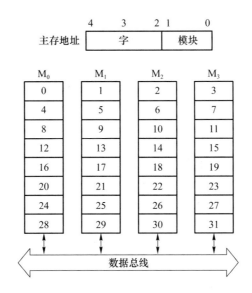

图 3-20 模 4 低位交叉编址的多体存储器

一般地,对于 m 模块交叉编址方式,主存地址的低 $\log_2 m$ 位表示模块号,高若干位表示块内地址,其特点是连续地址分布在相邻的不同模块内,而同一个模块内的地址都是不连续的,容量相同的不同模块各自以相同方式与 CPU 交换信息。图 3-21 是 m 模块交叉编址存储器与CPU 连接结构图,主存分为 m 个相互独立、容量相同的模块,每个模块都有自己的读/写控制电路、地址寄存器、数据寄存器、存储体等,各自以相同方式与 CPU 交换信息,CPU 地址的低位字节经过译码器选择不同的模块,而高位字段则指向相应模块内的存储字。

在 3.3.3 节的例 3-5 中,8086 CPU 扩展了两个 16K×8 位芯片的存储器模块,组成 32K×8 位的存储器,实际上就是采用了 2 模块交叉编址方式,使用最低地址线 A_0 和 $\overline{\mathrm{BHE}}$ 信号对两个存储模块进行片选控制,这样两个 16K×8 位模块的地址分别分布在奇数地址和偶数地址中。

交叉方式多模块存储器中各个模块可以并行工作,下面以图 3-22 所示的模 4 交叉编址存储器为例,分析存储器并行性和流水方式的实现。在模块的字长等于数据总线的宽度的前提下(一次总线数据传送正好读取一个字长),假设模块存储器的存储周期为 T,总线传送周期为 τ,存储器由 m 个模块组成。

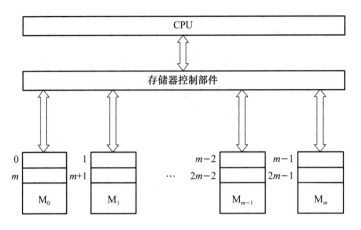

图 3-21　m 模块交叉编址存储器与 CPU 连接结构图

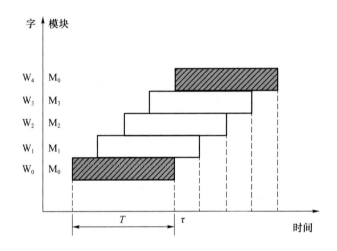

图 3-22　模 4 交叉编址存储器的流水线方式

为了实现流水线方式,应满足

$$T = m\tau \tag{3-2}$$

每经过 τ 时间延迟后启动下一个模块,图 3-22 所示为 $m = 4$ 时流水线方式存取示意图,这里 $\tau = \dfrac{1}{4}T$,即每经过 $\tau = \dfrac{1}{4}T$ 就访问一个模块。首先在 0 时刻启动模块 M_0,然后在 $\tau = \dfrac{1}{4}T$, $2\tau = \dfrac{2}{4}T$, $3\tau = \dfrac{3}{4}T$ 时刻分别启动模块 M_1,M_2,M_3,经过 T 周期后,4 个模块就进入了并行工作状态,各模块在存储周期内互相重叠访问。

这样,对每个存储体来说,存储周期都是 T,但对 CPU 来说,存储周期却缩短为 $\tau = \dfrac{1}{4}T$。

在理想情况下主存周期缩短为 $\dfrac{1}{m}T$,其中 m 为模块数。在实际情况下,程序转移及操作数寻址通常会使程序不再按地址顺序连续访问存储器,甚至有可能使多个地址访问同一模块,从而导致交叉存储器的实际有效周期略低于理论分析周期。

下面比较顺序方式和交叉方式,它们读取 n 个字所需时间分别为 t_1 和 t_2,则

$$t_1 = nT \tag{3-3}$$

$$t_2 = T + (n-1)\tau \tag{3-4}$$

可见,交叉方式多模块存储器对于任何 CPU 读写访问或与外设进行 DMA 传送,只要是对其进行连续的多字传送,就可以使各模块以流水方式并行工作,从而提高存储器的带宽。

【例 3-7】 设存储器的容量为 32 字,字长为 64 位,模块数 m 为 4,分别采用顺序方式和交叉方式进行组织,存储周期为 200 ns,数据总线为 64 位,总线传送周期为 50 ns,如果连续读取 4 个字,顺序方式多模块存储器和交叉方式多模块存储器的带宽各是多少?

解: 由题意知,模块数 $m = 4$,连续读取字数 $n = 4$,存储周期为 $T = 200$ ns,总线传送周期为 $\tau = 50$ ns。因为满足 200 ns $= 4 \times 50$ ns,即已满足实现流水线方式存取的条件 $T = m\tau$,所以计算如下。

顺序方式多模块存储器和交叉方式多模块存储器连续读取 4 个字的信息总量均为

$$t = 64 \text{ bit} \times n = 64 \text{ bit} \times 4 = 256 \text{ bit}$$

顺序方式多模块存储器和交叉方式多模块存储器连续读取 4 个 $(n=4)$ 字所需的时间分别是

$$t_1 = nT = 4 \times 200 \text{ ns} = 800 \text{ ns}$$

$$t_2 = T + (n-1)\tau = 200 \text{ ns} + (4-1) \times 50 \text{ ns} = 350 \text{ ns}$$

顺序方式多模块存储器和交叉方式多模块存储器的带宽分别是

$$W_1 = t/t_1 = 256 \text{ bit}/800 \text{ ns} = 320 \text{ Mbit/s}$$

$$W_2 = t/t_2 = 256 \text{ bit}/350 \text{ ns} \approx 731 \text{ Mbit/s}$$

而单体存储器的带宽是

$$64 \text{ bit}/200 \text{ ns} = 320 \text{ Mbit/s}$$

3.4.4 相联存储器

1. 相联存储器的基本原理

根据存储单元编址方式的不同,存储器可以分为**按地址编址**和**按内容编址**两类。按地址编址方式一般适用于 CPU 或其他主设备发出地址信息并按该地址访问存储器中内容的场合,常见的随机访问存储器、顺序存取存储器以及直接存取存储器都属于按地址编址的存储器,另外交叉方式多模块存储器虽然地址不连续,但也是按地址编址的。按内容编址与访问的存储器称为相联存储器,其优势是可以实现快速地查找块表,适合在高速缓冲存储器中存放块地址,在虚拟存储器中存放段表、页表和快表,以及其他信息的检索和更新场合。

相联存储器每个单元的数据都具有"**key-value**"形式,相联存储器的工作原理是将数据或数据的某一部分作为关键字(key),按顺序将数据写入存储器。在读出时,将输入的关键字并行地与存储器中每个单元的数据或数据的一部分进行比较,找出存储器中与关键字相同的数据字(value)并输出。

2. 相联存储器的组成

相联存储器由**检索寄存器、屏蔽寄存器、多路并发比较线路、写译码/读选择电路、符合寄存器、代码寄存器**以及**存储体构成**,如图 3-23 所示。

依据关键字检索数据字的工作流程:首先,输入的关键字被送到检索寄存器,然后检索寄存器将检索的信息发送给屏蔽寄存器,其中检索寄存器和屏蔽寄存器的位数与存储体每个单元的位数相同,而关键字是这些位数中的一部分,所以屏蔽寄存器会将关键字对应位设置为 1,其他位设置为 0,而设置为 1 的关键字被保留下来并进入多路并发比较线路,多路并发比较线路中的每个比较器都可以并行操作,将关键字的每一位与存储体每个单元中数据对应位进行比较,并将比较结果相同的存储体的地址发送到符合寄存器的对应位置上,符合寄存器的每个位置与存储体的每个单元地址对应。这样,符合寄存器得到比较结果相同的存储体地址,并将该地址发送给写译码/读选择电路,然后从存储体对应地址的单元中找到关键字对应的数据字,并将其发送到代码寄存器中,最终在代码寄存器中得到数据字,并将得到的数据字输出。

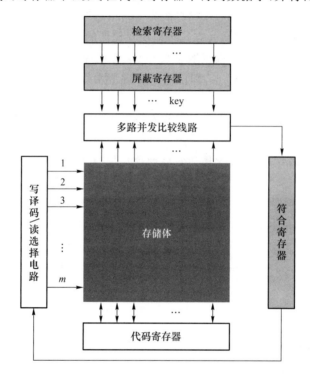

图 3-23　相联存储器组成示意图

由于上述实现过程全部采用硬件电路实现,而且比较器采用并行操作,所以相联存储器的访问速度是非常快的。

3.5　高速缓冲存储器

为了提高 CPU 利用率,解决主存储器速度与 CPU 速度不匹配的问题,除了提高存储器速度、采用并行存储器及双端口存储器等技术外,还可以对存储系统的结构进行改进,在 CPU 与主存之间增加一个**容量小**、**速度快**的高速缓冲存储器,构成 **cache-主存两级存储结构**,使 CPU 直接与更快速的 cache 交换信息。

3.5.1　cache 的基本原理

1. cache 的功能和作用

为什么小容量的 cache 能提高 CPU 访问主存速度呢？这是基于**程序访问的局部性原理**。大量典型程序的运行分析表明,采用模块化结构设计的程序,被编译成可执行代码并加载到主存后,某一模块的程序往往集中在存储器逻辑地址空间很小的一个范围内,且程序地址分布是连续的,这一现象称为**空间局部性**。而且 CPU 在一段较短的时间内,对一段很小主存空间频繁地进行访问,而对此范围以外地址的访问甚少,这一现象称为**时间局部性**。

从程序组成和结构也能看出程序访问的局部性,因为程序在主存中是按地址顺序连续存放的,循环程序以及子程序模块通常会被多次调用执行,而数据一般也被分配在连续的主存空间中,所以程序和数据都呈现访问的局部性特点。

cache 的设计思想正是利用程序访问的局部性原理,将程序中当前正在使用的一小段程序和数据(称为"**活跃块**"),预先存放在一个小容量的 cache 中,使 CPU 访问指令和数据的操作大多针对 cache,而不是速度较慢的主存,从而解决高速 CPU 和低速主存之间速度不匹配的问题。

cache 是介于 CPU 和主存之间的小容量存储器,由高速 SRAM 组成,存取速度比主存快,接近 CPU。cache 可以在 CPU 的外部,也可以在 CPU 的内部,或者兼而有之,这称为多级 cache。其中 CPU 内部的 cache 称为 1 级 cache,容量较小,具有更快的访问速度;CPU 外部的 cache 则称为 2 级 cache,访问速度低于 1 级 cache,容量较大。图 3-24 表示了 cache 与 CPU 和主存的关系,其中图 3-24(a)是 1 级 cache 结构,图 3-24(b)是 2 级 cache 结构。从图中可见这种结构的特点,CPU、cache 和主存是两两直接连接的,可以相互进行数据交换,其中 CPU 与 cache 之间以字为单位,cache 与主存之间以块为单位,一个块由若干个固定长度的字组成。为了实现 cache 与主存的数据传送,cache 和主存空间都被划分为"**块**",主存中的块也称为**主存块**;cache 分为若干行,每行除包括一个块外,还包括表示该块是否有效的有效位,如果有效位为 1,则说明该块有效,反之,如果有效位为 0,则说明该块无效,可以被替换出去。

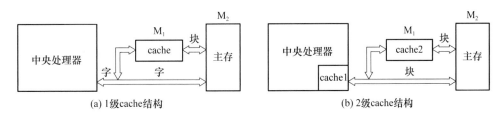

(a) 1级cache结构　　　　　　　　(b) 2级cache结构

图 3-24　cache 与 CPU 和主存的关系

2. cache 的工作原理

cache 与 CPU、主存之间传送数据的工作原理和流程如图 3-25 所示。当 CPU 读取主存中一个字时,将该字的主存地址同时发送给 cache 和主存,cache 控制逻辑依据地址判断该字当前是否存在于 cache 中,若在,立即将该字从 cache 传送给 CPU;若不在,则用主存读周期将该字从主存读到 CPU 中,同时将含有该字的整个数据块从主存读到 cache 中,并采用一定的替换策略将 cache 中的某一块替换掉,替换算法由 cache 管理逻辑电路来实现。

在实现上,cache 的所有控制逻辑全部由硬件实现,对**软件程序员**是**透明**的。为了更明晰 cache 的工作原理,以图 3-26 为例加以详细说明。

cache 由多行组成,每行都包含一个块 B,而每个块 B 又由若干个字 W 组成,在图 3-26 中,cache 共有 4 个块 B、16 个字 W(4 块×4 字/块)。CPU 执行访存指令是按字 W 访问的,将所访问字 W 的地址通过地址总线发送给相联存储表(CAM),在 CAM 中存放地址和块(包含字 W)的对应关系。CAM 物理上是相联存储器,它按照内容编址和查询,判断字 W 是否在 cache 中,如果在,则通过数据总线传送给 CPU,如果 W 不在 cache 中,则 W 从主存传送给 CPU。同时,由于主存和 cache 之间以块为传输单位,所以会将包含 W 在内的 4 个字所组成的块 B 送到 cache 中,并根据 LRU 管理逻辑算法(LRU 是近期最少使用算法,见 3.5.3 节),替换掉 cache 中某行(块)。

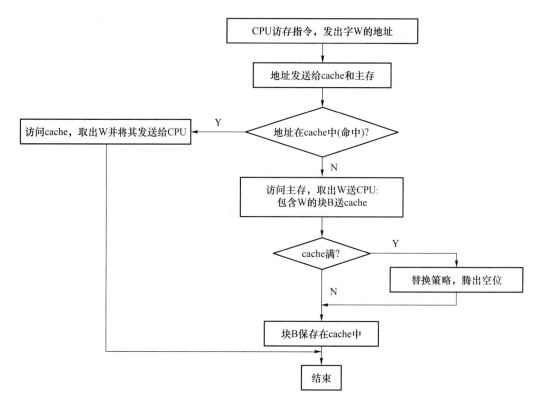

图 3-25　cache 读数操作流程图

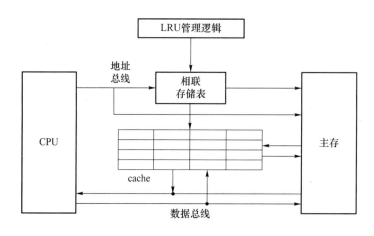

图 3-26　cache 数据交换原理

3. cache 的命中率

cache 机制的目标是使 CPU 访问主存的信息大多数情况下也能在 cache 中找到,这样 CPU 访问主存大多数情况就转为访问 cache,因而 CPU 从主存的平均读取时间接近 cache 的读取时间。衡量 cache 工作效率的指标称为"**命中率**",cache 命中率反映 CPU 要访问的信息在 cache 中的**概率**,显然,cache 的命中率越高,CPU 访问主存的速度就越接近于访问 cache 的速度。

在一个程序执行期间,设 N_c 表示 cache 完成存取的总次数,N_m 表示主存完成存取的总次数,则 cache 的命中率 h 定义为

$$h = \frac{N_c}{N_c + N_m} \tag{3-5}$$

若 t_c 表示命中时的 cache 访问时间，t_m 表示未命中时的主存访问时间，$1-h$ 表示未命中率，则 cache-主存系统的平均访问时间 t_a 为

$$t_a = ht_c + (1-h)t_m \tag{3-6}$$

设 e 表示**访问效率**，则有

$$e = \frac{t_c}{t_a} \tag{3-7}$$

为提高访问效率 e，命中率 h 越接近 1 越好。

　　CPU 的命中率与 cache 的容量有关，通常 cache 的容量越大，CPU 的命中率就越高，但当 cache 的容量达到一定值时，命中率并不会随着容量的增大而增加，反而增加了成本。因此，在设计 cache 容量时要综合考虑命中率与成本因素。

　　【例 3-8】 已知 CPU 执行一段程序时 cache 完成存取的次数为 1 800 次，主存完成存取的次数为 200 次，且已知 cache 存取周期为 40 ns，主存存取周期为 200 ns，求 cache-主存系统的效率和平均访问时间。

　　解：根据题意，得知 $N_c = 1\,800$ 次，$N_m = 200$ 次，$t_c = 40$ ns，$t_m = 200$ ns，所以，命中率
$$h = N_c/(N_c + N_m) = 1\,800/(1\,800 + 200) = 0.9$$

平均访问时间
$$t_a = ht_c + (1-h)t_m = 0.9 \times 40 + (1-0.9) \times 200 = 56 \text{ ns}$$

效率
$$e = t_c/t_a = 40/56 \approx 71.4\%$$

　　【例 3-9】 假设数组元素按行优先方式保存在主存的数据区中，某 C 语言程序段有两种写法，即在程序段 1 和程序段 2 中，试对程序空间局部性和时间局部性进行分析：①for 循环的局部性；②数组 a 的访问局部性。**【课程关联】** 高级编程语言。

程序段 1：
```
int i,j,sum = 0;
    for(i = 0;i < 64; i + + )
        for(j = 0;j < 128; j + + )
            sum + = a[i][j];
```

程序段 2：
```
int i,j,sum = 0;
    for(j = 0;j < 128; j + + )
        for(i = 0;i < 64; i + + )
            sum + = a[i][j];
```

　　解：两段程序被编译后，程序段 1，2 的指令代码和数据代码分别连续存放在代码区和数据区，代码区和数据区一般是分开的，不连续。

　　① 对于 for 循环而言，只涉及连续代码区的执行，所以两个程序段的空间局部性和时间局部性都较好。

　　② 对于数组 a，从数组在数据区的存放顺序看，是按照行优先的顺序存放的，例如图 3-27 所示是数组 a 在数据区存放

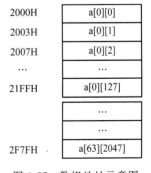

2000H	a[0][0]
2003H	a[0][1]
2007H	a[0][2]
…	…
21FFH	a[0][127]
…	…
2F7FH	a[63][2047]

图 3-27　数组地址示意图

顺序示意图。程序段 1 按顺序访问数组 a 时,是连续访问存储空间,而程序段 2 每次都跳过 128 个地址,所以程序段 1 的空间局部性好。

两个程序段的时间局部性都一样不好,每个元素都不会再次访问。

3.5.2 cache-主存地址映射方式

将 CPU 访存地址转换为访问 cache 地址,并根据该地址在 cache 中找到对应的字,然后将其读到 CPU 中,由于 cache 和主存以"块"作为交换单位,因此需要在主存块和 cache 块之间建立一定的映射规则,这种映射规则称为地址映射,分为下面 3 种:直接映射、全相联映射和组相联映射。

为描述方便起见,假设主存有 2 048 块,记为块 0～块 2047,cache 有 16 块,记为块 0～块 15。

1. 直接映射(direct map)

将主存空间按照 cache 大小分成多个区,每个区内的各块只能按照位置一一对应到 cache 相应块上,这种映射称为**直接映射**或**模映射**。将主存块号对应到 cache 行号的映射关系为

$$\text{cache 行号} = \text{主存块号 mod (cache 行数)} \tag{3-8}$$

如图 3-28 所示,主存 2 048 块被分成 2 048/16=128 个区,记为区 0～区 127,每个区都包含 16 块,每块映射到 cache 的映射关系是:主存区 0 中块 0、区 1 中块 16、…、区 127 中块 2032 只能映射到 cache 的块 0;主存的块 1、块 17、…、块 2033 只能映射到 cache 的块 1,其他类似。

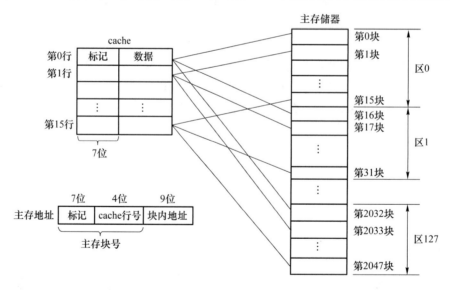

图 3-28 直接映射

图 3-28 中 cache 的行数为 16,cache 每行的标记用来表示主存区号,由于主存中共有 128 个区,所以该标记的取值为 0～127,每行标记用 n 位二进制表示,其中 $2^n - 1 = 127$,所以 $n=7$,即 0000000B 表示区 0,0000001B 表示区 1,…,1111111B 表示区 127,cache 结构如下:

cache 行号	标记	数据
0～15	主存区 0～127	cache 块 0～15 数据

主存地址分成三段表示,主存地址中的标记与cache每行的标记对应:

标记	cache 行号	块内地址
主存区 0～127	0～15	块内字地址

直接映射的工作原理是,首先CPU访存指令给出一个主存地址,从该主存地址找到主存中cache行号,然后到cache对应行中查找主存区标志,如果找到的主存区标志与主存地址中主存区标记相等,并且该cache行有效位为1,则访问cache命中。在命中情况下,根据主存地址中的块内地址,在对应cache行的块中取出信息送到CPU;如果不相等或有效位为0,则不命中。在不命中情况下,CPU从主存中读出该行地址所在块,通过存储器总线将之送到对应的cache行中,将有效位置1,并将cache行中主存区号更新;同时,将主存地址中内容送到CPU,流程如图3-29所示。在直接映射方式中,cache所有行的标记都可以放在相联存储器中从而按标记内容快速检索。

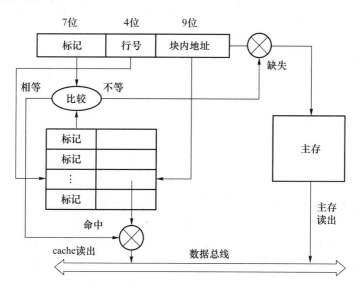

图 3-29　直接映射原理流程

直接映射是最简单的地址映射方式,优点是硬件简单、成本低、地址变换速度快,而且不涉及替换算法问题;缺点也很明显,每个主存块只能映射到一个固定cache位置上,使得映射不灵活,cache空间得不到充分利用,导致冲突概率高,cache访问率低。例如,如果一个程序需要重复引用主存块0与块16,按照直接映射规则,它们都只能载入cache的块0,即使cache中其他块空闲也不能占用,造成这两个块会不断地交替装入cache中,命中率和访问率降低。直接映射一般适用于大容量cache。

2. 全相联映射(full associate map)

主存中任何一块都可以映射到cache中任何一块位置上,而不再对主存进行分区,称为**全相联映射**。如图3-30所示,主存块0～块2047中任意一块都可以映射到cache块0～块15任意一块,映射关系有 $2\,048×16＝32\,768$ 种,在实际应用中,由于内存和cache的块数会更多,所以映射关系的数量巨大。

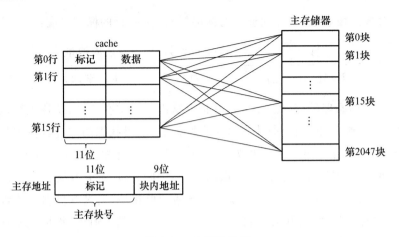

图 3-30　全相联映射

图 3-30 中 cache 的行数为 16,cache 每行的标记用来表示主存块号,由于主存中共有 2 048 个块,所以该标记的取值为 0～2 047,每行标记用 n 位二进制表示,其中 $2^n-1=2\,047$,所以 $n=11$,如下:

cache 行号	标记	数据
0～15	主存块 0～2047	cache 块 0～15 数据

主存地址分成两段,表示如下,主存地址的标记和 cache 每行中的标记对应,都表示主存块号:

标记	块内地址
主存块号 0～2047	块内字地址

全相联映射的工作原理是,首先 CPU 访存指令给出一个主存地址,并从地址中找到主存块号,主存块号与各行 cache 标记比较,如果相等,并且该行的有效位为 1,则访问 cache 命中。在命中情况下,根据主存地址中的块内地址,在 cache 行的块中取出信息送到 CPU;如果不相等或有效位为 0,则不命中。在不命中情况下,CPU 从主存中读出该地址所在块的信息,将之通过存储器总线送到对应的 cache 行中,将有效位置 1,并将标记中主存块号更新,同时将该地址中内容送到 CPU,流程如图 3-31 所示。

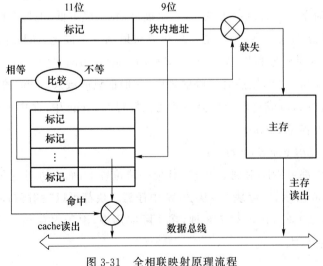

图 3-31　全相联映射原理流程

全相联映射方式的优点是比较灵活,cache 利用率高,块冲突概率低,且由于主存中任何一块都可以映射到 cache 中任何一块位置上,所以只要 cache 中有空闲行即可调入主存任一块。但由于映射关系数量巨大,cache 比较电路的设计和实现比较困难,因此全相联映射方式只适合于小容量 cache。

3. 组相联映射(set associate map)

组相联映射是直接映射和全相联映射的折中,对主存和 cache 采用分组的方式,并保证主存中一个组内的块数与 cache 中的分组数相同,然后组间采用直接映射方式,即主存块存放到哪个组是固定的,而组内采用全相联映射方式,主存块放到该组哪一块则是灵活的。

如图 3-32 所示,将 cache 分为 8 组,记为组 0～组 7,每组 2 块,同时将主存分为 256 组,记为组 0～组 255,每组 8 块,主存每组块数与 cache 组数相同(图中均为 8)。首先看组间映射,主存的组 0,组 1,…,组 255 分别映射到 cache 的组 0～组 7,是直接映射,即主存组 0 只映射到 cache 组 0,主存组 1 只映射到 cache 组 1,…,主存组 7 只映射到 cache 组 7,主存组 8 只映射到 cache 组 0,主存组 9 只映射到 cache 组 1,等等,再看组内映射,主存组 0 内的块 0～块 7,可以映射到 cache 组 0 内任意块(即块 0 或块 1)中。

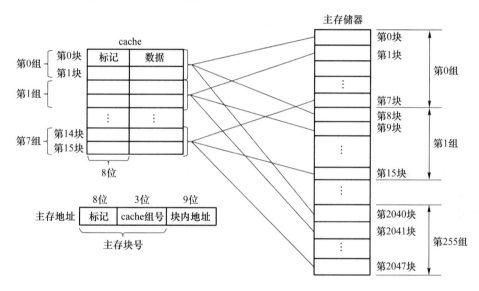

图 3-32 组相联映射

在组相联映射结构中,如果 cache 每组内有 2、4、8、16 块,则分别称为 2 路、4 路、8 路、16 路组相联 cache。

图 3-32 中 cache 行数为 16,cache 每行的标记用来表示主存组号,由于主存中共有 256 区组,所以该标记的取值为 0～255,每行标记用 n 位二进制表示,其中 $2^n-1=255$,所以 $n=8$。

cache 行号	标记	数据
0～15	主存组号 0～255	cache 块 0～15 数据

主存地址分成三段,表示如下,主存地址的标记与 cache 每行的标记对应:

标记	cache 组号	块内地址
主存组号 0～255	0～7	块内字地址

组相联映射的工作原理是,首先CPU访存指令给出一个主存地址,从该主存地址中找到主存组号和cache组号,然后在该组cache各行(这里为两行)中,将主存中组号与cache标记中组号相比较,如果有一行相等且该行的有效位为1,则访问cache命中。在命中情况下,根据主存地址中的块内地址,将对应cache行的块中取出的信息送到CPU;如果不相等或有效位为0,则不命中。在不命中情况下,CPU从主存中读出该行地址所在块的信息,将之通过存储器总线送到该组cache的任何一个行中,将有效位置1,并将标记中主存组号更新,同时将该地址中内容送到CPU,流程如图3-33所示。

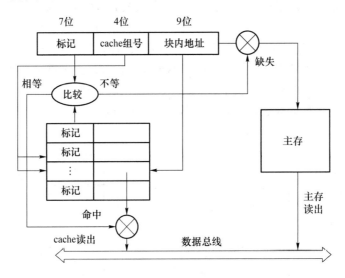

图 3-33　组相联映射原理流程

组相联映射是前两种方法的折中,适度兼顾二者的优点,并尽量避免二者的缺点,应用较为广泛。

【例 3-10】　某计算机的cache共有16块,采用2路组相联映射方式(即每组2块),每块主存大小为32 B,按字节编址,主存地址129号单元所在主存块应该装入cache的组号是多少(组和块都从0开始)?

解:由题意知,cache共16块,被分成8组,每组2块。

主存地址129号单元,一个块大小为32/8＝4字节,并且129/4＝32余1,所以该单元在块33中,又因为33/8＝4余1,所以可以装入cache组号为5的cache中,而cache组5对应的cache块为2×5＝10,即cache 10、11块。

【例 3-11】　容量为64块的cahce采用组相联映射方式,块大小为128字,如果主存为4K块,且按字编址,那么主存地址和主存标记的位数分别是多少?

解:由题意知,cache共64块,每4块为一组,所以被分成64/4＝16组。

计算主存地址位数,由于主存容量计算为$4 \times 1\,024 \times 128 = 2^{19}$(归结到字),所以主存地址需要19位。

19位地址分三段表示:主存标记(组号)、cache组数、块内地址。其中cache有16组,由于$2^4 = 16$,所以cache组数需要4位,再则,每块大小为128字,$2^7 = 128$,所以主存块内地址需要7位,最后得到主存标记需要$19 - 4 - 7 = 8$位。

3.5.3　替换策略

cache 的工作原理要求它尽量保存最新数据,当一个新的主存块欲装入 cache 中,而 cache 中可存储块的行被占满时,就会产生 **cache 替换问题**。

替换问题与 cache 组织结构方式紧密相关。当 cache 使用直接映射时,因为一个主存块只能放在 cache 指定位置上,所以只要将该位置上的块换出 cache 即可,没有必要制定其他替换策略;当 cache 使用全相联映射和组相联映射时,因为一个主存块可以映射到多个 cache 块,所以需要制定替换策略来决定将哪个块从 cache 中换出,这种替换策略又称为替换算法,理想的替换算法是将未来很少用到或很久才用到的块替换掉,但实际上很难预测未来的程序行为,通常使用下面 3 种替换算法。

1. 先进先出(FIFO)算法

FIFO 算法选择最早调入 cache 的块进行替换,它不需要记录各块的使用情况,硬件开销小,比较容易实现,但没有用到程序访问的局部性原理,故不能提高 cache 的命中率。较早调入的信息可能以后还会用到,例如在较长的循环程序中。

2. 近期最少使用算法

LRU(Least Recently Used,近期最少使用)算法将 CPU 近期最少使用的块替换出去,需要随时记录 cache 中各块的使用情况,以便确定哪个块近期最少使用,其工作原理是为每个块设置一个计数器,cache 每命中一次,命中块计数器清零,其他各块计数器增 1,当需要替换时,将计数值最大的块换出。

LRU 算法较好地使用了程序访问的局部性原理,保护了刚调入 cache 的新数据块,具有较高的命中率。

LRU 算法实现起来比较复杂,系统开销较大,在使用中一般采用简化的方法,例如以替换一次为一个计时周期,只记录该周期每块的使用情况,将该周期内使用最少的块替换掉,这称为最不经常使用(Least Frequently Used,LFU)算法。另外,还可对 cache 组织结构特点制定简化方法,例如,在常见的 2 路组相联的 cache 中,主存块只能在某组两个块中选择,所以不需要计数器,而只用一个二进制位的"0""1"状态就可表示两路中哪个块不常用,从而决定将哪个不常用块替换掉。

3. 随机替换算法

随机替换算法是最简单的替换算法,完全不管 cache 的情况,简单地根据一个随机数选择一块替换出去,在硬件上容易实现,且速度也比前两种算法快。缺点是随机性规则很可能将刚换出的块又立即载入使用,降低了命中率和 cache 工作效率。

3.5.4　写操作策略

由于 cache 的内容只是主存内容的副本,本应当与主存内容保持一致,但当 CPU 写 cache 命中时便会更改 cache 的内容,使内容产生差异。为此,需要修改主存,从而保证 cache 与主存内容的一致性,这就是写操作策略,分为以下 3 种方法。

1. 写回法(write-back)

当 CPU 写 cache 命中时,只修改 cache 的内容,而不是立即写入主存,只有当此块被换出时才写回主存;当 CPU 写 cache 未命中时,本应该写主存,但是为了保持上述一致策略,即在 cache 块换出时才写回主存,为此将该待写的主存块在 cache 中分配一行,并对 cache 进行修改。

在写回法中写 cache 和写主存异步进行，减少了访问主存的次数，但是存在数据不一致的隐患，为此，必须为每个 cache 块配置一个修改位，并增加相关逻辑以判断此块是否被 CPU 修改过。

2. 全写法(write-through)

采用这种方法，当写 cache 命中时，cache 与主存同时发生写修改，能较好地维护 cache 与主存的内容一致性。当写 cache 未命中时，直接写主存，但此时是否将修改过的主存块取到 cache 中，有两种策略，一种取主存块到 cache 并为它分配一行(称为 WTWA 法)，另一种不取主存块到 cache 中(称为 WTNWA 法)。

在全写法中写 cache 和写主存同步进行，优点是无须为 cache 设置修改位以及相应的判断逻辑，CPU 向主存的写操作没有高速缓冲功能，导致 cache 功效降低。

3. 写一次法(write-once)

写一次法是一种基于写回法，并结合全写法策略的方法，写命中与写未命中的处理方法与写回法基本相同，只是第一次写命中时要同时写入主存(这时类似全写法)。例如，奔腾 CPU 的片内数据高速缓存(d-cache)采用了写一次法，第一次写 cache 命中时，CPU 会启动一个存储写周期，其他 cache 监听到主存地址和写信号后，也可以启动修改操作，以便维护全部 cache 的一致性。

3.6 虚拟存储器

3.6.1 虚拟存储器的基本原理

1. 虚拟存储器概念的引入

虚拟存储器是因为主存容量不能满足需求而引入的。随着计算机系统软件和应用软件占用主存容量的增加，尤其是多用户系统的出现，使得计算机软件使用主存的增长速度超过了物理主存容量的增长速度。

可否利用辅存来弥补主存容量的不足呢？虚拟存储器的基本思路是在主存和辅存之间增设辅助的软、硬件设备，让它们构成一个整体，称为**主存-辅存**存储层次，如图 3-34 所示。这种主存和辅存结构的存储器，存取速度接近于主存，而容量却与辅存相同，每位价格也接近于辅存，从而较好地解决了主存容量不足的问题。

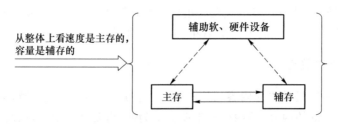

图 3-34 主存-辅存存储层次

由**操作系统**将主存和辅存这两级存储器管理起来，为应用程序用户提供了一个比实际主存容量大得多的存储器，称为虚拟存储器。当运行一个大作业时，其一部分地址空间在主存(物理存储器)，另一部分在辅存(例如硬盘存储器)，当所访问的信息不在主存时，则由操作系统从辅存调入主存，从效果上来看，好像用户无须考虑所编制程序在主存中是否放得下或放在什么位置等问题,因此,虚拟存储器是一个容量非常大的存储器的逻辑模型,而不是实际的物理存储器。

用户编制程序时使用的地址称为**虚拟地址**或**逻辑地址**,其对应的存储空间称为**虚拟空间**;而计算机物理内存(又称实存)使用的地址称为**实地址**或**物理地址**,其对应的存储空间称为**物理空间**。

用户编制的程序经过编译后,由编译器生成其逻辑地址,逻辑地址空间的大小仅受到辅助存储器容量的限制,通常比实地址大得多。而实地址是真正的主存地址,它由 CPU 地址引脚送出,设 CPU 地址总线的宽度为 m 位,则实地址空间的大小就是 2^m。

2. 虚拟存储器的访问过程

利用虚拟存储器,当程序运行时,CPU 以虚拟地址来访问主存,由辅助硬件找出虚拟地址和实地址之间的对应关系,并判断这个虚拟地址指示的存储单元内容是否已装入主存,如果已在主存中,则通过地址变换,CPU 可直接访问主存的实际单元;如果不在主存中,则把包含这个字的一个存储块调入主存后再由 CPU 访问;如果主存已满,则由替换算法从主存中将暂不运行的一块调回外存,再从外存调入新的一块到主存。

3. cache 和虚拟存储器的比较

主存-辅存层次的虚拟存储器和 cache-主存有不少相同之处,事实上,cache 中的各种控制方法是先应用于虚拟存储器,后来才应用到 cache-主存的。这两个存储层次都涉及地址变换、映射方法和替换策略,都要基于程序局部性原理,其共同点总结如下。

① 程序中最近常用的部分驻留在高速存储器中。

② 一旦这部分变得不常用了,把它们送回到低速存储器中。

③ 这种换入/换出是由硬件或操作系统完成的,对用户是透明的。

④ 力图使存储系统的性能接近高速存储器,价格接近低速存储器。

两种存储系统的主要区别如下。

① 透明对象不同。cache-主存的控制完全由硬件实现,对各类程序员是透明的。虚拟存储器是由软、硬件相结合来控制的,对于设计存储管理软件的系统程序员来说是不透明的,而对于应用程序员来说是透明的。

② 侧重点不同。引入 cache 主要解决 CPU 和主存的速度不匹配问题,而引入虚拟存储器主要解决主存容量不够的问题。

③ 数据通路不同。CPU、cache 和主存两两之间有数据通路,cache 不命中时 CPU 可以直接访问主存,而虚拟存储器所依赖的辅存与 CPU 之间没有直接数据通路,当主存不命中时,只能将辅存内容调入主存。

④ 未命中损失不同。一般地,主存存取时间是 cache 的 5~10 倍,而主存的存取速度通常比辅存快上千倍,在虚拟存储器中未命中的性能损失要远大于 cache 系统中未命中的损失。

根据主存-外存信息传送单位、地址映射和地址变换的差别,可将虚拟存储器分成页式、段式和段页式 3 种。

3.6.2 页式虚拟存储器

页式虚拟存储器是以固定大小的**页**为基本单位的,主存空间和虚存空间都划分成若干个页,主存(即实存)的页称为**实页**,记为 PF(Page Frame)或 PP(Physical Fram),虚存的页称为**虚页**,记为 VP(Virtual Page)。虚拟地址用高、低字段表示:"逻辑页号-页内地址",其中逻辑页号为高字段,页内地址为低字段。实地址表示为:"物理页号-页内地址",其中物理页号为高位,页内地址为低位。

页式虚拟存储器的结构如图 3-35 所示。为了实现将**虚拟地址转为实地址**,为每道程序都设置一个**页表**,页表中每个表项都记录了逻辑页的相关信息,包括该逻辑页在主存中的主存页面号(物理页号)、装入位、修改位、替换控制位等控制字段。页表放在主存中,为了找到页表的起始地址,在硬件上还需设置一个页表基址寄存器。

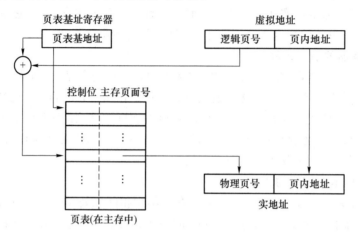

图 3-35　页式虚拟存储器的结构

虚拟地址变换到实地址的过程是:首先从页表基址寄存器中得到页表基地址,然后将基地址与虚拟地址的逻辑页号相加,在页表中查询到对应表项,并从表项中获得物理页号,最后将此物理页号与虚拟地址中页内地址拼接,便生成实地址,由此来访问内存。其中,在页表项中,如果装入位为 1,表示该页已在内存中,上述拼接后得到完整的实地址;如果装入位为 0,表示该页面不在主存中,则启动 I/O 系统,将该页从外存中调入主存后再供 CPU 使用,修改位指出主存页面中的内容是否被修改过,替换时是否要写回外存,替换控制位指出需替换的页。

页式虚拟存储器的优点是每页长度固定,起始和结束地址固定,因此页表简单,调入方便;缺点是由于程序不可能正好是页面的整数倍,最后一页的零碎空间将无法利用而造成浪费,而且页不是逻辑上独立的实体,因此程序的处理、保护和共享都比较麻烦。

3.6.3　段式虚拟存储器

段式虚拟存储器中的段是按照程序的逻辑结构划分的,各个段的长度因程序而异,例如微型计算机的程序在逻辑上分为代码段、数据段、堆栈段和附加段。在段式虚拟存储系统中,**虚拟地址**由**段号和段内地址**组成。

段式虚拟存储器的结构如图 3-36 所示。为了将**虚拟地址映射到实存**,需为每道程序设置一个**段表**,段表中每行记录了某段对应的相关信息,包括段号(即虚拟段号)、装入位、段起点和段长等,由于段长不固定,与页表相比,需要包含段起始地址和段长。段表一般**驻留**在**主存**中,为了找到段表起始地址,在硬件上还需设置一个段表基址寄存器。

虚拟地址变换到实地址的过程是:首先从段表基址寄存器中得到段表基地址,然后将基地址与虚拟地址的段号相加,在段表中查询到对应行,再根据段表的装入位判断该段是否已调入内存,如果为 1,表示已调入内存,则从段表中读出该段在主存的起始地址,并将其与段内地址相加,得到主存实地址;如果为0,则表示未调入内存,启动I/O系统,将该段从外存中调入主存后再供CPU使用。

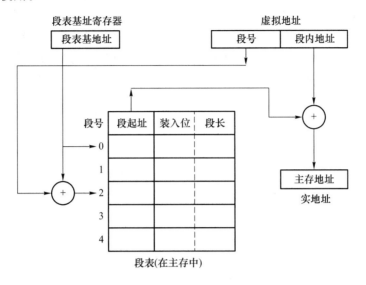

图 3-36 段式虚拟存储器的结构

段式虚拟存储器的优点是,由于段的分界与程序的自然分界相对应,具有逻辑独立性,所以易于实现程序的编译、管理、修改和保护,也便于多道程序共享;缺点是因为段的长度参差不齐,起点和终点不定,给主存空间分配带来了麻烦,容易在段间留下不能利用的零碎空间,造成浪费。

3.6.4 段页式虚拟存储器

段页式虚拟存储器是段式虚拟存储器和页式虚拟存储器的结合,程序先按逻辑结构分成长度不等的段,然后每个段再分成固定长度的页,主存空间也划分为若干个同样大小的页。

虚拟地址变换为实地址的过程是:首先将段表起始地址与段号合成,得到段表地址,然后从段表中取出该段的页表起始地址,与段内页号合成,得到页表地址,最后从页表中取出实页号,与页内地址拼接形成主存实地址。

段页式虚拟存储器综合了前两种结构的优点,程序对主存的调入/调出按页面进行,可以实现段共享和保护;缺点是在地址映射和变换过程中,需要多次查表,时间开销较大。

目前微型计算机支持3种保护的虚拟模式:分段不分页模式、不分段分页模式以及分段分页模式。

3.6.5 快表

在虚拟存储器中,为了实现将虚拟地址映射到实地址,需要额外访问主存中的页表或段表,这增加了访存次数。在页式或段式虚拟存储器中,CPU必须首先访存来查找页表或段表,再访问主存中程序或数据,因此至少要访问两次物理存储器才能实现一次访存,而在段页式虚拟存储器中,既要查段表又要查页表,访存的次数更多,另外,如果不命中,还需对页表和段表进行修改,做页面替换。

为了尽可能减少访存次数,提高访存速度,利用程序执行的局部性特点,将**页表**分成两种:

快表(TLB)**和慢表**。如图 3-37 所示,将保存在主存中的完整页表称为慢表,通常所述页表是指慢表,将当前最常用的页表信息放在一个小容量的高速存储器中,称为快表,快表由硬件构成,一般采用相联存储器,比慢表小得多,但查询速度更快。在地址变换时,根据逻辑页号同时查找快表和慢表,若从快表中查到有此逻辑页号,就能很快找到对应的物理页号;若从快表中未找到,再从慢表中进行查询。快表-慢表结构使得访存速度接近快表。快表-慢表结构类似于 cache 和主存的关系,但快表一般用于虚拟存储器。

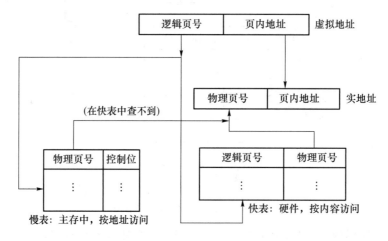

图 3-37　虚拟地址到物理地址变换的快表查询结构

3.6.6　内页表和外页表

页表以逻辑页号作为索引得到物理页号,称为**内页表**,利用内页表可实现虚拟地址到主存物理地址的变换。当没有命中主存时,产生页面失效(缺页),需要进行调页,将辅存页调入内存,这时需要将**虚拟地址转换为辅存地址**,称为**外页表**。外页表通常放在辅存中,当需要时可以调入内存,当主存不命中时,由操作系统的存储器管理部件向 CPU 发出"缺页中断",进行调页操作。

3.6.7　CPU 访存过程总结

cache-主存-辅存的多级存储系统包括 cache 和主存,以及主存和辅存两个存储层次,如图 3-3所示。以页式虚拟存储器为例,假设只考虑一级 cache 的情况,CPU 一次访存操作会涉及 TLB、页表、cache、主存和辅存的访问,其访问过程如图 3-38 所示。

CPU 访存过程存在以下 3 类缺失情况。

① **TLB 缺失**:要访问的页面对应的页表不在 TLB 中。

② **cache 缺失**(未命中):要访问的主存块不在 cache 中。

③ **页表缺页**:要访问的页面不在主存中。

上述 3 类情况组合出 8 种情况,如表 3-7 所示,其中,有些情况是不可能发生的,例如,由于 TLB 是页表的一部分,不可能出现 TLB 命中而页表缺失的情况。最理想的是表中第 1 项,TLB 命中,所访问的信息在主存中,最坏的情况是第 8 项,需要至少两次访存,并需要访问辅存。

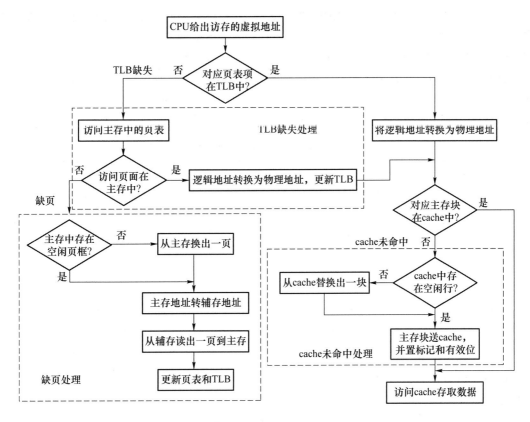

图 3-38 CPU 访问过程

表 3-7 TLB、页表、cache 和主存之间的关系

序 号	TLB	页 表	cache	说 明	访存次数
1	命中	命中	命中	可能,信息在 cache 中	0
2	命中	命中	未命中	可能,信息在主存中	1
3	命中	未命中	命中	不可能,TLB 命中,页表必定命中	—
4	命中	未命中	未命中	不可能,TLB 命中,页表必定命中	—
5	未命中	命中	命中	可能,数据在主存,不在 cache	1
6	未命中	命中	未命中	可能	2
7	未命中	未命中	命中	不可能,数据不在主存,则不可能在 cache	—
8	未命中	未命中	未命中	可能,数据不在主存,也不在 cache	≥2,辅存 1 次

cache 的缺失由硬件完成,缺页处理由操作系统完成,而 TLB 的缺失可由软件完成,也可由硬件完成,常常在硬件上采用内容访问存储器(CAM)完成。

3.6.8 替换算法

与 cache 中的块替换策略类似,在虚拟存储器中,如果 CPU 访问的数据或指令不在主存中,就会产生页面缺页(失效),此时就要从外存调进包含此数据或指令的页,若主存页面已全部占满,就需要采用某种替换算法将主存中的某一页替换出去。【课程关联】操作系统。

虚拟存储器中的替换策略有 **LRU 算法**、**LFU 算法**和 **FIFO 算法**等,或将两种算法结合起来使用,对于将被替换出去的页面,假如该页面调入主存后没有被修改,就不必进行处理,否则,就要把该页面重新写入外存,为此在页表的每一行应设置一个修改位。

【例 3-12】 假设主存只能保存 a,b,c 3 个页面,组成 a 进 c 出的 FIFO 队列,程序进程访问逻辑页面的序列是 0,1,2,4,2,3,0,2,1,3,2 号,如表 3-8 所示。若采用 FIFO 算法、FIFO 算法＋LRU 算法,用列表法分别求两种替换策略情况下的命中率。

表 3-8 主存页面访问序列

页面访问序列		0	1	2	4	②	3	0	②	1	3	②	命中率
FIFO 算法	a	0	1	2	4	4	3	0	2	1	3	3	2/11≈18.2%
	b		0	1	2	②	4	3	0	2	1	1	
	c			0	1	1	2	4	3	0	2	②	
						命中						命中	
FIFO 算法＋LRU 算法	a	0	1	2	4	②	3	0	②	1	3	②	3/11≈27.3%
	b		0	1	②	4	2	3	0	2	1	3	
	c			0	1	1	4	②	3	0	②	1	
						命中			命中			命中	

解:FIFO 算法只是依序将页面在队列中进行推进,先进先出,最先进入队列的页面由 c 页框推出(被替换掉)。

当 FIFO 算法结合 LRU 算法时,命中后不再保持队列不变,而是将这个命中的页面移到 a 页框,从而延长该页面在队列中的存在时间。

3.7 本 章 小 结

现代计算机转向以存储器为中心的体系结构,存储器的种类众多,可以从存取介质、存取方式、信息是否可长久保存以及在计算机中的作用等不同维度进行分类。

计算机中的存储系统通常是由多种存储器组成的具有多级结构的系统。其中 cache-主存存储层次可以利用 cache 来存取指令和数据,速度接近 CPU,而容量和每位的价格则接近主存。由主存和外存构成虚拟存储器弥补了主存容量的不足,其速度接近于主存的速度,而容量则接近于外存的容量。

计算机中的 cache 通常采用 SRAM 存储器,主存一般采用 DRAM、ROM 类型存储器,辅助存储器通常有磁盘、磁带、固态硬盘类型存储器。

主存储器可以由存储容量和存取速度来衡量,常用的性能指标包括容量、存取时间和带宽。

在设计计算机主存储器时,通常根据容量需求从不同的存储器芯片规格中选取,并按照位扩展法、字扩展法、字位扩展法,将存储器芯片组合起来并连接到 CPU 上。

CPU 与主存储器在速度上不相匹配,所以需要通过各种技术来提高存储器的速度,在高速存储器中,有左、右两个读写端口的双端口存储器,还有单体多字存储器、多模块存储器,尤其是交叉方式编址的存储器能够使多个模块并行工作。通常的存储器是按地址线性编址的,相联存储器则是按内容编址的,其内部采用多个比较器并行工作,速度快,常常用于存放cache中的块地址、虚拟存储器中的快表。

cache设计利用程序访问的局部性原理,将程序中当前正在使用的一小段程序和数据,称为"活跃块",预先存放在一个小容量的cache中,使CPU访存指令和数据的操作大多针对cache,而不是速度较慢的主存,从而解决高速CPU和低速主存之间速度不匹配的问题。cache的管理由硬件完成,对软件程序员来说是透明的。cache的组织方式主要有直接映射、全相联映射以及组相联映射,其中组相联映射适度兼顾前两者的优点,并尽量避免两者的缺点,应用较为广泛。

衡量cache-主存存储层次的重要指标是命中率,命中率与cache的容量有关,通常cache的容量越大,命中率就越高,但当cache的容量达到一定值时,命中率并不会随着容量的增大而增加,反而增加了成本,所以,在设计cache容量时要综合考虑命中率与成本因素。

由操作系统将主存和辅存这两级存储系统管理起来,为应用程序用户提供了一个比实际主存大得多的存储器,称为虚拟存储器。当运行一个大作业时,一部分地址空间在主存,另一部分在辅存,当所访问的信息不在主存时,则由操作系统从辅存调入主存,从效果上来看,好像用户无须考虑所编程序在主存中是否放得下或放在什么位置等问题,因此,虚拟存储器是一个容量非常大的存储器的逻辑模型,不是实际的物理存储器。虚拟存储器是由软件和硬件相结合来控制的,对于系统程序员来说是不透明的,但对于应用程序员来说是透明的。根据主存-外存层次的信息传送单位、地址映射和地址变换的不同,虚拟存储器可分成页式、段式和段页式3种形式。

cache中尽量保存最新数据,当一个新的主存块装入cache中,而cache中可存储块的行被占满时,就会产生cache替换的问题。而CPU对cache的写入会更改cache的内容,为此,需要采用写操作策略使cache内容与主存内容保持一致。

如果CPU访问的数据或指令不在主存中,就会产生页面缺失,此时就要从外存调进包含此数据或指令的页,若主存页面已全部占满,就需要采用某种替换算法将主存中的某一页替换出去。虚拟存储器中的替换策略有LRU算法、LFU算法和FIFO算法等。

本章多次提到CPU访存,那么CPU如何从主存中获取指令和数据?这就涉及CPU指令格式以及各种寻址方式,所以接下来将进入第4章指令系统的学习。

习　　题

1. 现代计算机系统转向以_____为中心,它是各种信息存储和交换的中心,计算机若要开始工作,必须先把有关程序和数据装到其中。

A. 控制器　　　　B. 运算器　　　　C. 存储器　　　　D. 输入/输出设备

2. 计算机区分内存和外存的依据是_____。

A. CPU能否直接访问　　　　　　　B. 是否放在主机内部

C. 是否采用半导体　　　　　　　　D. 价格高低

3. 从计算机存储介质看,一般地,使用半导体器件作为存储介质的是_____。

A. 主存　　　　B. 磁盘　　　　C. 光盘　　　　D. 磁带

4. 串行访问存储器对存储单元的读、写操作,需要按照物理位置的先后顺序依次访问,

_____属于这种存储器。

  A. RAM   B. ROM   C. EPROM   D. 磁带

  5. 按断电后存储器中的信息是否消失,可以将存储器分为非永久记忆存储器和永久记忆存储器,_____属于非永久记忆存储器。

  A. RAM   B. Flash Memory   C. 磁盘   D. 光盘

  6. 在 MOS 半导体存储器中,_____的外围电路简单,速度_____,但其使用的器件多,集成度不高。

  A. DRAM,快   B. SRAM,快   C. DRAM,慢   D. SRAM,慢

  7. 在 MOS 半导体存储器中,_____可大幅度提高集成度,但由于需要_____操作,外围电路复杂,速度慢。

  A. DRAM,读写   B. SRAM,读写   C. DRAM,刷新   D. SRAM,刷新

  8. EPROM 是指_____。

  A. 随机读写存储器   B. 光擦除可编程只读存储器

  C. 电擦除可编程只读存储器   D. 只读存储器

  9. 下面哪些存储器是电可读可写的? _____

  A. ROM   B. EPROM   C. EEPROM   D. flash 存储器

  10. 存储器带宽指单位时间里存储器所存取的信息量,通常以位/秒(bit/s,bit per second)或字节/秒(B/s)为单位。已知总线宽度为 32 位,存储周期为 250 ns,则存储器带宽为_____Mbit/s 或者_____MB/s。

  11. 如译码方式的地址输入线为 6 条,则译码器的输出线是_____条。

  A. 6   B. 12   C. 32   D. 64

  12. 双端口存储器是一种高速工作的存储器,指同一存储器具有两组相互独立的_____控制线路,可以对存储器中_____位置上的数据进行独立的存取操作。

  A. 刷新,特定   B. 刷新,任何   C. 读写,特定   D. 读写,任何

  13. 当两个端口对存储器进行操作时,可以分成以下 4 种情况:

  ① 两个端口不同时对同一地址存取数据;

  ② 两个端口对同一地址单元读出数据;

  ③ 两个端口对同一地址单元写入数据;

  ④ 两个端口对同一地址单元一个写入一个读出数据。

  则_____操作不会发生冲突;而_____操作可能发生冲突,为了解决冲突,设置了仲裁逻辑电路。

  A. ①,②③④   B. ①③,②④

  C. ①④,②③   D. 都会

  14. 在多模块存储器的顺序方式中,各模块彼此_____工作,存储器带宽受到很大限制,难以有效提高主存速度;而在多模块存储器的交叉方式中,只要是对主存连续字的成块传送,就可使多个模块在任意时刻同时_____工作,大大提高存储器的带宽。

  A. 串行,并行   B. 并行,串行   C. 串行,串行   D. 并行,并行

  15. 多体并行存储器分为_____的多体存储器和_____的多体存储器,前者各模块_____工作,存储器带宽受到很大限制,难以有效提高主存速度,后者多个模块在任一时刻_____工作,可以实现多模块流水,大大提高存储器的带宽。

A. 顺序编址,交叉编址,并行,串行 B. 顺序编址,交叉编址,串行,并行

C. 交叉编址,顺序编址,并行,串行 D. 交叉编址,顺序编址,串行,并行

16. cache 是介于 CPU 和_____之间的小容量存储器,能高速地向 CPU 传送指令和数据,从而加快程序的执行速度。

A. 主存   B. 辅存   C. 内存   D. 外存

17. cache 由高速的_____组成,对软件程序员是透明的。

A. DRAM   B. SRAM   C. ROM   D. flash memory

18. 根据 cache 的工作原理,CPU 与 cache 之间的数据交换以_____为单位,cache 与主存之间的数据交换以_____为单位。

A. 字节,字   B. 字,字节   C. 块,字   D. 字,块

19. cache 的功能由_____实现,因而对程序员是透明的。

A. 软件   B. 硬件   C. 固件   D. 软硬件

20. 从 CPU 来看,增加 cache 的目的,就是在性能上使_____的平均读出时间尽可能接近 cache 的读出时间。

A. 主存   B. 辅存   C. 内存   D. 外存

21. 虚拟存储器可以看作一个容量非常大的_____存储器,有了它,用户无须考虑所编程序在_____中是否放得下或者放在什么位置等问题。

A. 逻辑,辅存 B. 逻辑,主存 C. 物理,辅存 D. 物理,主存

22. 虚拟地址由_____生成。

A. 操作系统 B. CPU 地址引脚 C. 编译器 D. 用户程序

23. 虚拟地址空间的大小实际上受到_____容量的限制。

A. 逻辑存储器 B. 内存储器 C. 辅助存储器 D. 主存储器

24. 简述现代计算机系统中的多级存储器体系结构。

25. 已知某计算机的地址总线为 32 位,计算机最大存储容量是多少? 如果其数据总线宽度为 32 位,存储周期为 200 ns,则存储器的带宽是多少?

26. 什么是 EDRAM 芯片? 它有什么好处?

27. 简述存储器扩展的 3 种方法。

28. 为了使 CPU 不至因为等待存储器读写操作的完成而无事可做,可以采用哪些措施加速 CPU 和存储器之间的有效传输?

29. 试比较虚拟存储器和 cache-主存两种存储层次的相似处和区别。

30. 现有一个具有 20 位地址和 16 位数据的存储器,问:

① 该存储器能存储多少字节的信息?

② 如果存储器由 256K×8 位的 SRAM 芯片组成,需要多少片?

③ 需要多少位地址做芯片选择?

31. CPU 执行一段程序时,cache 完成存取的次数为 1 600 次,主存完成存取的次数为 400 次,已知 cache 存取周期为 20 ns,主存存取周期为 220 ns,求 cache-主存系统的效率和平均访问时间。

32. 已知 cache 存取周期为 50 ns,主存存取周期为 200 ns,cache-主存系统平均访问时间为 60 ns,求 cache 的命中率是多少?

33. cache 采用组相联映射,一块大小为 128 B,cache 共 64 块,4 块一组,主存有 4 096 块,

则主存地址和标记位需要多少位？

34. 主存储器容量为 256 MB, 虚拟存储器容量为 2 GB, 则虚拟地址和物理地址各多少位？如页面大小为 4 KB, 则页表长度是多少？

35. 假设可供用户程序使用的主存容量为 200 KB, 而某用户的程序和数据所占的主存容量超过 200 KB, 但小于逻辑地址所表示的范围, 请问：具有虚拟存储器与不具有虚拟存储器对用户有何影响？

36. 假设主存只有 a, b, c 3 个页框, 组成 a 进 c 出的 FIFO 队列, 进程访问页面的序列是 1, 2, 5, 4, 5, 2, 5, 2, 3, 5, 2, 4 号, 如表 3-9 所示。用列表法求出采用 FIFO＋LRU 替换策略时的命中率。

表 3-9 主存页面访问序列

页面访问序列	1	2	5	4	5	2	5	2	3	5	2	4	命中率
FIFO 算法 ＋ LRU 算法	a												
	b												
	c												

第4章 指令系统

📖 本章学习目标

本章为指令系统,首先介绍指令系统的基本概念、指令格式、指令种类和寻址方式,然后对比两类指令系统 CISC 和 RISC 的特点,最后介绍两个基于 RISC 指令系统的实例。

① 指令和指令系统的基本概念、指令系统的设计要求。

② 指令格式及其组成,包括定长操作码和不定长操作码指令、不同长度地址码指令以及指令字长等概念。

③ 指令助记符和指令种类。

④ 常见的寻址方式,重点是形式地址和有效地址的区别和计算方法。

⑤ CISC 和 RISC 指令系统的特点。

4.1　指令系统概述

4.1.1　机器指令和指令系统

机器指令是计算机硬件能够**识别并直接执行**操作的命令,简称**指令**。一台计算机中所有指令的集合构成了该机器的**指令系统**。

每台计算机都有能反映其全部功能的指令系统,指令系统是计算机硬件和软件的桥梁和分界面。在分界面之下,机器指令功能可由若干条微指令序列来实现;在分界面之上,系统软件直接建立在硬件支持的指令系统的基础上,系统程序员感觉到的计算机功能特性和概念性结构是基于**指令集体系结构(ISA)**的,在系统软件之上又有应用软件,而应用软件的运行最终也会变成一系列机器指令。

指令系统中每条机器指令在形式上都表现为**一组二进制编码数据**。

4.1.2　指令系统的设计要求

指令系统在很大程度上决定了计算机具备的基本功能,指令系统的设计是计算机体系结构设计的核心问题,它不仅关系到计算机硬件结构,同时也关系到计算机软件设计需求。一个完善的指令系统应满足以下四方面特性。

1. 完备性

完备性是指用汇编语言编写各种程序时,直接使用各种指令即可满足需求,而**不必使用软件实现**。完备性要求指令系统丰富、功能齐全、使用方便。一个指令系统中必不可少的最基本指令构成了指令系统的完备性,而其他指令可以通过这些基本指令来实现,或者采用硬件方式实现,例如,一些计算机提供了乘法运算器,则可以设计直接调用硬件乘、除法的指令。

2. 有效性

有效性是指使用指令编写的程序具有较高的效率，能够减少存储空间，加快执行速度。

3. 规整性

规整性是指指令系统的**对称性、匀齐性**，以及**指令格式和数据格式的一致性**。

对称性是指在指令系统中所有的寄存器和存储器单元都可同等对待。例如，如果有 A－B→A，同时应有 A－B→B；如果有 A＋B×C→D，同时应有 A＋B×D→C，这样便于编译，其中字母表示具有同等作用的寄存器或存储器。

匀齐性是指一种操作性质的指令可以支持各种数据类型。例如，算术运算指令支持字节、字和双字整数运算，支持十进制数运算，支持单、双精度浮点运算等，这样，程序设计者无须考虑数据类型，可提高编程效率。

指令格式和数据格式的一致性是指指令长度和数据长度有一定的关系，以方便处理和存取。例如，一般指令长度以机器字长为度量单位，分半字长指令、单字长指令和双字长指令等，数据长度通常是字节的倍数。

4. 兼容性

兼容性是指计算机之间具有相同的基本结构、数据表示和共同的基本指令集合。计算机的兼容性通常指两台计算机指令系统相兼容，亦即 **ISA 相兼容**。

相兼容的计算机称为**系列机**或**兼容机**，同一个软件不加修改就可以在兼容机上运行。在20 世纪 60 年代系列计算机的概念出现了，例如 IBM System/360 系列，而目前广泛使用的微型计算机是 x86 或 x64 系列的计算机。同一系列计算机新推出的机型可能会包含新指令，一般为了实现**向上兼容**，通常也包含旧机型的全部指令，以保证旧机型的软件不需任何修改便可在新机型上运行。

4.2 指令格式

冯·诺依曼计算机采用"存储程序"和"按地址顺序"的方式工作，一旦启动程序运行，CPU 便会从主存中逐条取出指令并按顺序自动执行，为此，一条指令必须明显或隐含包括操作功能描述、操作数据地址、结果数据地址以及下一条指令地址。

4.2.1 指令的组成

计算机中的每条指令一般由**操作码**（operation code）和**地址码**（address code）两部分组成，称为"**指令字**"。其中，操作码表征指令的操作特性与功能，地址码用来表示参与操作的操作数地址，有些指令中的地址码就是操作数本身。

与指令字相对应的还有"**数据字**"，用于表示指令处理的数据。指令字和数据字一同保存在主存中。

每条指令都用二进制编码，一般操作码在前而地址码在后，如图 4-1 所示。

操作码	地址码

图 4-1 指令的组成

关于指令中各字段长度,不同指令系统的指令字长度可能不同,操作码长度有定长和不定长之分,地址码长度通常是不定长的。

4.2.2 操作码

每条指令都具有**唯一的操作码**,指明计算机具体的操作功能,如算术运算、逻辑运算、数据传送以及控制转移等,一般来说,操作码的位数决定操作种类和指令系统的规模。

按操作码长度,指令系统分为**定长操作码**和**变长**(或称不定长)**操作码**指令系统两类,一个指令系统选择哪类操作码要权衡时间和空间开销。

对定长操作码指令而言,操作码位数代表了指令最多条数。例如,操作码定长为 4 位二进制数时,可利用二进制组合成不同操作命令,因此最多有 $2^4=16$ 条指令。例如,用 0000 表示数据传送操作,用 0001 表示加法操作,用 0010 表示减法操作,等等。一般地,操作码定长为 n 位,则指令的最多条数是 2^n。

采用定长操作码指令,对不同指令进行编码比较方便,也便于硬件设计,而且时间开销小、译码时间短,但是空间会有冗余。例如,IBM System 360/370 采用 8 位定长操作码,最多可以有 $2^8=256$ 条指令,但实际指令系统只提供了 183 条指令;又如,MIPS 指令系统采用 6 位定长操作码,最多可以有 $2^6=64$ 条指令。

变长操作码指令又称为"扩展操作码编码"指令,它将操作码分散在指令字的不同字段中,指令不规整,编码较为复杂,例如 Intel 8086、MCS-51 等指令系统属于变长操作码指令。

在设计变长操作码时不但要求操作码**必须唯一**,而且长操作码前面的若干位不能与短操作码出现重复,例如,一个短操作码为 11,则长操作码写成 110、111、1101 等都是不允许的。

对于长、短操作码的分配原则,一般给使用频率较高的指令分配较短的操作码,而给使用频率较低的指令分配较长的操作码,从而尽可能减少指令平均译码时间和分析时间;将短的操作码扩展为长的操作码可以采用等长扩展法,如按 4-8-12 位顺序,或 3-6-9 位顺序等长扩展,具体扩展方法可参看例 4-2,当然也可以采用不等长扩展法。

4.2.3 地址码

指令系统中的地址码用来描述指令的操作数,地址码可以是操作数本身,也可以是操作数在寄存器或存储器中的地址。

根据指令功能的不同,一条指令中的地址码是不定长的,可以有多个操作数地址,包含几个操作数地址的指令称为**几地址指令**,如**零地址指令**、**一地址指令**、**二地址指令**、**三地址指令**和**四地址指令**。如图 4-2 所示,其中 OP 表示操作码,图中采用定长操作码,A1,A2,A3,A4 分别表示用到的 1~4 个地址码。与操作码位数表示指令种类数量类似,地址位数可以表示指令能够访问的存储器或寄存器的最大个数。例如,一个地址码的位数是 m,则表示能够访问的存储器或寄存器的最大个数是 2^m。

由图 4-2 可见,四地址指令看似将一个指令所需要的数据要素都考虑周全了,包括 2 个操作数、1 个结果数和 1 个下一条指令地址,但是这种指令存在两方面的问题。首先,四地址指令所占的存储空间大。例如,一个 CPU 有 128 条指令,操作码占 7 位,主存空间为 128 MB,假设主存按字节寻址,为了表示 128 MB 空间,需要用 2^{27} 表示,即每个地址码都需要用 27 位,则这条指令的长度是 $7+4\times27=115$ 位。其次,四地址指令需要更多的 CPU 访问存储器次数,影响指令执行速度。上例中需要 4 次访存,即取指令 1 次,取操作数 2 次,存放结果 1 次,因此在设计指令系统时很少采用四地址指令。

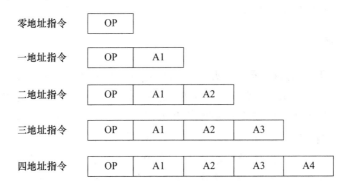

图 4-2 零地址到四地址指令

由于程序中大多数指令都是按顺序执行的,所以在 CPU 中专门设计了一个寄存器,称为**程序计数器(PC)**,它用来保存下一条指令地址,从而不必由每条指令保存,因此,指令格式可以简化成三地址指令格式。在三地址指令格式的基础上,进一步简化就发展出了二地址、一地址和零地址指令格式。一般地,一个指令系统所采用的地址结构是多种地址格式的混合。

1. 零地址指令

零地址指令格式中没有地址码部分,只有操作码,它的使用主要包括以下两种情况。

① 无须操作数的指令,如空操作指令、停机指令、关中断指令等。

② 操作数默认或隐含的指令,例如操作数默认在累加器或者堆栈中,这种情况下已确定了操作数具体地址,无须在指令中明示。

2. 一地址指令

一地址指令格式中只有一个地址码,常称为单操作数指令,它的使用主要包括两种情况。

(1) 单目运算指令

给出的地址既是操作数的源地址,也是目标地址。例如,从 A1 读取操作数,进行 OP 操作后,结果送回 A1。数学表达为:$OP(A1) \rightarrow A1$。操作码字段通常为加 1、减 1、求反、求补等。

(2) 双目运算指令

指令提供一个操作数,另一个操作数是隐含的。例如,累加寄存器(AC)中的数据为第一个操作数,它是隐含的,不出现在指令中,地址码字段指向的数为第二个操作数,两个操作数的运算结果又放回累加寄存器中,其数学表达为 $(AC)OP(A1) \rightarrow AC$。

3. 二地址指令

二地址指令是很常见的指令格式,通常情况下,指令包括两个参与运算操作数的地址码,运算结果保存到一个操作数的地址码中,并覆盖原来的数据。例如,两个地址码字段 A1 和 A2 分别指明参与操作的两个数在主存或通用寄存器中的地址,地址 A1 兼做存放操作结果的地址,则其数学表达为 $(A1)OP(A2) \rightarrow A1$。

4. 三地址指令

三地址指令包含两个参与操作数的地址码和一个操作结果数的地址码,这种指令不会覆盖掉参与操作的数据。例如,地址码 A1 和 A2 指明两个操作数地址,A3 是存放操作结果的地址,则数学表达为 $(A1)OP(A2) \rightarrow A3$。

5. 四地址指令

四地址指令中除了三地址指令功能外,还指出了下一条要执行的指令地址。例如,地址码

A1 和 A2 指明两个操作数地址,A3 是存放操作结果的地址,A4 指出下一条将要执行指令的地址,则数学表达为(A1)OP(A2)→A3,A4＝下一条指令地址。

4.2.4 二地址指令类型

地址码可以是操作数,称为立即数,还可以是操作数地址,操作数地址有两个来源,即寄存器和存储器,据此可将二地址指令格式归结为以下常见类型。

(1) **存储器-存储器**(Storage-Storage,**SS**)型指令

这类指令中由于参与读、写操作的数都放在主存里,在操作时需要多次访问主存,因而机器执行速度较慢。

(2) **寄存器-寄存器**(Register-Register,**RR**)型指令

这类指令在操作时需要多次访问寄存器,从寄存器中取操作数,把操作结果放到寄存器中,由于不需要访问主存,因而机器执行速度很快。

(3) **寄存器-存储器**(Register-Storage,**RS**)型指令

这类指令在操作时既要访问主存单元,又要访问寄存器,机器执行速度介于前两者之间。

除此之外还有 **RI** 和 **SI** 型指令,RI 型指令表示一个操作数来自寄存器,另一个操作数来自指令操作码中的立即数;SI 型指令表示一个操作数来自存储器,另一个操作数来自指令操作码中的立即数。

【例 4-1】 假定某计算机指令系统的指令字为 16 位,每个地址码为 6 位。若二地址指令为 15 条,一地址指令为 34 条,则剩下的零地址指令最多有多少条?

解:指令包括零地址、一地址和二地址指令,其中二地址指令的操作码长度最短,为 $16-2\times6=4$ 位,最多可以有 16 种编码,因为有 15 条二地址指令,所以用去 15 种编码,还有一种编码空闲,假如为 1111。

一地址指令有 34 条,地址码为 6 位,操作码为 $16-6=10$ 位,这 10 位中前 4 位必须是 1111,剩下 6 位最多可以有 $2^6=64$ 种编码,现在一地址指令为 34 条,在这 6 位中会占用 $000000\sim011111(32$ 个)以及 100000 和 100001,因此,剩下 $64-34=30$ 种编码。

最后零地址指令,操作码为 16 位,在这 16 位中,前 4 位必须是 1111,紧接着的 6 位从 100010 到 111111 共 30 种编码,最后 6 位有 $2^6=64$ 种编码,所以零地址指令最多有 $30\times64=1\,920$ 条。

3 类指令格式和指令字中各字段位数如表 4-1 所示。

表 4-1　3 类指令格式和指令字中各字段位数

指令类型	指令字 16 位			最多指令数
	4 位	6 位	6 位	
二地址指令	0000～1110	地址码 1	地址码 2	15
一地址指令	1111	000000～011111	地址码	32
	1111	100000	地址码	1
	1111	100001	地址码	1
零地址指令	1111	100010～111111	000000～111111	最大 1 920

【例 4-2】 假定某计算机指令系统指令字为 16 位,试设计指令系统,满足下面的要求:三地址指令使用较为频繁,有 15 条;二地址、一地址和零地址指令分别为 12,62,30 条。

解:由于三地址指令使用频繁,为其设计最短操作码,因为有 15 条指令,$2^4 = 16$,所以三地址指令用 4 位表示,占用 0000~1110,留下 1111 作为扩展。

操作码从 4 位扩展到 8 位来分配二地址指令,$2^4 = 16$,所以二地址指令占用 1111 0000~1111 1100,留下 1111 1100~1111 1111 作为扩展,可有 4 种扩展情况。

从 8 位到 12 位扩展一地址指令:

1111　1100　0000~1111　1100　1111(16 条)

1111　1101　0000~1111　1100　1111(16 条)

1111　1110　0000~1111　1100　1111(16 条)

1111　1111　0000~1111　1100　1101(14 条)

这时还有两种扩展情况:1111　1100　1110 和 1111　1100　1111。

从 12~16 位扩展零地址指令:

1111　1100　1110　0000~1111　1100　1110　1111(16 条)

1111　1100　1111　0000~1111　1100　1110　1101(14 条)

这样三地址指令操作码长 4 位,共 15 条;二地址指令操作码长 8 位,共 12 条;三地址指令操作码长 12 位,共 62 条;零地址指令操作码长 15 位,共 30 条。

☞**【注意】** 除了首先安排三地址指令操作码外,如果其他指令没有使用频繁程度的统计数据,则可以按不同顺序安排,最终得到的结果也有所差别。

例如按照零地址、一地址、二地址顺序安排,则指令如下。

三地址指令:

0000~1110(15 条)

零地址指令:

1111　0000　0000~1111　1111　0111(30 条)

一地址指令:

1111　1111　1000　0000~1111　1111　1000　1111(16 条)

1111　1111　1001　0000~1111　1111　1001　1111(16 条)

1111　1111　1010　0000~1111　1111　1010　1111(16 条)

1111　1111　1011　0000~1111　1111　1011　1101(14 条)

二地址指令:

1111　1111　1100　0000~1111　1111　1100　1011(12 条)

4.3　指令字长和指令助记符

4.3.1　指令字长

每条指令都是一个指令字,一个指令字包含**二进制代码的位数**称为**指令字长**,由于主存一般是按照字节编制的,因此**指令字长**一般都是**字节倍数**。

计算机能直接处理的二进制数据的位数称为**机器字长**,它决定了计算机的运算精度,机器字长通常与 CPU 中寄存器位数一致。

按照指令字长与机器字长的关系,可以将指令分为**半字长指令**、**单字长指令**和**双字长指令**等。指令字长度等于机器字长的指令,称为单字长指令;指令字长度等于半个机器字长的指令,称为半字长指令。相似地,还可以有双字长指令、三字长指令等。

例如,某个 8086 CPU 机器字长是 16 位,指令字长有 8 位、16 位、32 位等长度,分别称为半字长指令、单字长指令和双字长指令。

短指令和长指令各有利弊,短指令节省存储空间,能提高取指令速度,但是操作码较短,导致操作类型有限。长指令则可以支持更多的操作类型,但占用较多的存储空间,并且会增加取指令时间。

4.3.2 定长指令和不定长指令

如果一个指令系统的每条指令字长度相等,则称为**定长指令字**结构。例如,所有指令采用单字长指令或半字长指令,这种指令结构比较简单。

如果一个指令系统指令字的长度随其功能而异,将长、短指令在同一机器中混合使用,则称为**变长指令字**(或不定长指令字)结构,这种指令结构灵活,能充分利用指令长度,但指令的控制较为复杂。

4.3.3 指令助记符

由于机器指令的操作码和地址码直接采用二进制数据表示,所以如果人们直接使用机器指令编写或者阅读程序都将非常麻烦。通常人们用一些比较容易记忆的文字符号来表示指令中的操作码和操作数,称为**指令助记符**,又称为**汇编指令**。汇编指令与机器指令之间具有**一对一的转换关系**,将汇编源程序转换为机器指令的过程称为**汇编**,而负责转换的工具软件称为**汇编器**。

各指令系统有各自不同的指令助记符,指令助记符通常采用 3～4 个英文字母表示,指明每条指令的意义。为方便起见,下面以 4 位定长操作码指令为例列出几个指令助记符,如表 4-2 所示。其中加法指令用 ADD 来代表操作码 0001B,减法指令用 SUB 来代表操作码 0010B,传送指令用 MOV 来代表操作码 0011B,等等。需要说明的是,这些示例指令仅为后面讲解寻址方式方便而设计,并非某实际机器的指令,实际机器的指令系统操作码一般远大于 4 位,指令助记符也更丰富。

表 4-2 一些助记符示例

典型指令	指令助记符	二进制操作码	典型指令	指令助记符	二进制操作码
加法	ADD	0001	转移	JSR	0101
减法	SUB	0010	存储	STA	0110
传送	MOV	0011	读数	LDA	0111
跳转	JMP	0100			

对于二地址指令,如 MOV、ADD、SUB、STA、LDA 等,助记符后面一般跟随目标操作数地址与源操作数地址,它们通常有 3 个来源:常数、寄存器和主存储器。

① 常数:也称为立即数,是指令中固定不变的数值,如"MOV A,♯2000H",这条指令是将立即数 2000H 传送给 A 寄存器。

② 寄存器:在不同机型中寄存器用不同字母表示,常见的如 A,AC,AX,B,BX,R0,R1,…,寄存器相当于一个数据容器,可以存放不同的数据。如"MOV A,R1",这条指令是将 R1 寄存器中数据传送给 A 寄存器,"MOV A,[R1]",这条指令是将寄存器 R1 中数据作为主存地址,

然后将该主存中数据传送给 A 寄存器。

③ 主存储器：在指令中使用主存地址，则表示操作数是该主存地址中的数据。如"MOV A，2000H"，这条指令是将主存地址 2000H 中的数据传送给 A 寄存器；"MOV A，[BX＋80H]"，这条指令是将 BX 寄存器中的数据加上 80H 作为主存地址，然后再将该主存地址中数据传送给 A 寄存器。

4.4 指令种类

4.4.1 指令操作种类

操作码规定了指令的具体功能，将这些功能进行分类，以便对机器指令有全面的了解。尽管不同机器的指令系统各不相同，但它们通常都包括如下指令类型：**数据传送指令**、**算术运算指令**、**逻辑运算指令**、**程序控制指令**、**输入/输出指令**、**字符串处理指令**以及**系统控制指令**等。

1. 数据传送指令

数据传送是数据在源和目标之间的传送，例如寄存器与寄存器之间、寄存器与存储单元之间、存储单元与存储单元之间的传送。数据传送指令是最基本、最常用的指令，通常包括多条不同指令，如**存储器读(LOAD)**、**存储器写(STORE)**、**数据交换(XCHG)**等指令。

2. 算术运算指令与逻辑运算指令

算术运算指令是计算机执行基本数值运算(如加、减、乘、除等)的指令，逻辑运算指令是计算机执行基本逻辑运算(如与、或、非，以及移位等)的指令。

从算术运算指令的操作数类型看，一般计算机都支持基本的二进制加、减法运算，高档机还支持带正负号的定点数、浮点数运算。

3. 程序控制指令

程序控制指令主要控制程序流程，包括流程转移、转子程序与子程序返回、程序中断和中断返回等。

(1) 流程转移指令

流程转移指令包括**条件转移**和**无条件转移**指令，这些指令用于支持高级语言的分支和循环语句【课程关联】。条件转移指令是指当满足规定的条件后则转移到目标地址，其中条件一般使用**条件码**。所谓条件码是指 CPU 中某些标志位的状态值，常见的标志位如 Z 标志位(计算结果为 0)、C 标志位(计算结果产生进位或借位)等，这些标志位通常放在 CPU 的程序状态字寄存器中(见 5.1.3 节)。例如条件转移指令"JC ××××H"，表示当运算结果产生进位或借位时，则转移到目标地址××××H。通常在该指令前执行了加法或减法指令，则执行到该条件转移指令时，以标志位 C 的值作为条件，如果产生了进位或借位(C＝1)，则转移到目标地址××××H，如果没有产生进位或借位(C＝0)，则执行这条指令的下一条指令。

无条件转移指令则没有条件约束，直接将程序转移到目标地址。

在执行流程转移指令时，CPU 会将存放下一条指令地址的**程序计数器**的内容更新为需要转移的目标地址。

(2) 转子程序指令与子程序返回指令

转子程序指令是实现子程序调用的指令，子程序是能够完成某一特定功能的程序段，独立出来作为子模块，在需要时由主程序调用。

子程序返回指令是子程序的最后一条执行语句,它使子程序返回到调用它的主程序下一条指令,并继续执行主程序。

（3）程序中断指令和中断返回指令

程序中断指令和中断返回指令的执行过程与子程序的类似,但是中断程序的执行不是由主程序主动调用的,而是根据程序设计需求,由计算机内部或外部事件触发产生的,它可以在主程序允许中断请求后的任何程序位置发生。例如,电量不足为外部中断事件,定时任务发生为内部中断事件。

4．输入/输出指令

输入/输出指令是主机与外围设备进行信息交换的一类指令,用于启动外设、检测外设的工作状态、读写外设的数据等。信息由外围设备传向主机称为输入（input）,反之则称为输出（output）,有些计算机对于主存和外设地址采用各自独立的编址方法,因此需要专门的输入/输出操作指令;有些计算机将外设地址与存储单元地址统一编址,用一般的访问存储器的指令即可访问外设。

5．字符串处理指令

字符串处理指令可以实现字符串传送、转换、比较、查找、匹配、替换等功能,这些指令的设置可以大大加快文字处理软件的运行速度。

6．系统控制指令

系统控制指令用于控制计算机系统的工作状态,这些指令包括停机指令、空操作指令、条件码指令和开/关中断指令等。

停机指令是让计算机停止当前执行的程序指令,不再继续运行后续指令,当用户执行完程序后不想再运行了,可以安排一条停机指令。

空操作指令除了递增程序计数器之外,不进行任何其他操作,一般用空操作指令等待中断事件发生。

条件码用来保存当前指令执行结果的特征,条件码指令对条件码进行置位或清除操作。

开/关中断指令是允许中断和禁止中断的指令,当程序运行的某些时间段允许响应中断,而另一些时间段不允许响应中断时,就可以利用这组命令进行设置,这对指令实质上可以看作一种特殊的条件码指令。与中断相关的还有可以设置中断优先级的指令。

除了以上提到的指令外,有些计算机中还提供了**特权指令**,所谓特权指令是具有特定权限用户才能使用的指令,例如操作系统开发者,这些指令主要用于系统资源的分配和管理,而不直接提供给一般开发者。

4.4.2　操作数风格分类

根据指定操作数位置的不同风格,将指令系统分为如下 4 类。

1．累加器（accumulator）型指令系统

这类指令系统将一个操作数隐含为累加器,指令的操作结果送到累加器中,这样指令可以设计得比较简短。但是在很多算术运算和逻辑运算指令前后,必须使用数据传送指令将数据频繁移入或移出累加器,导致程序变长,执行效率低,所以,这类指令系统一般用在早期计算机中。

2．栈（stack）型指令系统

这种指令系统都使用零地址或一地址指令,指令字很短,但是操作数只能来自栈顶元素,所以必须按栈的顺序,通过压栈和弹栈操作访问存储的数据,使用起来不够灵活,一般很少用于通用计算机,在 Java 虚拟机中采用这类指令类型。

3. 通用寄存器型指令系统

这类指令系统使用 CPU 内的多组通用寄存器来存放操作数,但需要指明操作数存放在哪组寄存器中。相比累加器型指令系统,通用寄存器型指令系统虽然指令代码有所增加,但生成的指令码具有通用形式,因而提高了程序执行效率。

4. 加载/存储(load/store)型指令系统

这类指令系统属于通用寄存器型指令系统,但它只有取数(load)指令和存数(store)指令才可以访问存储器,而数据处理指令不能访存,只能处理寄存器中的数据,从而使每条指令长度和执行时间比较一致,所以指令系统比较规整。

目前广泛使用通用寄存器型指令系统和加载/存储型指令系统。

4.5 寻 址 方 式

寻址方式是指在程序运行过程中形成指令或操作数地址的方式,又分为**指令寻址方式**和**操作数寻址方式**。

计算机程序在启动时,程序所包含的指令和数据会被加载到主存中,为了执行程序指令,需要知道每条指令在主存中的地址,把确定指令在主存中地址的方法称为指令寻址方式,而把确定操作数在主存中地址的方法称为操作数寻址方式,通常说的寻址方式指操作数寻址方式。操作数寻址方式的目的是找到操作数,它寻找的操作数可能在主存单元中,也可能在寄存器中,还可能包含在取到的指令中,它比指令寻址方式要复杂得多。

4.5.1 指令寻址方式

一般指令保存在按地址顺序排列的主存单元中,寻址方式相对比较简单,分为顺序寻址和跳跃寻址两种方式。

顺序寻址是通过**程序计数器+1**,自动形成下一条指令的地址。如图 4-3 所示,如果程序的首地址为 0,则只要将 0 送至程序计数器中并启动机器运行,程序便按照 0,1,2,7,8,9,…的顺序执行。其中第 0,1,2 条指令地址由程序计数器自动+1 形成。

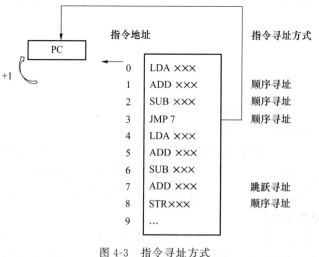

图 4-3 指令寻址方式

跳跃寻址方式是由跳转指令引发的,执行跳转指令时,会把转移的目标地址送到程序计数器中,由此,当执行完跳转指令后,**PC 指向了跳转的目标地址**,这就是跳跃寻址。在图 4-3 中,当顺序执行到第 3 条指令"JMP 7"时,跳转的目标 7 被送到 PC 中,则第 3 条指令执行后,会执行第 7 条指令,并继续按顺序执行指令 7,8,9,…。

4.5.2 操作数寻址方式

操作数寻址的目的是从指令中寻找操作数或操作数地址,这些操作数可能是指令中的**常数**,也可能是指令中给出的操作数地址,而操作数地址可以来自 CPU 中的**通用寄存器、主存单元**或 **I/O 端口**。

当操作数来自主存单元时,指令中直接给出的地址码仅是**形式地址**,主存中存放操作数的真正地址称为**有效地址(Effective Address,EA)**,寻址时需要找到有效地址才能找到操作数。在不同的寻址方式中,从形式地址到有效地址的计算方法不同。

1. 立即寻址方式

在**立即寻址**方式中,地址码就是**操作数**,也称为**立即数**。在这种方式中没有形式地址和有效地址的概念,操作数作为指令的一部分直接放在指令中,因此从内存中取到指令便得到了操作数,不用再次访存寻址,如图 4-4 所示。

图 4-4 立即寻址方式

例如"MOV A,♯5102H",5102H 就是立即数,这条指令将立即数 5102H 送到寄存器 A 中,如图 4-5 所示。

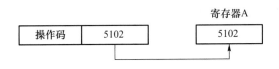

图 4-5 立即寻址示例

立即寻址在取出指令的同时也取出了操作数,所以指令的执行速度很快,但由于立即数是指令的一部分,不便于修改,因此降低了程序的通用性和灵活性。例如在高级程序设计语言中带常数的运算或赋值语句,编译后的指令就通常采用立即寻址方式【课程关联】。

2. 直接寻址方式

在**直接寻址**方式中,地址码直接给出操作数在主存中的地址,即 **EA=形式地址**,如图 4-6 所示。

图 4-6 直接寻址方式

例如"MOV A,[2000H]",在这条指令中,EA=2000H,这条指令将主存地址 2000H 中的内容作为操作数,送到寄存器 A 中,假设 2000H 中的内容是 1234H,则指令执行后寄存器 A 中的内容变成 1234H,如图 4-7 所示。

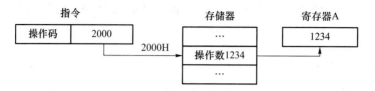

图 4-7　直接寻址示例

直接寻址简单直观,是一种基本的寻址方式。

3. 间接寻址方式

在**间接寻址**方式中,地址码不是操作数在主存中的地址,即**有效地址≠形式地址**,需将形式地址中的内容作为有效地址,即 **EA＝形式地址中的内容**,然后按照 EA 在主存中找到操作数,如图 4-8 所示。

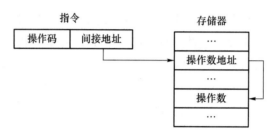

图 4-8　间接寻址方式

例如"MOV A,(2000H)",其中 2000H 为主存地址,假设其中存放的数据为 3000H。在该条指令中,2000H 是形式地址,将 2000 作为主存地址,找到其中数据 3000H 并将其作为有效地址,即 EA＝3000H,然后按 EA 在主存中找到的数据 125AH 才是操作数。这条指令的结果是将 125AH 送到寄存器 A 中,如图 4-9 所示。

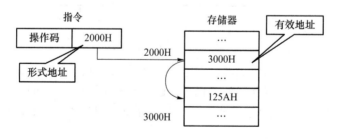

图 4-9　间接寻址示例

间接寻址方式需要多次访问主存储器,既增加了指令的执行时间,又要占用主存储器单元,但这种寻址方式可以突破地址码位数的限制,访问范围可以扩大到全部的存储空间,从而扩大了指令的寻址能力。

4. 寄存器寻址方式

在**寄存器寻址**方式中,地址码是寄存器名称或编号,而不是操作数地址或操作数本身。寄存器寻址方式还分为直接寻址和间接寻址,两者的区别在于:直接寻址中地址码给出寄存器名称或编号,寄存器的内容就是操作数本身,直接寻址中操作数来自寄存器;间接寻址中地址码给出寄存器名称或编号,寄存器的内容是操作数的地址,即 **EA＝寄存器内容**,然后根据有效地址访问主存后才能得到真正的操作数,间接寻址中操作数来源于主存。

例如:"MOV A,R1",这是一条寄存器直接寻址指令,将寄存器 R1 中的数据传送给寄存器 A,如图 4-10 所示;"MOV A,(R1)",这是一条寄存器间接寻址指令,将寄存器 R1 中的数据作为主存地址,即 EA=3A00H,然后按照 EA,访问主存并将找到的数作为操作数,最后将操作数传送给寄存器 A,如图 4-11 所示。

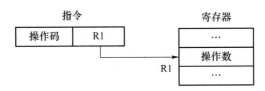

图 4-10 寄存器直接寻址示例

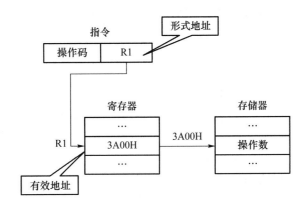

图 4-11 寄存器间接寻址示例

用寄存器来暂存操作数,无须访问主存,速度快,但 CPU 内部寄存器数量有限。

5. 基址寻址方式

基址寻址是将基址寄存器中数据加上指令中的形式地址以形成有效地址,即 **EA=形式地址+基址寄存器内容**,然后按有效地址在主存中找到操作数。

例如"MOV AX,(BX+80H)",假设基址寄存器 BX 中的数据是 3000H,在该条指令中,80H 是形式地址,这条指令是将 BX 中的数据 3000H 作为基址,加上形式地址 80H 形成有效地址,即 EA=3000H+80H=3080H,然后在主存地址 3080H 获得操作数 10ABH,再将 10ABH 送到目标寄存器 AX 中,如图 4-12 所示。

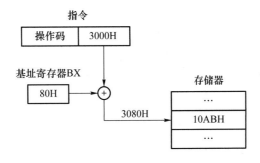

图 4-12 基址寻址示例

基址寻址方式的优点是可以提高寻址能力,相对于形式地址,基址寄存器的位数可以设置得很长,从而可以在较大的存储空间中进行寻址。

6. 变址寻址方式

变址寻址方式是将变址寄存器中数据加上指令中形式地址以形成有效地址,即**EA=形式地址+变址寄存器内容**,然后按有效地址在主存储器中获取数据。

例如"MOV AX,(R2+2000H)",假设变址寄存器 R2 中的数据是 0167H。在该条指令中,2000H 是形式地址,加上变址寄存器 R2 中的 0167H,从而形成有效地址,即 EA=0167H+2000H=2167H,然后在存储器地址 2167H 中获得操作数 3456H,再将 3456H 送到目标寄存器 AX 中,如图 4-13 所示。

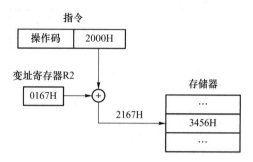

图 4-13 变址寻址方式示例

变址寻址方式可以实现对序列数据的查询。例如,有一个字符串存储在以 2000H 为首地址的连续主存单元中,只需要将首地址 2000H 作为指令中的形式地址,而在变址寄存器中给出不同字符的序号,便可访问字符串中的任一字符。

变址寻址和基址寻址方法十分类似,但用途不同,变址寻址主要用于数组的访问,基址寻址则用于扩大寻址范围,从而在更大存储空间中进行寻址。

7. 相对寻址方式

相对寻址是将程序计数器的内容加上指令中的形式地址,从而形成操作数的有效地址,即**EA=形式地址+PC 内容**,然后按有效地址在存储器中获取数据。

例如"MOV AX,(PC+200H)",在该条指令中,200H 是形式地址,这条指令将当前程序计数器中的值 3000H 加上形式地址 200H,即向后移动 200H 距离,EA=200H+3000H=3200H,然后按有效地址在存储器中找到操作数 185BH,再将其传给寄存器 AX,如图 4-14 所示。

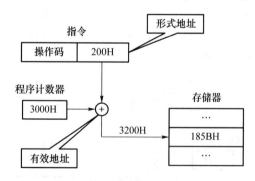

图 4-14 相对寻址方式示例

☞【注意】 PC 中保存的是下一条指令地址,如果 CPU 已执行"MOV AX,(PC+200H)",则 PC 应是该指令的下一条指令地址。EA=形式地址+PC 内容,其中,形式地址又称为位移量,其值可正可负,分别对应于程序从当前 PC 位置向后或向前转移。

在相对寻址方式中,由于指令的地址及其所涉及操作数的相对位置是固定的,因此,操作数与指令可以放在主存的任何地址都能保证程序正确运行。

表4-3 给出了以上寻址方式中操作数在主存中的有效地址计算方法。

表 4-3　操作数在主存中的有效地址计算方法

寻址方式	有效地址	形式地址
直接寻址	EA＝形式地址	
间接寻址	EA＝形式地址中的内容	
寄存器间接寻址	EA＝寄存器内容	指令中地址码
基址寻址	EA＝形式地址＋基址寄存器内容	
变址寻址	EA＝形式地址＋变址寄存器内容	
相对寻址	EA＝形式地址＋PC内容	

8. 堆栈寻址方式

堆栈是一组能存数和取数的存储单元,按照后进先出(LIFO)或先进后出(FILO)的原则组织数据。堆栈既可以用寄存器堆栈(又称硬堆栈)实现,又可以利用存储器部分空间作存储器堆栈(又称软堆栈),下面主要介绍存储器中软堆栈的寻址方式。

实现堆栈的前提有两个,一是在主存中开辟用于堆栈的存储区,二是在CPU中设置一个专用的寄存器——**堆栈指针**(Stack Pointer,SP)来保存栈顶地址。堆栈相关指令必须含有进栈、出栈指令。其中数据按顺序存入堆栈的指令称为**进栈**或**压栈(push)**,堆栈中每个单元的数据都称为栈项,以与进栈相反的顺序从堆栈中取出栈项的指令称为**出栈**或**弹栈(pop)**,其中最后进栈或最先出栈的栈项称为栈顶元素。堆栈寻址本质使用了寄存器寻址方式,SP是堆栈寄存器,存放操作数的有效地址。

例如进栈指令 PUSH A 和出栈指令 POP A,其过程如图 4-15 所示。

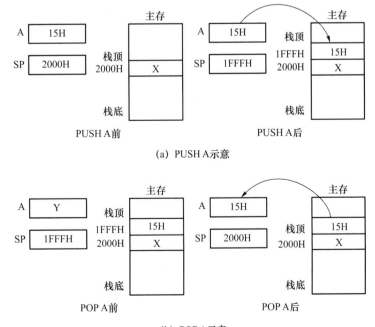

(a) PUSH A示意

(b) POP A示意

图 4-15　堆栈寻址示意图

SP 始终指示着栈顶地址,无论进栈还是出栈,SP 的内容都会发生变化。在图 4-15 所示的堆栈结构中,堆栈向上生长,即向地址减小的方向生长,栈顶地址需要小于等于栈底地址,如果两者相等则称为空栈,否则称为非空栈。执行 PUSH 指令时,先做 SP−1,然后数据保存到栈顶;执行 POP 指令时,先将数据从栈顶取走,然后做 SP+1。

在上述 PUSH、POP 指令中,如果进栈和出栈数据是 1 字节,即 8 位字长,则对 SP 的操作分别是 SP−1,SP+1;如果进栈和出栈数据是 2 字节,即 16 位字长,则对 SP 的操作分别是 SP−2,SP+2;如果进栈和出栈数据是 4 字节,即 32 字长,则对 SP 的操作分别是 SP−4,SP+4 等。

存储器堆栈是当前计算机普遍采用的一种数据结构形式,而堆栈寻址方式为堆栈操作提供了便利。

除了以上提到的几种操作数寻址方式之外,有些指令系统还有块寻址、段寻址方式等。块寻址是指在指令中指出数据块的起始地址和数据块的长度,使用一条块寻址指令完成一个数据块的传送;段寻址是指将存储器空间划分为若干个单元,在寻址一个具体单元时,由一个基地址(CPU 中的段寄存器)再加上某些寄存器提供的偏移量来形成有效地址,段寻址本质上是基址寻址。

【例 4-3】 假设某计算机中二地址 RS 型指令的结构如图 4-16 所示。

6 位	4 位	1 位	2 位	16 位
OP	—	通用寄存器	I	X	偏移量 D

图 4-16 某计算机中二地址 RS 型指令的结构

其中,I 为间接寻址标志位,X 为寻址模式字段,D 为偏移量字段。通过 I,X,D 的组合,可构成表 4-4 所示的寻址方式,请写出 6 种寻址方式的名称。

表 4-4 RS 型指令的寻址方式

寻址方式	I	X	有效地址 E 的算法	说　明
(1)	0	00	$E=D$	
(2)	0	01	$E=(PC)\pm D$	PC 是程序计数器
(3)	0	10	$E=(R2)\pm D$	R2 是变址寄存器
(4)	1	11	$E=(R3)$	
(5)	1	00	$E=(D)$	
(6)	0	11	$E=(R1)\pm D$	R1 是基址寄存器

解:不同寻址方式中有效地址的计算方法不同,依据题目中有效地址的计算方法可知:

(1) 直接寻址　　　　　(2) 相对寻址　　　　　(3) 变址寻址
(4) 寄存器间接寻址　　(5) 间接寻址　　　　　(6) 基址寻址

【例 4-4】 某 16 位机器所使用的指令格式和寻址方式如图 4-17 所示。指令格式中的 S(源)、D(目标)都是通用寄存器,M 是主存中的一个单元,MOV 是传送指令,STA 为写数指令,LDA 为读数指令。

要求:

① 分析 3 种指令的指令格式与寻址方式的特点。

② CPU 完成哪一种操作所花时间最短?完成哪一种操作所花时间最长?第二种指令的

执行时间有时会等于第三种指令的执行时间吗？

15 10	9 8	7 4	3 0	
OP	—	目标	源	MOV S,D

15 10	9 8	7 4	3 0	
OP	基址	源	变址	STA M,S
位移量				

15 10	9 8	7 4	3 0	
OP	—	目标		LDA D,M
20 位地址				

图 4-17 某 16 位机器所使用的指令格式和寻址方式

解：① 第一种指令是单字长二地址指令，属于 RR 型；第二种指令是双字长二地址指令，属于 RS 型，其中 S 采用基址寻址或变址寻址，R 由源寄存器决定；第三种指令也是双字长二地址指令，属于 RS 型，其中 R 由目标寄存器决定，S 由 20 位地址（直接寻址）决定。

② CPU 完成第一种指令所花时间最短，因为是 RR 型指令，不需要访问存储器。完成第二种指令所花时间最长，因为是 RS 型指令，需要访问存储器，同时要进行寻址方式的变换运算（基址或变址），这也需要时间。第二种指令的执行时间不会等于第三种指令的执行时间，因为第三种指令虽然也访问存储器，但节省了求有效地址运算的时间开销。

【例 4-5】 某微机的指令格式如图 4-18 所示。

15 10	9 8	7 0
OP	X	D

图 4-18 某微机的指令格式

- OP：操作码。
- D：位移量。
- X：寻址特征位。
- X＝00：直接寻址。
- X＝01：用变址寄存器 X1 进行变址。
- X＝10：用变址寄存器 X2 进行变址。
- X＝11：相对寻址。

设(PC)＝1234H，(X1)＝0037H，(X2)＝1122H，请确定下列指令的有效地址：①4420H；②2244H；③1322H；④3521H。

解：① 4420H＝010001 00 00100000B，因为 X＝00，D＝20H，所以是直接寻址，有效地址 E＝D＝20H。

② 2244H＝001000 10 01000100B，因为 X＝10，D＝44H，所以是 X2 变址寻址，有效地址 E＝(X2)＋D＝1122H＋44H＝1166H。

③ 1322H＝000100 11 00100010B，因为 X＝11，D＝22H，所以是相对寻址，有效地址 E＝(PC)＋D＝1234H＋22H＝1256H。

④ 3521H＝001101 01 00100001B，因为 X＝01，D＝21H，所以是 X1 变址寻址，有效地址

$E=(X1)+D=0037H+21H=0058H$。

【例4-6】 假设机器字长为16位,一条双字长直接寻址的子程序调用指令,其第一个字为操作码和寻址特征,第二个字为地址码5000H。假设PC当前值为2000H,SP的内容为0100H,栈顶内容为2746H,存储器按字节编址,而且进栈操作是先执行$(SP)-\Delta \to SP$,后存入数据。试回答下列几种情况下,PC、SP及栈顶内容各为多少?

① CALL指令被读取前。

② CALL指令被执行后。

③ 子程序返回后。

解:① CALL指令被读取前,PC=2000H,SP=0100H,栈顶内容为2746H。

② CALL指令被执行后,由于存储器按字节编址,CALL指令共占4字节,故程序断点2004H进栈,对于16位字长计算机,$\Delta=2$,所以SP=(SP)-2=00FEH,栈顶内容为2004H,PC被更新为子程序入口地址5000H。

③ 子程序返回后,程序断点出栈,PC=2004H,SP被修改为0100H,栈顶内容为2746H。

【例4-7】 假设某指令系统中相对寻址的转移指令占3字节,第一字节为操作码,第二、三字节为相对位移,以补码表示,并采用低字节优先存放方式,每当CPU从存储器取出一个字节时,PC自动增加。

① 如果PC当前值为240,要求转到280的地址,则转移指令第二、三字节代码是什么?

② 如果PC当前值为240,要求转到200的地址,则转移指令第二、三字节代码又是什么?其中地址为十进制数。

解:① PC当前值为240,相对寻址指令占3字节,所以取出该指令执行时,PC增加为240+3=243,要求转移到280,则相对位移量为280-243=37=25H,编成16位,即0025H,因为采用低字节优先存放方式,所以该指令第二字节放低字节25H,第三字节放高字节00H。

② 同上,取出相对转移指令时,PC增加为240+3=243,要求转移到200,则相对位移量为200-243=-43,用补码16位表示为FFD5H($2^{16}-43$后转十六进制),所以该指令第二字节放低字节D5H,第三字节放高字节FFH。

4.6 RISC 技 术

按照指令系统的特点,可以将计算机分为**复杂指令系统计算机**(Complex Instruction Set Computer,**CISC**)和**精简指令系统计算机**(Reduced Instruction Set Computer,**RISC**)两类。相比而言,CISC指令条数多且复杂,每条指令的长度不尽相等;而RISC指令条数少且简单,指令长度固定。

1. CISC 的产生和发展

计算机的指令系统最初只有基本指令,指令条数很少,其他复杂功能则通过基本指令组合来实现。后来随着指令复杂程度以及条数的增加,复杂指令多采用硬件实现,但指令条数仍受到指令中操作码位数的限制,例如操作码为8位,那么指令条数最多为256条,为此人们提出了扩展操作码的思路。一般地,在指令格式中操作码之后便是地址码,而有些指令不用地址码或只用很少位数的地址码,那么就可以把操作码扩展到地址码字段中,这样使得操作码位数得以增加。例如,一个指令系统的操作码为 2 位,只有 00、01、10、11 四种操作码,现将 11 作为保留并在其后再增加 2 位,即将操作码扩展到 4 位,那么就可以有 7 种操作码 00、01、10、1100、1101、1110、1111,扩展为 7 条指令,从而数量问题得到解决,但在后 4 条指令中必须减少两位地址码,于是人们发明了各种寻址方式以最大限度地压缩地址码长度,为操作码留出空间。

随着 CISC 指令系统的不断发展,其越来越庞大,出现大量复杂、可变长度指令,采用了多种多样的寻址方式,明显增加了指令译码难度,浪费了译码时间,因而影响了指令执行效率和处理器的性能,且大量设计使用频率低的复杂指令还会造成硬件资源浪费。

2. RISC 的产生

1975 年,IBM 的设计师 John Cocke 研究了当时的 IBM System/370 CISC 系统,发现其中仅占总指令数 20% 的简单指令却在程序调用中占据了 80%,而占指令数 80% 的复杂指令却只有 20% 的机会被调用到。由此,他提出了 RISC 的概念。第一台基于 RISC 指令的计算机于 1981 年在美国加利福尼亚大学伯克利分校问世。

RISC 体系结构的基本思想是:针对 CISC 指令系统指令种类多、指令格式不规范、寻址方式多的缺点,通过减少指令种类、规范指令格式、简化寻址方式,方便处理器内部的并行处理,提高 VLSI(Very Large Scale Integration)器件的使用效率,从而大幅度地提高处理器的性能。

RISC 的主要特点是:指令长度固定,指令格式和寻址方式种类少,大多数是简单指令且都能在一个时钟周期内完成;寄存器数量多,大多数操作在寄存器之间进行,减少了对存储器的访问,提高了执行速度;在设计上也易于采用超标量与流水线等先进技术。

RISC 的**三要素**总结为:**有限的简单指令集;CPU 配备大量通用寄存器;强调对指令流水线的优化**。

3. RISC 和 CISC 的比较

下面介绍 RISC 的典型特征。

① 指令种类少,指令格式规范:RISC 指令集通常只使用一种或少数几种格式,指令长度固定,操作码长度固定。

② 寻址方式简化:几乎所有指令都使用寄存器寻址方式,其他更为复杂的寻址方式,则由软件并利用简单的寻址方式来合成。

③ 大量利用寄存器间操作:RISC 强调通用寄存器资源的优化使用,指令的大多数操作都是寄存器到寄存器之间的操作,只有取数指令、存数指令访问存储器,指令中最多出现 RS 型指令,而没有 SS 型指令。

④ 简化处理器结构:使用 RISC 指令集,可以大大地简化处理器中控制器和其他功能单元的设计,不必像 CISC 处理器那样使用微程序来实现指令操作,不必使用大量专用寄存器,特别是允许以硬连线方式来实现指令操作,有利于快速直接执行指令。同时,RISC 体系结构为单芯片处理器的设计带来很多好处,有利于提高性能,降低成本。

⑤ 加强处理器的并行能力:RISC 指令集非常适合采用流水线、超流水线和超标量技术,从而实现指令级并行操作,提高处理器的性能。目前常用的处理器内部并行操作技术,基本上都是基于 RISC 体系结构而逐步发展并走向成熟的。

⑥ RISC 技术的复杂性在于它的优化编译程序,因此软件系统开发时间比 CISC 机器要长。

RISC 与 CISC 的主要特征对比如表 4-5 所示。

表 4-5　RISC 与 CISC 的主要特征对比

比较内容	CISC	RISC
指令系统	复杂、庞大	简单、精简
指令数目	一般大于 200	一般小于 100
指令格式	一般大于 4	一般小于 4
寻址方式	一般大于 4	一般小于 4
指令字长	不固定	等长
可访存指令	不加限制	只有 load/store(取数/存数)指令
各种指令使用频率	相差很大	相差不大
各种指令执行时间	相差很大	绝大多数在一个周期内完成
优化编译实现	很难	较容易
程序源代码长度	较短	较长
控制器实现方式	绝大多数为微程序控制	绝大多数为硬布线控制
软件系统开发时间	较短	较长

4.7　指令系统实例

4.7.1　ARM 指令系统

ARM 处理器是 32 位的 RISC 结构处理器,ARM 指令集使用**标准的、固定长度**的 **32 位指令格式**,所有 ARM 指令都是用 4 位的条件编码来决定指令是否执行的。从操作数风格看,ARM 处理器的指令集属于**加载/存储型**的指令系统,数据处理类指令仅能处理寄存器中的数据,而对系统存储器的访问都需要通过加载/存储指令来完成。

1. ARM 指令分类

ARM 处理器的指令系统包括 6 类指令:分支指令(branch instruction)、数据处理指令(data-processing instruction)、程序状态寄存器处理指令(status register transfer instruction)、加载/存储指令(load and store instruction)、协处理器指令(coprocession instruction)和异常产生指令(exception-generating instruction)。表 4-6 所示为 ARM 处理器指令类别和功能描述。

表 4-6　ARM 处理器指令类别和功能描述

汇编助记符	指令功能描述	类　别	子类别
B	跳转指令	分支指令	
BL	带返回的跳转指令		
BLX	带返回和状态切换的跳转指令		
BX	带状态切换的跳转指令		

续 表

汇编助记符	指令功能描述	类 别	子类别
MOV	数据传送指令	数据处理指令	数据传送指令
MVN	数据取反传送指令		
SWP	交换指令		
ADC	带进位加法指令		加法运算指令
ADD	加法指令		
RSB	逆向减法指令		减法运算指令
RSC	带借位逆向减法指令		
SBC	带借位减法指令		
SUB	减法指令		
MUL	32 位乘法指令		乘法指令
MLA	32 位乘加指令		
AND	逻辑与指令		逻辑运算指令
BIC	位清零指令		
EOR	异或指令		
ORR	逻辑或指令		
CMN	比较反值指令		比较指令
CMP	比较指令		
TEQ	相等测试指令		测试指令
TST	位测试指令		
MRS	传送 CPSR 或 SPSR 的内容到通用寄存器指令	程序状态寄存器处理指令	
MSR	传送通用寄存器到 CPSR 或 SPSR 的指令		
LDC	存储器到协处理器的数据传送指令	加载/存储指令	
LDM	加载多个寄存器指令		
LDR	存储器到寄存器的数据传送指令		
STM	批量内存字写入指令		
STR	寄存器到存储器的数据传送指令		
CDP	协处理器数据操作指令	协处理器指令	
MCR	从寄存器到协处理器寄存器的数据类传送指令		
STC	协处理器寄存器写入存储器指令		
BKPT	断点中断指令	异常产生指令	
SWI	软件中断指令		

ARM 处理器共有 37 个 32 位的寄存器,以及 7 种不同的处理器模式,在每种模式下看到的寄存器是不同的。在任意一种处理器模式下均可见的寄存器包括 15 个通用寄存器(R0~R14)、一个或者两个状态寄存器以及程序计数器。

2. ARM 指令的基本格式

< opcode >{< cond >}{S} < Rd >,< Rn >{,< operand2 >}

其中,< >内的项是必选的,{ }内的项是可选的。

- opcode 表示指令助记符,是必选项。
- cond 表示指令执行条件,是可选项,不选择则使用默认条件。
- S 表示是否影响 CPSR 寄存器的值,如果选择则影响,否则不影响。
- Rd 表示目标寄存器,可选择通用寄存器。
- Rn 表示第一个操作数的寄存器,可选择通用寄存器。
- operand2 表示第二个操作数。

3. ARM 寻址方式

ARM 指令系统支持如下 7 种寻址方式。

① 立即寻址。操作数由操作码直接给出,例如"MOV R0,♯0x10;R0＝0x10",其中"♯"表示立即数。

② 寄存器直接寻址。例如"ADD R0,R1,R2;R0←R1＋R2"。

③ 寄存器间接寻址。例如"LDR R2,[R1];R2←−[R1]",间接寻址的寄存器是 R1。

④ 基址加变址寻址。例如"LDR R0,[R1,♯4];R0←[R1＋10]"。

⑤ 相对寻址。以程序计数器的当前值为基地址,指令中的地址标号作为偏移量,将两者相加之后得到操作数的有效地址。

⑥ 堆栈寻址。堆栈采用先进后出(FILO)的方式工作,使用一个称作堆栈指针的专用寄存器指示当前的操作位置,堆栈指针总是指向栈顶。

⑦ 块拷贝寻址。块拷贝寻址又称为多寄存器寻址,一条指令可以完成多个寄存器值的传送。这种寻址方式可以用一条指令完成传送最多 16 个通用寄存器的值。例如以下指令:

LDMIA R0,{R1,R2,R3,R4};

R1←[R0],R2←[R0＋4],R3←[R0＋8],R4←[R0＋12]

4. ARM 指令示例

(1)加法运算指令

ADD{cond}{S} Rd,Rn,operand2

其含义是将 operand2 数据与 Rn 的值相加,结果保存到 Rd 寄存器,例如:

ADDS R1,R1,♯2;R1 = R1 + 2

ADD R1,R1,R2;R1 = R1 + R2

ADDS R3,R1,R2,LSL ♯3;R3 = R1 + R2 << 3

(2)减法运算指令

SUB{cond}{S} Rd,Rn,operand2

其含义是用寄存器 Rn 减去 operand2,结果保存到 Rd 中,例如:

SUBS R0,R0,♯1;R0 = R0 − 1

SUBS R2,R1,R2;R2 = R1 − R2

SUB R6,R7,♯0x10;R6 = R7 − 0x10

(3)带进位位加法运算指令

ADC{cond}{S} Rd,Rn,operand2

其含义是将 operand2 的数据与 Rn 的值相加,再加上 CPSR 中的 C 条件标志位,结果保存到 Rd 寄存器,例如:

ADDS R0,R0,R2

ADC R1,R1,R3;使用 ADC 实现 64 位加法,(R1、R0) = (R1、R0) + (R3、R2)

（4）逻辑与运算指令

AND{cond}{S} Rd,Rn,operand2

其含义是将 operand2 的值与寄存器 Rn 的值按位作逻辑与操作,结果保存到 Rd 中,例如:

ANDS R0,R0,♯x03;R0 = R0&0x03,取出最低位数据

AND R2,R1,R3;R2 = R1&R3

（5）跳转指令

B{cond} label

① B 跳转指令,跳转到指定的地址执行程序,限制在当前指令±32 MB 的范围内,例如:

B WAIT;跳转到 WAIT 标号处

B 0x2000;跳转到绝对地址 0x2000

② BL{cond} label。BL 是带链接的跳转指令,一般用于子程序调用,例如:

BL SUB1;跳转到子程序 SUB1

4.7.2 RISC-V 指令系统

RISC-V 指令集是目前基于 **RISC 开放指令集架构**的最新指令集。RISC-V 的设计目标是让其在最小到最快的所有计算机设备上都能有效地工作,包括应用在服务器和各种嵌入式系统中。RISC-V 指令集中所有**指令长度都是 32 位**,从操作数风格看,它也属于**加载/存储型的指令系统**。

1. RISC-V 指令集

RISC-V 指令集是使用模块化方式组织起来的,由一个**基本整数指令集**外加多个可选**扩展指令集**构成。表 4-7 所示为 RISC-V 的几个模块指令集,其中,带后缀字母 I 的表示基本整数指令集,如 RV32I 是 RISC-V 指令集强制要求的基本整数指令集,使用该整数指令集能够实现完整的软件编译;带其他后缀字母如 M、A、F、D、C 则为可选模块指令集。例如,根据需要组合出 RV32IMFD,则它表示将乘法（RV32M）、单精度浮点（RV32F）和双精度浮点（RV32D）等模块扩展指令集添加到基本整数指令集（RV32I）中。当添加不同模块扩展指令集后就为 RISC-V 指令集附加了不同的功能。

表 4-7 RISC-V 的模块指令集

	指令集	指令数	描 述
基本指令集	RV32I	47	32 位地址空间与整数指令,支持 32 个通用整数寄存器
	RV32E	47	RV32I 的子集,仅支持 16 个通用整数寄存器
	RV64I	59	64 位地址空间与整数指令,以及一部分 32 位的整数指令
	RV128I	71	128 位地址空间与整数指令,以及一部分 64 位和 32 位的指令
扩展指令集	M	8	整数乘法与除法指令
	A	11	存储器原子（atomic）操作指令和 Load-Reserved/Store-Conditional 指令
	F	26	单精度（32 bit）浮点指令
	D	26	双精度（64 bit）浮点指令,必须支持 F 扩展指令
	C	46	压缩指令,指令长度为 16 位

RISC-V 架构支持 32 位或者 64 位操作,32 位架构由 RV32 表示,其每个通用寄存器的宽度为 32 位;64 位架构由 RV64 表示,其每个通用寄存器的宽度为 64 位。

RISC-V 指令集有 6 种基本指令格式,包括:

- R 型指令,用于寄存器-寄存器操作;
- I 型指令,用于短立即数和访存 load 操作;
- S 型指令,用于访存 store 操作;
- B 型指令,用于条件跳转操作;
- U 型指令,用于长立即数;
- J 型指令,用于无条件跳转。

6 种基本指令格式如图 4-19 所示,每条指令都包括多个字段,图 4-19 表示了各个字段所占的位数,opcode 是操作码,固定占 7 位,如果所有字段的各位都是 0 或者 1,则是非法的 RV32I 指令。RV32I 的指令集如图 4-20 所示(来自 Waterman and Aanovi'c,2017)。

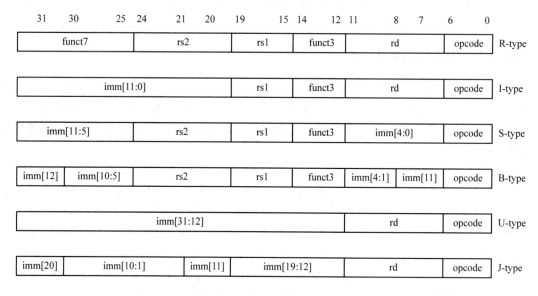

图 4-19　RV32I 的指令集格式

RV32I 的寄存器包括 32 个通用寄存器 x0～x31,以及一个 PC 寄存器,它们都是 32 位的。

RISC-V 指令集提供 3 个寄存器操作数,rs1、rs2 是第 1、2 个源操作数寄存器,rd 是目标寄存器,它们均为 5 位,均可从 32 个寄存器中选取。

imm 是立即数,imm[11:0]表示立即数的 0～11 位,在有些指令中 imm 被分成多段存储在指令不同位置,如 S、B、J 型指令,这种设计能够保证在所有指令中 rs1 和 rs2 字段在相同的位置,从而降低了指令译码的复杂性。同样地,opcode 和 funct3 字段在各个指令中也处于相同位置。

funct3 和 funct7 是两个操作字段,funct3 占 3 位,用于同一类指令中不同操作功能的划分,funct7 占 7 位。

RISC-V 支持多种寻址方式,例如立即数寻址、寄存器寻址、基址寻址和 PC 相对寻址等。

2. RISC-V 指令示例

(1) R 型指令

例如:

```
ADD x18,x19,x20    #x18←x19 + x20
```

格式如图 4-21 所示。

31	25	24	20	19	15	14	12	11	7	6	0		
imm[31:12]								rd		0110111		U	lui
imm[31:12]								rd		0010111		U	auipc
imm[20:10:1|11|19:12]								rd		1101111		J	jal
imm[11:0]				rs1		000		rd		1100111		J	jalr
imm[12|10:5]		rs2		rs1		000		imm[4:1|11]		1100011		B	beq
imm[12|10:5]		rs2		rs1		001		imm[4:1|11]		1100011		B	bne
imm[12|10:5]		rs2		rs1		100		imm[4:1|11]		1100011		B	blt
imm[12|10:5]		rs2		rs1		101		imm[4:1|11]		1100011		B	bge
imm[12|10:5]		rs2		rs1		110		imm[4:1|11]		1100011		B	bltu
imm[12|10:5]		rs2		rs1		111		imm[4:1|11]		1100011		B	bgeu
imm[11:0]				rs1		000		rd		0000011		I	lb
imm[11:0]				rs1		001		rd		0000011		I	lh
imm[11:0]				rs1		010		rd		0000011		I	lw
imm[11:0]				rs1		100		rd		0000011		I	lbu
imm[11:0]				rs1		101		rd		0000011		I	lhu
imm[11:5]		rs2		rs1		000		imm[4:0]		0100011		S	sb
imm[11:5]		rs2		rs1		001		imm[4:0]		0100011		S	sh
imm[11:5]		rs2		rs1		010		imm[4:0]		0100011		S	sw
imm[11:0]				rs1		000		rd		0010011		I	addi
imm[11:0]				rs1		010		rd		0010011		I	slti
imm[11:0]				rs1		011		rd		0010011		I	sltiu
imm[11:0]				rs1		100		rd		0010011		I	xori
imm[11:0]				rs1		110		rd		0010011		I	ori
imm[11:0]				rs1		111		rd		0010011		I	andi
0000000		shamt		rs1		001		rd		0010011		I	slli
0000000		shamt		rs1		101		rd		0010011		I	srli
0100000		shamt		rs1		101		rd		0010011		I	srai
0000000		rs2		rs1		000		rd		0110011		R	add
0100000		rs2		rs1		000		rd		0110011		R	sub
0000000		rs2		rs1		001		rd		0110011		R	sll
0000000		rs2		rs1		010		rd		0110011		R	slt
0000000		rs2		rs1		011		rd		0110011		R	sltu
0000000		rs2		rs1		100		rd		0110011		R	xor
0000000		rs2		rs1		101		rd		0110011		R	srl
0100000		rs2		rs1		101		rd		0110011		R	sra
0000000		rs2		rs1		110		rd		0110011		R	or
0000000		rs2		rs1		111		rd		0110011		R	and
0000	pred	succ		00000		000		00000		0001111		I	fence
0000	0000	0000		00000		001		00000		0001111		I	fence,i
000000000000				00000		00		00000		1110011		I	ecall
000000000000				00000		000		00000		1110011		I	ebreak
csr				rs1		001		rd		1110011		I	csrrw
csr				rs1		010		rd		1110011		I	csrrs
csr				rs1		011		rd		1110011		I	csrrc
csr				zimm		101		rd		1110011		I	csrrwi
csr				zimm		110		rd		1110011		I	cssrrsi
csr				zimm		111		rd		1110011		I	csrrci

图 4-20　RV32I 的指令集

图 4-21　R 型指令格式

（2）I 型指令

例如：

ADDI x15,x1,－50　♯x15x←1－50

格式如图 4-22 所示。

图 4-22　I 型指令

（3）S 型指令

例如：

SW x14,8(x2)♯先将 x2 寄存器偏移 8 bit,再存到 x14 寄存器

格式如图 4-23 所示。

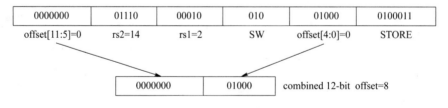

图 4-23　S 型指令

（4）B 型指令

例如：

beq rs1,rs2,Ll

其中,beq 代表相等则分支,整个指令表示如果寄存器 rs1 中的值等于寄存器 rs2 中的值,则转到标签为 L1 的语句执行。

（5）U 型指令

例如：

LUI x10,0xDEADB　　♯　x10 = 0xDEADB000

ADDI x10,x10,0xEEF　♯　x10 = 0xDEADAEEF

第 1 条指令执行后,x10 中数据是 0xDEADB000,即立即数向左移位 12 位,而第 2 条指令执行时,则将 x=10 中已移位后的立即数与 0xEEF 相加,并放回 x10。

（6）J 型指令

J 型指令为跳转并链接指令,可以实现分支无条件跳转以及子程序调用功能。

4.8 本章小结

计算机处理的信息包括程序及程序操作的数据,其中程序最终变成指令并由 CPU 执行,指令是计算机硬件能够识别并直接执行操作的命令,一种计算机中所有指令的集合构成了该机器的指令系统。一般每条指令都由操作码和地址码两部分组成,称为"指令字",由指令操作的数据称为"数据字"。

一个指令系统的设计应满足完备性、有效性、规整性和兼容性的要求,一般所说的计算机兼容性是指令集(IAS)的兼容性。

指令长度可以是定长或不定长,其中操作码长度也可以是定长或不定长,地址码按长度分类通常有零地址码、一地址码、二地址码、三地址码和四地址码等。在设计不定长操作码指令时,一般给使用频率较高的指令分配较短的操作码,而给使用频率较低的指令分配较长的操作码,从而尽可能减少指令平均译码时间。

按照指令字长度与机器字长的关系,可以将指令分为半字长指令、单字长指令和双字长指令等。

指令的操作码和地址码均采用二进制数据来表示,为了记忆和表达方便,通常用一些比较容易记忆的文字符号来表示指令中的操作码和操作数,称为助记符,又称为汇编语言。汇编语言程序与机器语言程序之间具有一对一的转换关系,这种转换可以借助汇编器来完成。

关于指令的种类,按照指令的操作码功能可以分为数据传送指令、算术逻辑运算指令、程序控制指令、输入输出指令、字符串处理指令和系统控制指令等;按照操作数风格可以分为累加器型指令系统、栈型指令系统、通用寄存器型指令系统和加载/存储型指令系统。目前在指令系统中被广泛使用的是通用寄存器型指令系统和加载/存储型指令系统。

在程序运行过程中形成指令地址或操作数地址的方式称为寻址方式,将确定指令在主存中地址的方法称为指令寻址方式,其又分为顺序寻址和跳跃寻址;将确定操作数在主存中地址的方法称为操作数寻址方式,操作数寻址方式包括立即寻址、直接寻址、间接寻址、寄存器寻址、基址寻址、变址寻址、相对寻址和堆栈寻址等。通常说的寻址方式指操作数寻址方式,操作数寻址方式的目的是找到操作数,其寻找的操作数可能在主存中,也可能在寄存器中,还可能包含在指令中,操作数寻址方式比指令寻址方式要复杂得多。

按照指令系统的特点,可以将计算机分为复杂指令系统计算机(CISC)和精简指令系统计算机(RISC)两类。CISC 指令数目多且复杂,每条指令的长度都不尽相等;而 RISC 指令条数少且简单,指令长度固定。

ARM 指令集和 RISC-V 指令集是两种典型的 RISC 指令集,它们在服务器、桌面计算机、智能移动设备以及其他嵌入式计算机场合具有广泛的应用。

指令是计算机能够识别并直接执行的操作命令,那么计算机是如何执行这些命令的?为了执行这些命令,CPU 在组成和结构上应该如何设计?下一章将介绍这些知识。

习　题

1. 在指令系统中,指令字由_____和_____两部分字段组成。

A. 操作码　　　　　B. 字节码　　　　　C. 数据字　　　　　D. 地址码

2. 指令格式中的_____字段用来表征指令的操作特性与功能。

A. 操作码　　　　　B. 指令字　　　　　C. 数据字　　　　　D. 地址码

3. 指令格式中的地址码字段通常用来指定参与操作的_____或其地址。

A. 操作码　　　　　B. 指令字　　　　　C. 数据字　　　　　D. 操作数

4. 一条指令中的操作数地址可以有_____个。

A. 0　　　　　　　B. 1　　　　　　　C. 2　　　　　　　D. 3

5. 指令的顺序寻址方式是指下一条指令的地址由_____给出。

A. 数据寄存器　　　B. 堆栈指示器　　　C. 状态寄存器　　　D. 程序计数器

6. 指令的跳跃寻址方式由跳转指令引发,执行无条件跳转指令时,会无条件将转移的目标地址送到_____中。

A. 数据寄存器　　　B. 堆栈指示器　　　C. 状态寄存器　　　D. 程序计数器

7. 堆栈是一种特殊的数据寻址方式,基于_____原理。

A. FIFO　　　　　　B. FILO　　　　　　C. 链表　　　　　　D. 二叉树

8. 存储器堆栈是由程序员设置出来作为堆栈使用的一部分_____。

A. 寄存器　　　　　　　　　　　　　　B. 高速缓存寄存器

C. 主存储器　　　　　　　　　　　　　D. 辅助存储器

9. 在多地址指令中,从操作数的物理位置来说,二地址指令格式又可归结为如下哪些类型?_____

A. 存储器-存储器型指令　　　　　　　B. 寄存器-寄存器型指令

C. 硬盘-硬盘型指令　　　　　　　　　D. 寄存器-存储器型指令

10. 程序控制类指令的功能是_____。

A. 算术运算和逻辑运算　　　　　　　B. 主存和 CPU 之间的数据传输

C. CPU 和 I/O 设备之间的数据传输　　D. 改变程序的执行顺序

11. C 语言中的语句"while(1){…}",在计算机指令中,一般通过_____类型来完成。

A. 输入/输出指令　　　　　　　　　　B. 算术运算指令

C. 逻辑运算指令　　　　　　　　　　D. 程序控制指令

12. C 语言中的函数调用语句,在计算机指令中,一般通过_____类型来完成。

A. 输入/输出指令　　　　　　　　　　B. 算术运算指令

C. 逻辑运算指令　　　　　　　　　　D. 程序控制指令

13. 对于同一系列的计算机,新推出机种的指令系统通常包含旧机种的全部指令,实现了"_____兼容",即在旧机种上运行的软件不需任何修改便可在新机种上运行。

14. 操作码字段的位数取决于计算机指令系统的规模,对于采用固定操作码的指令系统,如果有 8 条指令,则至少需要_____位操作码;如果有 16 条指令,则至少需要_____位操作码。

15. 某指令系统有 200 条指令,如果操作码采用固定长度二进制编码,则最少需要____位。

16. 一个指令字包含二进制代码的位数称为指令字长度,计算机能直接处理的二进制数据的位数称为机器字长。指令字长度等于机器字长的指令称为_____指令。

17. 计算机指令操作码和地址码在计算机中用二进制数据表示,书写和阅读都很麻烦,因此人们使用指令_____来记录每条指令的意义,例如加法指令用 ADD 来代表操作码。最终在计算机上执行,需要将它们转换为二进制操作码,这种转换可以借助_____程序完成。

18. 计算机设计者增设了各种各样复杂的、面向高级语言的指令,使指令系统越来越庞大,按这种方式设计的计算机系统称为_____指令系统计算机,大量使用频率很低的复杂指令造成硬件资源浪费,与此对比,人们提出了_____指令系统计算机,选取使用频率高的一些简单指令,指令条数少。

19. 某16位机器所使用的指令格式和寻址方式如图 4-24 所示,指令汇编格式中的 S(源)、D(目标)都是通用寄存器,M 是主存中的一个单元,MOV 是传送指令,LDA 是读数指令,STA 是写数指令。

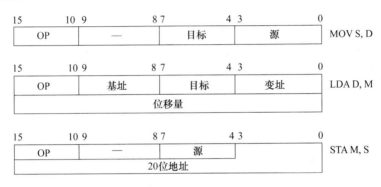

图 4-24 题 19 图

① 分析 3 种指令的指令格式与寻址方式的特点。

② CPU 完成哪一种操作所花时间最短?哪一种操作所花时间最长?第二种指令的执行时间有时会等于第三种指令的执行时间吗?

20. 某微机的指令格式如图 4-25 所示。

图 4-25 题 20 图

- OP:操作码。
- D:位移量。
- X:寻址特征位。X=00:直接寻址。X=01:用变址寄存器 X1 进行变址。X=10:用变址寄存器 X2 进行变址。X=11:相对寻址。

设(PC)=1234H,(X1)=0037H,(X2)=1122H,请确定下列指令的有效地址。
① 6723H   ② 4444H   ③ 1283H   ④ 4321H

21. 某计算机按字节编址,指令字固定且只有两种指令格式,其中三地址指令有 29 条,二地址指令有 107 条,每个地址字段都为 6 位,则指令字至少应该是多少位?

第 5 章　中央处理器

📖 本章学习目标

本章为中央处理器,首先介绍中央处理器的基本结构及各部件功能,描述 CPU 处理指令的工作过程,引入数据通路和指令周期等概念,然后介绍操作控制器的分类、结构和工作原理,最后介绍计算机中的流水线技术,包括流水线的基本概念、工作原理及流水线中的冒险处理。

① CPU 的基本结构及各部件功能。

② 指令执行过程、数据通路和指令周期。

③ 组合逻辑控制器和微程序控制器的概念。

④ 微指令的表示方法和基本格式,微程序控制器的原理、工作过程及设计。

⑤ 指令流水线的基本概念及实现过程。

计算机的工作过程是计算机自动执行程序的过程,程序是一个指令序列,而每条指令明确告诉计算机从什么地方找到操作数据,并执行什么样的操作。

在冯·诺依曼结构计算机中,一旦把程序装入主存储器,计算机就可以自动完成取指令和执行指令任务,完成此任务的计算机部件称为中央处理器(Central Processing Unit,CPU)。早期 CPU 由分离元器件构成,而现代 CPU 通常集成在单芯片中,称为微处理器(microprocessor)。

5.1　CPU 的功能和组成

计算机行业从 20 世纪 60 年代早期就提出了 CPU 这个术语,经过几十年的发展,CPU 在形态、设计和性能等各个方面都发生了巨大的变化,但其基本功能却没有大的改变。

5.1.1　CPU 的功能

CPU 是计算机的**运算**和**控制**核心,是信息处理、程序运行的最终执行部件,它的基本功能可以概括为如下 4 个方面。

1. 指令控制

程序是指令的有序集合,为了实现对程序的控制,需要严格控制指令的执行顺序,称为**指令控制**。控制器能够自动形成指令地址,发出取指令命令,并将主存中对应地址的指令取到控制器中来。保证计算机**按一定顺序执行程序**是 CPU 的首要任务。

2. 操作控制

在指令控制中 CPU 将一条指令取到其内部,由于一条指令的功能通常由若干个**操作信号**组合实现,所以 CPU 将管理并产生每条指令的各个**操作信号**,并将它们送往相应的**功能部件**,从而控制这些部件按指令要求进行操作,称为**操作控制**。

3. 时序控制

各个操作信号按一定时间序列产生动作并作用到相应部件上,称为**时序控制**。在 CPU 产生指令操作信号之后的执行过程中,需要严格按照**时间信号**进行控制,保证各种指令的操作信号和指令的整个执行过程受到严格定时,以便计算机有条不紊地工作。

4. 数据加工

上述控制过程的目标是完成数据加工处理,**数据加工**是 CPU 的根本任务,数据加工任务由**运算器完成**,包括数据的**算术运算**和**逻辑运算**。

5.1.2　CPU 的基本组成

CPU 由**运算器**和**控制器**两个主要部件组成,随着超大规模集成电路技术的发展,一些原先置于 CPU 之外的功能部件,如**浮点处理器**、**高速缓存**(cache)、**总线仲裁器**等纷纷集成到 CPU 内部,甚至多个处理器集成到一个 CPU 内部,这样,在提高 CPU 性能的同时也使得 CPU 内部组成越来越复杂。这里仅介绍 CPU 基本组成部件——运算器和控制器,CPU 主要组成部分逻辑结构如图 5-1 所示,其中虚线内部是组成 CPU 的控制器和运算器,虚线外部是主存储器和输入/输出设备。CPU 与主存和 I/O 接口通过数据总线、地址总线和控制总线相连并交换信息,为描述方便起见,图 5-1 省略了控制总线。

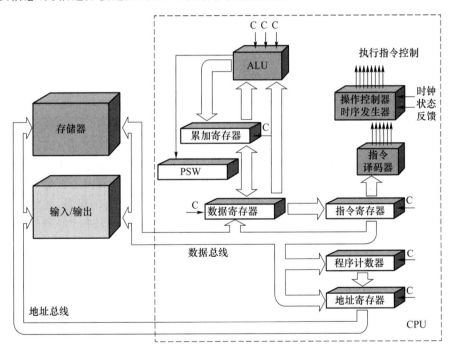

图 5-1　CPU 主要组成部分逻辑结构

控制器主要由程序计数器(PC)、指令寄存器(IR)、指令译码器(ID)、时序发生器、操作控制器组成。**运算器**主要由算术逻辑单元(ALU)、累加寄存器(AC)、通用寄存器、数据寄存器(DR)、程序状态字寄存器(PSW)等组成,图 5-1 中运算器以累加寄存器作为数据传送部件。

从 CPU 组成看,CPU 内部负责发出控制信号的部件称为**控制部件**,而接收控制信号并完成指定功能的部件称为**执行部件**(或**功能部件**),功能部件之间的数据传递路径称为**数据通路**(data path)。

控制部件包括译码器、操作控制器和时序发生器等;功能部件包括运算器、累加寄存器、程序计数器、程序状态寄存器、数据寄存器、指令寄存器、地址寄存器等,CPU 外的主存储器和I/O 设备也属于功能部件。

1. 控制器

控制器是整个计算机系统的指挥中心,在控制器的指挥控制下,运算器、主存储器和输入/输出设备等功能部件协同工作,共同完成计算机的任务。具体地说,执行每条指令时,控制器根据程序预定的指令执行顺序,从主存取出一条指令,对指令进行译码,然后按照该指令的功能,用硬件产生带有时序标志的一系列**微操作控制信号**(图 5-1 中 C),通过数据通路传送给各功能部件并由其执行规定操作,从而协调和指挥整个计算机实现指令的功能。

下面结合图 5-1 说明控制器处理指令的大致过程,从程序加载到主存储器开始。

(1) 取指令:将程序指令从主存储器取到 CPU 内部的数据寄存器

首先,在微操作控制信号的作用下,程序计数器给出主存储器下一条指令的地址,该地址值送到地址寄存器,并由地址寄存器通过地址总线送往主存储器,在控制总线(图 5-1 中未画出)的控制下主存储器对应地址的单元被选中,然后,被选中的主存储单元数据便通过数据总线读到 CPU 内部的数据寄存器中,为下一步操作做好准备。

(2) 指令译码:将指令送到译码器中进行译码,确定具体操作

在微操作控制信号的作用下,数据寄存器中的指令字传给指令寄存器并暂存起来,然后进一步传给指令译码器,由指令译码器对指令进行分析,确定指令的具体操作,数据寄存器中的数据字则通过数据通路,向 ALU、累加寄存器及通用寄存器传送数据,另外,程序计数器指向下一条指令的地址,为执行下一条指令做准备。

(3) 执行指令:在微操作控制信号下,完成数据加工和流转

指令经译码到达操作控制器后,操作控制器按照指令功能,并依照时序发生器的时间信号产生**微操作控制信号**,通过数据通路发送给各个功能部件并使其协同工作,完成数据加工过程。如果需要从主存储器或输入设备中获取数据,则将目标地址发送给地址寄存器,选通对应存储单元或输入接口,将数据读到 CPU 内部的数据寄存器;如果需要向主存储器或输出接口回写结果,则将目标地址发送给地址寄存器,选通对应存储单元或输出设备,将结果通过数据寄存器写回到主存储器或输出接口中。

CPU 执行指令的流程可以归结为控制部件取指令并分析每条指令的功能以产生不同的微操作控制信号,对数据通路中各功能部件进行操作控制,实现指令和数据传送,并完成指令规定操作。

2. 运算器

运算器是计算机中用于执行数据加工处理功能的部件,其核心部件是算术逻辑单元。运算器接收微操作控制器的命令后,完成对操作数据的加工处理任务,操作结果状态反映到程序状态字寄存器。运算器的主要功能:

① 执行所有的算术运算;

② 执行所有的逻辑运算,并进行逻辑测试,如判断运算结果是否为 0,或比较两个数是否相等。

3. 数据通路

数据通路是各功能部件接收微操作控制信号,执行数据传送的重要通路,数据通路中各功能部件按照电路元件类别分为**组合逻辑元件**和**时序逻辑元件**。【课程关联】数字电路。

（1）组合逻辑元件

组合逻辑元件的输入和输出之间不受时钟信号控制,所有输入信号到达后经过一定逻辑门延迟在输出端输出,并维持不变直到输入端的值被改变。组合逻辑元件常见的有**多路选择器**、**门控元件**、**算术逻辑部件**、**译码器**（decoder）等,如图 5-2 所示。

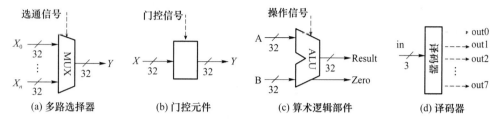

图 5-2 数据通路中常用的组合逻辑元件

以 32 位字长为例,在多路选择器中,由选通信号确定 n 个输入信号 $X_0 \sim X_n$ 中哪个作为输出信号 Y;在门控元件中,由门控信号控制输入信号 X 是否从输出端 Y 输出,它可用于控制两组总线连通与否;在算术逻辑部件中,操作信号确定运算器进行哪种操作,如加法、减法等;译码器则对指定的输入信号 in 进行译码并输出各个控制电位 out0,out1,$\cdots$,out7,图 5-2(d)所示的译码器,其输入信号 in 有 3 个值,输出信号有 8 个值 out0 $\sim$ out7,因此称为 3-8 译码器,类似地,还有 2-4、4-16 译码器等。

（2）时序逻辑元件

时序逻辑元件具有数据存储功能,能够**存储输出状态**。D **触发器**是常用的时序逻辑元件,图 5-3 所示是基本上升沿触发的 D 触发器及其时序图,D 触发器具有 3 个端子:输入信号 D、输出信号 Q 和时钟信号 Clk。其工作原理是:输入信号 D 在时钟信号 Clk 的上升沿到来时进入时序逻辑元件并将输出端 Q 置为 D 的逻辑值,之后维持该状态不变,而不管输入 D 是否改变,直到下个时钟到来。

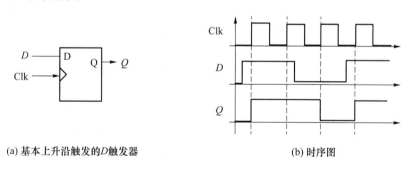

(a) 基本上升沿触发的 D 触发器   (b) 时序图

图 5-3 数据通路中的 D 触发器

D 触发器具有广泛的用途,利用 D 触发器可以构成各种形式的寄存器,如并行寄存器、串行移位寄存器和循环移位寄存器,还可以构成计数器和分频器等。

数据通路中的**寄存器**是一种典型的状态存储部件,一个 n 位的寄存器可由 n 个 D 触发器构成。

5.1.3 CPU 中的主要寄存器

在 CPU 中至少要有 6 类寄存器:**数据寄存器**、**指令寄存器**、**程序计数器**、**地址寄存器**、**累加**

寄存器、程序状态字寄存器。一般地，寄存器位数**等于计算机字长**。

1. 数据寄存器

数据寄存器(Data Register,DR)又称为数据缓冲寄存器，为了保证 CPU 和主存储器、外设之间稳定的数据传送，需要数据寄存器充当中间缓冲和临时寄存的部件，例如，数据寄存器用来暂存由主存储器读入的一条指令或一个数据字，以及由 CPU 向主存储器写出的一个数据字。

2. 指令寄存器

指令寄存器(Instruction Register,IR)用来保存当前正在执行的一条指令，当指令从主存储器读入数据寄存器后，会进一步传送至指令寄存器。

一条指令包括操作码字段和地址码字段，指令寄存器将操作码字段输出给指令译码器(Instruction Decoder,ID)部件。为了保证指令的正确执行，指令译码器需要对指令中的操作码进行测试，识别并确认正确的操作码后，产生指令要求的操作控制电位，并将其发送给操作控制器，操作控制器在时序部件定时信号的作用下，产生具体的微操作控制信号，指挥各个部件完成规定操作。

3. 程序计数器

程序计数器(Program Counter,PC)用来指出下一条指令在主存储器中的地址。

在程序装载到主存储器后且执行前，由程序计数器给出程序中第一条指令地址，以便从第一条指令开始取指令并执行指令。

当取入第一条执行后，CPU 能自动递增 PC 的内容，使其始终保存将要执行的下一条指令的主存地址，为下一条指令的取指令操作做好准备。在主存储器按字编址的情况下，如果指令为单字指令，则$(PC)+1 \to PC$；如果指令为双字指令，则$(PC)+2 \to PC$，以此类推。

对于转移指令，在对其译码时，PC 指针指向转移的目标地址，也即向下一条指令地址。

4. 地址寄存器

地址寄存器(Address Register,AR)用来保存 CPU 当前所访问的主存储器单元或输入/输出设备的地址。为了保证 CPU、存储器和外设之间稳定的数据传送，需要使用地址寄存器来缓冲和暂时保存地址信息，直到主存储器或外设的存取操作完成为止。

当 CPU 和主存储器、外设进行信息交换时，都需要使用地址寄存器和数据寄存器。

5. 累加寄存器

累加寄存器通常简称累加器(Accumulator,AC 或 A)，它除了暂时存储操作数外，还可以存储中间运行结果，相比通用寄存器更加灵活。例如，当算术逻辑单元执行算术或逻辑运算时，累加器可以为 ALU 暂时保存一个操作数或运算结果。在 ALU 中一般至少要有一个累加器，图 5-1 中 CPU 只有一个累加器。

除了累加器外，很多 CPU 还具备多个通用寄存器(称为通用寄存器组)，例如 CPU 具有 1 个累加器和 16 个通用寄存器 $R_0 \sim R_{15}$。累加器和通用寄存器的作用是：当 ALU 执行算术或逻辑运算时，为 ALU 提供一个工作区，例如，在执行一次加法运算时，选择两个操作数，假如分别放在 R_0、R_1 中，相加之后的结果送回寄存器 R_1 并将原有内容替换，或者送回第三个寄存器 R_2 中。

6. 程序状态字寄存器

程序状态字(Program Status Word,PSW)用来表征当前运算状态及程序的工作方式、工作状态等。

在指令执行过程中常常需要保存 ALU 运算状态,以便后续指令利用这些状态作为**条件码**,进行不同的分支操作。例如运算的进/借位标志位(C),其含义是如果运算产生进/借位,则该标志位(C)置为 1,否则置为 0。其他常用的运算状态还有溢出标志位(O)、是零标志位(Z)、是负标志位(N)、符号标志位(S)等。

此外,在指令执行过程中的中断及系统工作方式、状态也保存在程序状态字寄存器中,这些状态可以通过指令获得,工作方式则可以通过指令设置。

5.1.4 操作控制器和时序发生器

1. 微操作(microoperation)

控制器执行一条指令的具体操作分为一系列基本操作,具体地说是将每条指令按时间先后顺序分解成一系列最基本、最简单和不可再分的操作控制动作,然后将其发送到各个功能部件,各个功能部件完成指令的各种**微操作**。

2. 操作控制器

操作控制器是 CPU 中完成取指令到执行指令全过程的控制部件。其主要功能是根据指令操作码和时序信号的要求,产生微操作控制信号,在运算器、各寄存器之间正确地建立数据通路,从而完成取指令和执行指令的控制。

根据设计方法的不同,**操作控制器**可分为**组合逻辑控制器**和**微程序控制器**,两者的区别在于形成控制信号的技术方式不同,组合逻辑控制器采用时序逻辑技术实现,微程序控制器采用存储逻辑实现,这些内容将在 5.3 节中详细介绍。

3. 时序发生器

CPU 中操作控制器产生的各种控制信号,必须严格遵守规定的时间,为此需要设计**时序发生器**。在时序发生器时间信号的控制下,高速运行的 CPU 才能对各种控制信号做到精准控制,从而保证每一个动作不会产生差错。

5.2 CPU 的工作过程

CPU 的基本工作是执行预先存储的程序中的指令序列,也就是不断地取出指令、分析指令、执行指令的过程,并循环往复,直到程序运行结束,或者遇到停机指令,如图 5-4 所示。

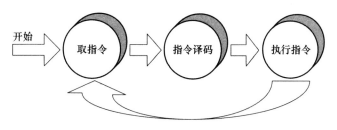

图 5-4 程序执行过程

5.2.1 指令的执行过程

上述程序执行过程分为 3 个阶段,为了方便进一步研究,可将 3 个阶段再细分为 5 个阶段:取指令、指令译码、执行指令、访存取数和结果写回。

1. 取指令

取指令(Instruction Fetch,IF)是将一条指令从主存中取到指令寄存器的过程。在取指令时,不论程序是否顺序执行,按照指令寻址方式即顺序寻址和跳跃寻址都可以得到正确的指令字地址,然后从主存中获取该指令字,并且将其传送给指令寄存器。在取指令过程中还要完成PC+1(顺序执行)或者PC指向转移的目标地址(转移指令)的操作。

2. 指令译码

指令译码(Instruction Decode,ID)是指令到达指令寄存器后,对指令进行拆分和解释的过程。

指令译码是按照预定的指令格式,识别出不同的指令操作码类别,以及各种获取操作数的方法。在操作控制器采用组合逻辑控制的计算机中,指令译码器对不同的指令操作码产生不同的控制电位,以形成不同的微操作序列;在操作控制器采用微程序控制的计算机中,指令译码器用指令操作码来找到执行该指令的微程序的入口,并从此入口开始执行。

3. 执行指令

执行指令(Execute,EX)是按照指令译码结果的要求,完成指令所规定的各种操作并具体实现指令功能的过程。

在执行指令时,按照操作控制器发出的微操作序列,或通过执行微程序,调动CPU不同部件完成指令功能。例如执行一个加法运算,则算术逻辑单元将被连接到一组输入和一组输出,当输入端提供相加的数值后,在输出端将得到运算结果。

4. 访存取数

访存取数(Memory,MEM)是当指令需要从主存储器中获取操作数时,启动主存读取的过程。在该阶段,需要根据指令寻址方式,从主存指定位置取出操作数供CPU内部运算。

5. 结果写回

结果写回(WriteBack,WB)是将执行指令的运行结果"写回"到CPU内部或外部存储单元的过程。它包括:结果数据写回到CPU的内部通用寄存器,以便被后续指令快速地存取;结果数据被写回主存;结果数据可能会修改程序状态字寄存器的标志,例如进位/借位标志、是零标志等,并影响后续指令的执行动作。

在一条指令完成上述5个阶段的操作后,如果无意外事件(如结果溢出等)发生,CPU就接着从程序计数器中取得下一条指令地址并开始新一轮循环。在很多新型CPU中,可以同时取出、译码和执行多条指令,体现了CPU并行处理的特性,详见5.4节。

5.2.2 指令周期

每条指令都是严格按照时间序列执行的,为了进一步了解指令的执行过程,需要了解与指令相关的3个周期。

1. 指令周期相关概念

(1) 指令周期

指令周期是CPU取出一条指令并执行该指令所需的时间。指令周期的长短与该指令的复杂程度有关。例如:RI型指令是立即数和寄存器之间的操作,RR型指令是两个寄存器之间的操作,都不需要写存储器,执行时间短;而RS、SS型指令则需要1次或多次访问存储器,时间较长;Jump型指令无须ALU运算,更无须访问存储器和寄存器,执行时间也很短。

(2) CPU周期

从主存取出一条指令的最短时间规定为**CPU周期**,又称为**机器周期**。CPU周期常用于度量指令周期,即指令周期可用若干个 CPU 周期来表示。一般地,一条指令取出阶段需要 1个 CPU 周期,而执行阶段则需要 $1 \sim n$(n 为正整数)个 CPU 周期,这样最短指令周期是 2 个 CPU 周期,而大部分指令周期为 2 个以上 CPU 周期。

（3）时钟周期

时钟周期是处理操作的最基本时间单位,由机器**主频**决定。一个 CPU 周期包含若干个时钟周期,因为 CPU 需要在更小的时钟周期上发出各种微操作命令。

3 个周期的关系如图 5-5 所示,这是采用定长 CPU 周期的三周期示意图。一个指令周期至少包括两个 CPU 周期,分别用于取指令和执行指令,而每个 CPU 周期都包括若干个时钟周期。在图 5-5 中,一个 CPU 周期包括 4 个时钟周期,分别记为 T_1、T_2、T_3、T_4。

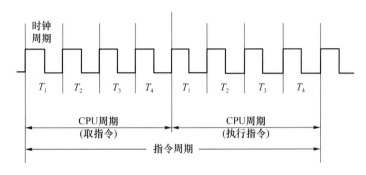

图 5-5　3 个周期的关系

现代计算机 CPU 时序系统分析不再使用机器周期或 CPU 周期的概念,而采用定时时钟信号,也就是说指令周期直接用时钟信号衡量,一个时钟周期称为一个"节拍"。时钟周期的设计应考虑元器件的时间延迟,一般包括所有操作元件最长延迟时间、触发器从施加 Clk 信号到 Q 端输出的延迟(Clk-to-Q)时间,以及时钟信号的建立时间、偏移时间等。

2. CPU 周期执行方式

处理器对指令周期数的安排有 3 种方式:**单指令周期方式**、**多指令周期方式**以及**指令流水方式**。

（1）单指令周期方式

单指令周期方式是指所有指令都在固定时钟周期内完成,指令周期的长短取决于执行时间最长的那个指令执行时间。这种方式简单,但本来可以在更短时间内完成的指令,其指令周期却被拉长了,运行效率低下,现在很少使用。

（2）多指令周期方式

多指令周期方式是对于不同类型指令选用不同的指令周期,即指令周期按需分配,需要几个时钟周期就分配几个周期,不再要求所有指令占用相同的执行时间。

单指令周期方式和多指令周期方式都属于串行执行方式,即下一条指令只能在前一条指令执行结束之后才能启动。

（3）指令流水方式

指令流水方式是实现指令之间并行执行的方式,将一条指令的执行任务分成若干个过程或周期,在前一个指令启动并进入第二个过程时,则后一个指令启动第一个过程,依次进行下去,这样就能够实现几条指令同时运行,将在 5.4 节做详细介绍。

3. 多指令周期方式分析

假设某个程序包含 5 条指令,指令含义如表 5-1 所示,下面分析其指令周期。

表 5-1　一个程序中 5 条指令及其操作说明

主存储器		操作说明
地　　址	指令或数据内容	
...	...	
020H	INC AC	AC+1→AC
021H	ADD AC,[0030H]	AC+[0030H]→AC,累加器 AC 的值与主存地址 30H 中的数据相加,结果存入累加器 AC
022H	STA [0040H]	(AC)→[0040H]把累加器 AC 的值存入主存地址 0040H
023H	NOP	空操作,没有任何功能
024H	JMP 21H	无条件转移到主存地址 21H 处开始执行
...	...	
030H		操作数
...	...	
040H		存放运算结果
...	...	

（1）INC AC 指令

INC AC 指令是 RR 型指令,其功能是将累加器 AC 的内容加 1,需要两个 CPU 周期,其中取指令阶段需要 1 个 CPU 周期,执行指令阶段需要 1 个 CPU 周期,如图 5-6 所示。

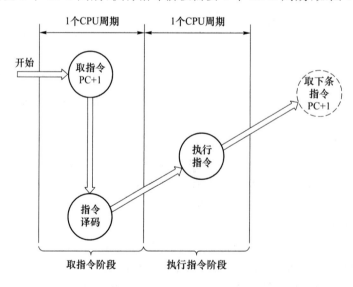

图 5-6　INC AC 指令周期

在第一个 CPU 周期中,根据程序计数器中的数值,CPU 将主存地址 020H 中指令取入 CPU 内部指令寄存器中,同时 PC 的内容加 1,为取下一条指令做好准备。

在第 2 个 CPU 周期,CPU 完成指令所要求的操作,即将累加器 AC 的内容加 1,并可能影响标志位。

（2）ADD AC,[0030H]指令

ADD AC,[0030H]是 RS 型指令,其功能是将内存单元 0030H 中的数据取到 CPU 内部,并与累加器 AC 的内容相加,其和再放回 AC,其中需要访问一次主存。其指令周期由 3 个 CPU 周期组成,如图 5-7 所示。

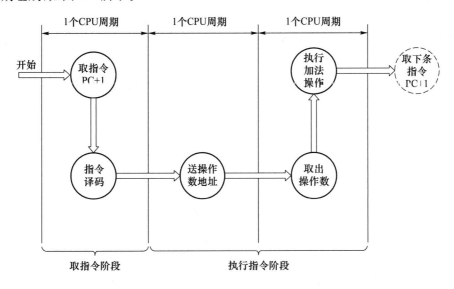

图 5-7 ADD AC,[0030H]指令周期

取指令阶段需要 1 个 CPU 周期,执行指令阶段需要 2 个 CPU 周期。

在第 1 个 CPU 周期中,CPU 从主存取出指令并将其传给指令寄存器,然后对指令进行译码,以确定执行何种操作。

在第 2 个 CPU 周期中,CPU 将指令中的地址码即 0030H 送往地址寄存器,再进一步送到地址总线,从而选中内存相应地址。

在第 3 个 CPU 周期中,CPU 从主存取出操作数,并执行加法操作。

(3) STA [0040H]指令

STA [0040H]是 RS 型指令,其功能是将内存中指定单元的数据保存到 CPU 内部累加器中,需要做一次访问主存操作。该指令周期由 3 个 CPU 周期组成,如图 5-8 所示。

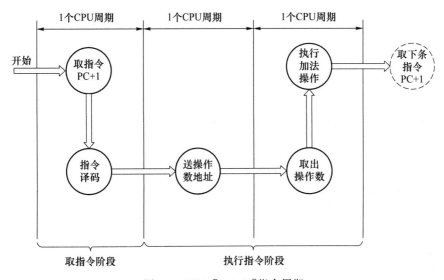

图 5-8 STA [0040H]指令周期

取指令阶段需要 1 个 CPU 周期,执行指令阶段需要 2 个 CPU 周期。

在第 1 个 CPU 周期中,CPU 从主存取出指令并将其传给指令寄存器,然后对指令进行译码,以确定执行何种操作。

在第 2 个 CPU 周期中,CPU 将指令的地址码 0040H 送往地址寄存器,再进一步送到地址总线,从而选中内存相应地址。

在第 3 个 CPU 周期中,CPU 把累加器的内容写入主存单元 0040H 中。

(4) NOP 指令

NOP 指令是一条空操作指令,没有任何功能,相当于 CPU 空转,它需要 2 个 CPU 周期。

取指令阶段需要 1 个 CPU 周期,执行指令阶段需要 1 个 CPU 周期。

在第 1 个 CPU 周期中,CPU 从主存取出指令并将其传给指令寄存器,然后对指令进行译码,以确定执行何种操作。

在第 2 个 CPU 周期中,操作控制器不发出任何控制信号,CPU 不做任何操作。

(5) JMP 21H 指令

JMP 21H 指令是一条直接寻址的程序控制(转移)指令,由 2 个 CPU 周期组成,取指令阶段需要 1 个 CPU 周期,执行指令阶段需要 1 个 CPU 周期,如图 5-9 所示。

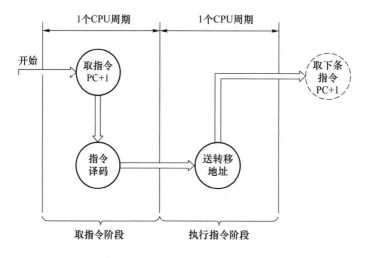

图 5-9　JMP 21H 指令

在第 1 个 CPU 周期中,CPU 从主存取出指令并将其传给指令寄存器,然后对指令进行译码,以确定执行何种操作。

在第 2 个 CPU 周期中,CPU 把指令的地址码 21H 送到程序计数器中,从而改变程序的执行顺序,实现程序的无条件转移。

4. 指令流程图

一般地,可以使用指令流程图表示指令周期,在指令流程图中:

• 方框代表一个操作步骤,方框中的内容表示数据通路操作或某种控制操作;

• 菱形框通常用来表示某种判别或测试,其动作依附于其前面的一个方框;

• 公操作符号"~"表示一条指令已经执行完毕,转入公操作。

公操作是一条指令执行完毕后 CPU 进行的一些操作,这些操作主要是 CPU 对外设请求的处理,如果外设没有向 CPU 请求交换数据,那么 CPU 又转向主存取下一条指令。

使用指令流程图表示上述 5 条指令,见图 5-10,其特点是,所有指令的取指令阶段都完全相同,都用一个 CPU 周期,差别仅在于指令的执行阶段,由于各条指令的功能不同,执行阶段所用 CPU 周期也各不相同,其中,INC、NOP、JMP 指令用一个 CPU 周期,而 ADD、STA 指令则用两个 CPU 周期。

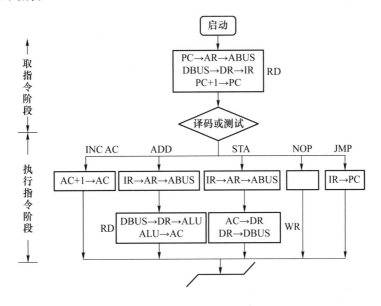

图 5-10 指令流程图示例

为了用指令流程图表示各个指令周期,指令流程图由一个公共流程段和许多并列分支组成,其中公共流程段是取指令操作的流程序列,对所有指令都是相同的,主要步骤包括:

（1）PC→AR→ABUS

由程序计数器的内容指示下一条指令在主存的地址,PC 的内容给了地址寄存器,并从地址总线传送出去。

（2）DBUS→DR→IR

在 ABUS 上传送的地址,对应该地址的主存单元被选中,指令字通过 DBUS 传送给数据寄存器,再传送给指令寄存器,在 IR 获得指令字后,则立即进行指令译码,确定指令的具体操作。

（3）PC+1→PC

如果不是跳转指令,则 PC 内容自动加 1,为取下一条指令做好准备。如果是跳转指令,则在上条指令执行阶段,直接将 PC 内容设置为将跳转到的主存地址。

由于各条指令在执行指令阶段的操作互不相同,所以在指令流程图中会依据指令进行分支,每种指令对应一个分支流程,如图 5-10 所示。

5.2.3 数据通路

数据通路是数据在功能部件之间传递的路径。CPU 包含运算器和一些寄存器,CPU 内部的运算器和这些寄存器之间的传递路径就是 CPU 的内部数据通路。数据通路描述信息传递从什么部件开始,中间经过哪些寄存器或多路开关,最后传到哪个寄存器,这些都需要加以控制。

数据通路的功能就是要实现 CPU 内部的**运算器和寄存器**,以及**寄存器之间**的**数据传送**。

1. 数据通路连接方式

数据通路的基本连接方式分为两种:**CPU 内部总线方式**和**专用方式**(又称为**分散方式**)。

(1) CPU 内部总线方式

将所有寄存器的输入端和输出端都连接到一条或多条公共的通路上,这种公共通路称为"CPU 内部总线",这种方式的优点是结构简单,但由于数据传送是在公共的通路上展开的,所以存在较多的冲突现象,性能较低。

① 单总线结构

如果连接各部件的总线只有一条,则称为单总线结构,图 5-11 所示为单总线数据通路,所有通用寄存器(R0~R($n-1$))、特殊功能寄存器(IR、PC、MAR、MDR、指令译码器)、ALU 都连接到 CPU 内部总线,并通过内部总线传送数据,指令译码器的输出结果传送给控制器,控制器按照时钟信号发出操作控制命令。

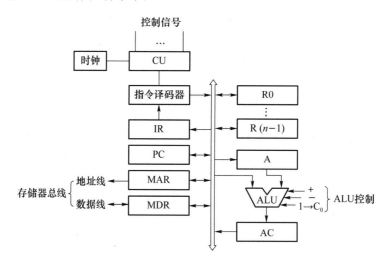

图 5-11　单总线数据通路

② 双总线结构

如果 CPU 有两条或多条总线,则构成双总线结构或多总线结构,在双总线或多总线结构中,数据的传递可以同时在两条或多条总线上进行。图 5-12 所示为双总线数据通路,其中包括两条总线,即总线 A 和总线 B,控制信号 G 控制一个门电路,当 G 有效时则总线 A、B 连接起来,否则它们处于断开状态。所有通用寄存器(R0~R3)、特殊功能寄存器(IR、PC、AR、DR)和 ALU 都连接到这两条总线上,例如,数据缓冲寄存器的输入端 DR_i 连接到总线 A,而 DR 的输出端 DR_o 连接到总线 B。ALU 是组合逻辑电路,当将两个数 x、y 分别通过总线 A 送到 ALU 的两个输入端寄存器 X、Y 时,同时在 ALU 上选择操作信号即加法运算或减法运算,则可以完成 $x+y$ 和 $x-y$ 操作,运算结果直接发送到总线 B 上。

主存储器 M 属于 CPU 外部模块,为了完整描述数据传输路径也画在图中,主存储器 M 通过 CPU 外部总线即地址总线、数据总线和控制线(图中仅给出读/写控制线)与 CPU 相连。

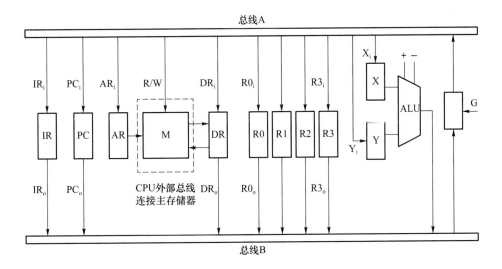

图 5-12　双总线数据通路

（2）专用方式

这种方式根据指令执行过程中数据和地址的流动时间和方向来安排并连接线路,其性能较高,但硬件成本也较高,图 5-13 所示为专用方式数据通路。图 5-13 中取指令过程是:在 C_1 节拍上,MAR 中地址发送给主存储器(MAR→M);在 C_2 节拍上,主存储器中指令发送给 MDR(M→MDR);在 C_3 节拍上,MDR 中指令发送给 IR(MDR→IR);在 C_4 节拍上,IR 中指令再发送给控制器(IR→CU)。

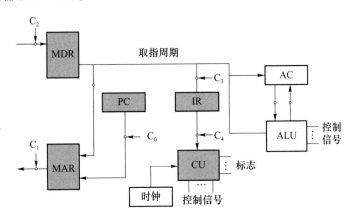

图 5-13　专用方式数据通路

冯·诺依曼计算机 IAS 的数据通路就是采用了简单的分散方式,如图 1-4 所示,IAS 采用的是累加器指令集,ALU 的一个操作数来自累加器,另一个操作数来自主存,并通过 MBR 送到 ALU 的输入端。

取指令的数据路径是:PC→MAR;MAR→M;读存储器 M→MBR;MBR→IBR;IBR→IR。

执行指令过程是取操作数、运算、送结果,以加法指令为例,具体路径是:操作数地址→MAR;MAR→M;读存储器 M→MBR;MBR→ALU 一个输入端,AC→ALU 另一个输入端;ALU 计算后结果→MBR。

2. 双总线数据通路的数据传送

下面介绍图 5-12 所示的双总线数据通路。在多指令周期方式中,双总线数据通路的数据传送分为取指令阶段和执行指令阶段,其中取指令阶段都占用一个 CPU 周期,并且操作也是相同的,而执行指令阶段的 CPU 周期数不尽相同,操作也不同。

（1）取指令阶段

取指令的目标是将指令的内容,从存储器 M 取到指令寄存器 IR,分为如下步骤。

① PC 给出主存地址,主存地址再传送给 AR,即 PC→AR。

② 主存中存放的指令先暂时传送到 DR 中,即 M→DR。

③ DR 中指令传送给 IR,即 DR→IR。

④ PC 指针＋1,即 PC+1→PC(顺序指令)或转移目的地址→PC(跳转指令),以准备好下一条指令地址。

（2）执行指令阶段

执行指令的目标因指令不同而具有不同操作,以 3 种指令为例进行说明。

① 如果是运算操作(如加、减法指令),则先获取操作数,并传送到 ALU 两端 X、Y,然后由 ALU 完成运算。

② 如果是主存数据读入寄存器(如 LDA 指令),则先将主存地址送给 AR,然后将 M 中数据送给 DR,最后再从 DR 读到指定寄存器。

③ 如果是寄存器数据写入主存(如 STA 指令),则先将主存地址传给 AR,然后寄存器数据给了 DR,最后再从 DR 写入主存指定单元。

表 5-2 给出了 4 种常见指令在执行指令阶段的数据通路。

表 5-2　4 种常见指令在执行指令阶段的数据通路

指　令	含　义	微操作	数据通路路径
ADD R0,R2	(R0)+(R2)→R0	$R2 \rightarrow Y$ $R0 \rightarrow X$ $Y+X \rightarrow R0$	$R2_o, G, Y_i$ $R0_o, G, X_i$ $+, G, R0_i$
SUB R0,R2	(R0)-(R2)→R0	$R0 \rightarrow Y$ $R2 \rightarrow X$ $Y-X \rightarrow R0$	$R2_o, G, Y_i$ $R0_o, G, X_i$ $-, G, R0_i$
LDA R0,(R3)	(R3)为地址的主存 M→R0	$R3 \rightarrow AR$ $M \rightarrow DR$ $DR \rightarrow R0$	$R3_o, G, AR_i$ $R/W=R$ $DR_o, G, R0_i$
STA (R2),R1	R1→(R2)为地址的内存单元	$R2 \rightarrow AR$ $R1 \rightarrow DR$ $DR \rightarrow M$	$R2_o, G, AR_i$ $R1_o, G, DR_i$ $R/W=W$

【例 5-1】　在图 5-12 所示的双总线结构机器的数据通路中,IR 为指令寄存器,PC 为程序计数器(具有自增功能),M 为主存(受 R/W 信号控制),AR 为主存地址寄存器,DR 为数据寄存器,ALU 由＋、－控制信号决定完成何种操作,控制信号 G 控制一个门电路。另外,线上标注有控制信号,例如 Y_i 表示 Y 寄存器的输入控制信号,$R1_o$ 为寄存器 R1 的输出控制信号,未标字符的线为直通线,不受控制。

"ADD R0,R2"指令完成 R0＋R2→R0 的功能操作,试画出其指令周期流程图(假设该指令的地址已放入 PC 中),并列出相应的微操作控制信号序列。

解："ADD R0,R2"指令是一条加法指令,参与运算的两个数放在寄存器 R2 和 R0 中,根据给定的数据通路(图5-12),"ADD R0,R2"指令的指令周期流程图如图 5-14 所示,图中标注了每一个机器周期中用到的微操作控制信号序列。

（1）取指令步骤

其目标是将指令从主存 M 取到指令寄存器中,至少需要下面的微操作,微操作右侧表示数据通路经过的部件。

① PC→AR,指令地址获取。

② M→DR,指令内容获取。

③ DR→IR,指令送给 IR。

④ PC+1→PC,PC 指向下一条指令地址。

（2）执行指令步骤

其目标是将 R2、R0 中的内容给到 ALU 的两个输入端,并将 ALU 计算结果放回到 R0 中,至少需要下面的微操作,微操作右侧表示数据通路经过的部件。

① R2→Y,R2 内容传递给 ALU 的输入端 Y。

② R0→X,R0 内容传递给 ALU 的输入端 X。

③ Y+X→R0,ALU 计算结果写回 R0。

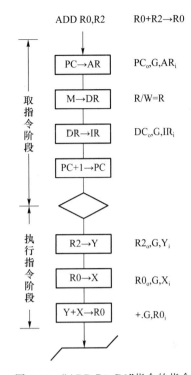

图 5-14　"ADD R0,R2"指令的指令周期流程图(双总线数据通路)

3. 单总线数据通路的数据传送

下面以图 5-11 所示的单总线数据通路为例分析指令周期流程图,由于图 5-11 没有表示出信号方向,所以将图 5-11 细化为图 5-15 进行分析。

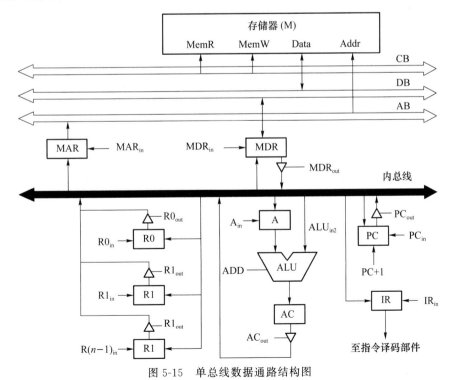

图 5-15　单总线数据通路结构图

在单总线数据通路结构图中,取指令和执行指令的流程相似,但是微操作控制信号序列不同。

【例 5-2】 图 5-15 所示为单总线数据通路结构图,指令"ADD R0,R2"完成 R0＋R2→R0 的功能操作,试画出其指令周期流程图(假设该指令的地址已放入 PC 中),并列出相应的微操作控制信号序列。

解: "ADD R0,R2"指令是一条加法指令,参与运算的两个数放在寄存器 A 和 ALU 的第二个输入端 ALU_{in2} 中,根据给定的数据通路图,"ADD R0,R2"指令的指令周期流程图如图 5-16 所示,图中标注了每一个机器周期中用到的微操作控制信号序列。

(1) 取指令步骤

其目标是将指令从主存 M 读到指令寄存器 IR 中,至少需要下面的微操作,每个微操作右侧表示数据通路经过的部件。

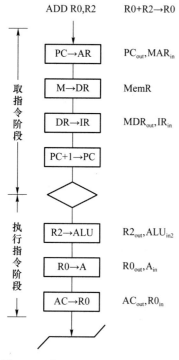

图 5-16 "ADD R0,R2"指令的指令
周期流程图(单总线数据通路)

① PC→AR,指令地址获取。

② M→DR,指令内容获取。

③ DR→IR,指令送给 IR。

④ PC＋1→PC,PC 指向下一条指令地址。

(2) 执行指令步骤

其目标是将 R2、R0 中的内容给到 ALU 的两个输入端,并将 ALU 计算结果(即 AC 中的值)送回到 R0 中,至少需要下面的微操作,每个微操作右侧表示数据通路经过的部件。

① R2→ALU,R2 内容传递给 ALU 的输入端 ALU_{in2}。

② R0→A,R0 内容传递给 ALU 的输入端 A。

③ AC→R0,ALU 计算结果写回 R0。

按照图 5-15 画出指令流程图微操作控制序列,如图 5-16 所示。

在单总线和双总线数据通路中,指令周期流程图虽然相似,但是微操作时间序列不同。

指令周期流程图可以反映 CPU 中操作控制流程和微操作控制信号,但未能反映微操作控制信号的节拍,下面举例来说明如何分析节拍。

【例 5-3】 某计算机的字长为 16 位,采用 16 位定长指令字格式,部分数据结构如图 5-15 所示,假设 MAR 的输出一直处于使能状态,加法指令"ADD (R0),R2"的功能是 M[R[R0]]＋R2→M[R[R0]],表 5-3 给出了取指令阶段每个节拍(时钟周期)的功能和微操作控制信号序列,请按表中的描述方式列出指令执行阶段每个节拍的功能和微操作控制信号序列,并说明需要多少节拍。其中,M[R[R0]]的含义是,以寄存器 R0 中的内容作为主存地址,表示该主存地址中主存数据内容。

表 5-3 取指令阶段的控制信号

时 钟	功 能	微操作控制信号序列
C_1	PC→MAR	PC_{out},MAR_{in}
C_2	MDR→M	MemR
	PC+1→PC	PC+1
C_3	MDR→IR	MDR_{out},IR_{in}
C_4	指令译码	无

解:加法指令"ADD(R0),R2"执行阶段每个节拍的功能和有效信号如表 5-4 所示。该指令采用寄存器间接寻址方式,执行阶段涉及两次访问主存储器,一次读取主存储器,一次写主存储器。时钟共需要 $C_5 \sim C_9$ 节拍。

表 5-4 执行指令阶段的控制信号

时 钟	功 能	微操作控制信号序列
C_5	R0→MAR	$R0_{out}$,MAR_{in}
C_6	M→MDR	MemR
	R2→A	$R2_{out}$,A_{in}
C_7	A+MDR→AC	MDR_{out},Add
C_8	AC→MDR	AC_{out},MDR_{in}
C_9	MDR→M	MemW

题目中给出的条件是 MAR 一直处于使能状态,主存中数据取回 MDR 不需占用总线,所以可以安排在同一个节拍 C_6 上,通过总线将 R2 内容发送到 A 中,当然也可以将它们放在不同节拍中,这样执行指令的节拍就是 $C_5 \sim C_{10}$。

5.2.4 时序信号和时序发生器

1. 时序信号

计算机是高速运行的机器,为了保证计算机各部件有条不紊地正常工作,各部件必须按照时序信号产生规定的动作,不能有任何的差错。

为了保证 CPU 中指令的正常运行,人们规定了指令周期、CPU 周期和时钟周期。在 1.2.2 节介绍控制器时指出,用二进制表示的指令和数据都放在主存储器中,CPU 如何识别出它们是数据还是指令呢? 这个问题可以从功能部件和时序信号的角度加以解释。

首先,从时序上来说,取指令和取数据发生在不同的时序阶段,**取指令**事件发生在指令周期的**第一个 CPU 周期**中,即发生在取指令阶段,而**取数据事件**发生在指令周期的**后几个 CPU 周期**中,即发生在执行指令阶段。其次,从结构(不同功能部件)上来说,如果从主存储器取出指令字,则数据寄存器将其发往指令寄存器,如果取出数据字,则数据寄存器将其送往运算器。总之,操作控制器发出的各种控制信号是时间序列和不同功能部件的组合。

2. 时序发生器

计算机各部件工作所需的时序信号统一由 CPU 中的时序发生器来产生。时序发生器是产生时序信号的部件,旨为指令周期和 CPU 周期提供更多**细分**的时序信号。

时序发生器在硬件实现上由时钟源电路产生稳定的周期信号,该信号被进一步分频为时钟周期信号。时钟周期是 CPU 处理操作的最基本时间单位,并由时钟周期信号进一步产生更大的 CPU 周期信号和指令周期信号。

在两种操作控制器设计方法中,时序控制电路设计在组合逻辑控制器中比较复杂,而在微程序控制器中相对简单,详见 5.3 节中的介绍。

5.2.5　控制方式

一条指令的执行过程是控制器控制一个确定操作序列的过程,为了使机器能够正确执行指令,控制器必须能够按照正确的时序产生操作控制信号,以使各功能部件产生相应正确的操作。这种控制不同操作序列的时序信号方法称为控制器的控制方式。由于定时方式不同,控制方式分为**同步控制**方式、**异步控制**方式和**联合控制**方式。

1. 同步控制方式

同步控制方式又称为**固定时序控制方式**或**无应答控制方式**,是指操作序列中每一步操作的执行都在系统统一的时钟下进行。采用这种方式,在任何情况下,给定指令在执行时所需的 CPU 周期数和时钟周期数都是预先固定的,根据不同情况,同步控制方式可选以下几种方案。

① 采用完全统一的机器周期执行各种不同指令。采用这种方式,由于指令处理的复杂程度不同,需要的时间本来不相同,如果采用统一的机器周期,则只能按复杂指令确定,导致执行简单指令时产生多余时间开销。

② 采用不定长机器周期。采用这种方式,将大多数操作安排在一个较短的机器周期内完成,而对于其他较为耗时的操作则采用延长机器周期的方法。

③ 中央控制与局部控制相结合的方式。将大部分指令安排在固定机器周期完成,称为中央控制;而对于少数复杂运算指令(如乘、除、浮点运算等)则采用另外的时序进行定时,称为局部控制。这种方式设计简单,操作控制容易实现。

2. 异步控制方式

异步控制方式又称为**可变时序控制方式**或**应答控制方式**,是一种按每条指令、每个操作实际的需要而占用时间的控制方式。在这种控制方式中,每条指令的指令周期通常由不等数量机器周期组成,控制器向功能部件发出操作控制信号后,功能部件执行操作,并且在操作完成后向控制器返回应答信号,因为这种问答时序无须固定的 CPU 周期数和时钟周期与之严格同步,所以称为异步方式。异步控制方式指令的运行效率高,但控制线路的硬件比较复杂。

异步控制方式在计算机中得到了较为广泛的应用。例如,CPU 对主存储器的读写、I/O 设备与主存的数据交换等一般都采用异步控制方式。

不过在现代微型计算机中主存普遍采用同步动态随机存储器(SDRAM)芯片,SDRAM 是与 CPU 时钟严格同步的,由前端总线在每个时钟的上升沿给引脚发控制命令,SDRAM 将 CPU 或其他主设备发出的地址和控制信号锁存起来,经过预定几个周期后给出响应,其他主设备可以完成其他操作。而传统的 DRAM 与 CPU 之间采用异步方式交换数据,CPU 在读写某一个存储单元时,发出地址和控制信号后,经过一段时间延迟数据才能被读出或者写入,CPU 需要不断查询 DRAM 就绪信号,这就有可能需要插入等待周期。

3. 联合控制方式

联合控制方式是**同步控制**和**异步控制相结合**的方式,其设计思想是在功能部件内部采用同步控制方式,而在功能部件之间采用异步控制方式,在硬件实现允许的情况下,尽可能多地采用异步控制方式,联合控制方式通常选取以下两种方案。

① 大部分操作序列安排在固定的机器周期中,对某些时间难以确定的操作则以执行部件的应答信号作为本次操作的结束。

② 机器周期的时钟周期数固定,但各指令周期的机器周期数不固定。

5.3　操作控制器

根据设计方法的不同,操作控制器可分为组合逻辑控制器和微程序控制器。

5.3.1　组合逻辑控制器

组合逻辑控制器又称为**硬布线(hard-wired)逻辑控制器**,是一种早期设计计算机控制器的方法,它将控制部件看作产生专门固定时序控制信号的逻辑电路,并以使用最少门电路和取得最高操作速度为设计目标。这种逻辑电路是一种由门电路和触发器构成的复杂时序逻辑网络,设计完成后,其控制部件构成不可更改,如果增加新的控制功能,需要重新设计或在物理上对它重新进行连线。

随着新一代体系计算机以及 VLSI 技术的发展,硬布线的逻辑电路设计又得到重视,现代新型计算机体系结构(如 RISC)多采用硬布线控制逻辑。

1. 硬布线控制器的组成

硬布线控制器由**组合逻辑网络**、**指令寄存器**和**指令译码器**、**时序发生器**以及**结果反馈信息**等构成,如图 5-17 所示,其中,组合逻辑网络是控制器的核心,它是一个多输入/多输出的逻辑电路网络,其输出为指令所需的全部操作命令 $C_1, C_2, \cdots, C_n$,其输入信号有如下 3 个来源。

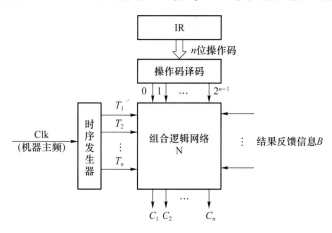

图 5-17　硬布线控制器的基本结构

(1) 指令译码器的输出 I

假如存放在 IR 中的指令操作码字段为 n 位,则经过译码后得到 2^n 个信号,I 就是这 2^n 个信号,每个信号都对应一条指令。

(2) 执行部件的反馈信息 B

一些指令需要利用前面指令的运行结果,例如,前面指令运算结果的正负是本次的跳转条件,前面指令的进位位要参与本次运算,等等,这些运算结果通常以标志位保存在程序状态寄存器中,所以要让程序状态寄存器的标志位作为反馈信息 B 输入组合逻辑网络。

（3）时序发生器的时序信号 T

时序发生器从外部时钟 Clk 获得脉冲信号，并产生控制 CPU 各部件的时序信号——节拍 $T_1,T_2,\cdots,T_n$。CPU 的各种控制信号都是按照这组节拍发出的。

组合逻辑网络的输出信号与输入信号的逻辑函数可以表达为

$$C=f(I,B,T) \tag{5-1}$$

2. 机器周期、节拍和脉冲三级时序

组合逻辑控制器可以采用**机器周期、节拍和脉冲三级时序**对数据通路中的功能部件进行定时控制。图 5-18 是机器周期、节拍和脉冲三级时序系统示意图，图中每个机器周期都有 4 个节拍，每个节拍又有 4 个脉冲。

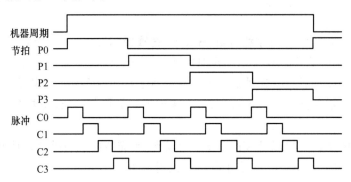

图 5-18　机器周期、节拍和脉冲三级时序系统示意图

（1）机器周期

一个指令周期分为取指令、指令译码、执行并回写结果等多个基本工作周期，即机器周期，由于每个机器周期长短可能不同，将从主存读取一条指令的最短时间，即取指周期规定为机器周期，取出和执行任何一条指令所需的最短时间为 2 个机器周期，大部分复杂指令的指令周期需要更多的机器周期（见 5.2 节）。

（2）节拍

由于一个机器周期内要完成若干动作，因此必须将一个机器周期再划分为若干拍，每个动作要精确控制到某个指定拍内完成。

例如 5.2.2 节讲到的 5 条指令，取指令需要一个机器周期，这个机器周期至少包括 3 个操作命令。

① PC→AR，指令地址获取。

② M→DR，指令内容获取。

③ DR→IR，指令传送给 IR。

那么这些微操作又如何安排在节拍中呢？图 5-18 所示的机器周期包含 4 个节拍，则可以将 3 个操作命令分别安排在不同节拍上。

（3）脉冲

由于某些操作需要在一个节拍时间内完成，这就要求在一个节拍内再设置两个或多个工作**脉冲**。例如，在一个节拍内使某个寄存器的内容送给另一个寄存器，就需要设置先后两个工作脉冲，以产生打开数据通路脉冲和接收脉冲。

在定时安排上需要注意如下 3 个问题。

① 对于不可改变顺序的微操作，在安排微操作节拍时，必须注意微操作的先后顺序。

② 对不同部件的微操作，如果能在一个节拍内执行完，则尽可能安排在同一节拍内，以加

快执行速度。

③ 对于占时间不长的微操作,尽可能将它们安排在一个节拍内完成,并允许这些微操作有先后次序。

例如:在取指令周期的节拍上,在 P0 中可以安排微操作 PC→AR,1→R(读取指令);在 P1 中可以安排微操作 M→DR,(PC)+1→PC;在 P3 中可以安排微操作 DR→IR,指令译码;等等。

硬布线设计的一项重要指标是尽量减少所用的逻辑门数目,以降低成本,组合逻辑控制的特点总结如下。

① 组合逻辑控制的设计和调试均非常复杂,且代价很大。

② 与微程序控制相比,组合逻辑控制的速度较快,其速度主要取决于逻辑电路的延迟。

尽管现代计算机设计广泛采用微程序控制技术,但某些新型的超高速计算机结构又重新选用了组合逻辑控制器,或与微程序控制器混合使用。

5.3.2　微程序控制器

将程序设计的思路运用到微程序控制器的设计中,实现对计算机各功能部件的控制,人们在 20 世纪 50 年代提出了微程序控制器设计思路,1964 年 4 月世界第一台采用微程序控制器设计的计算机 IBM System/360 诞生了,后来,微程序控制器在计算机设计中广泛使用。

1. 基本思想

微程序控制器的基本思想:将**程序设计思想**方法引入控制器的控制逻辑设计中,每条指令都用微程序(microprogram)实现,微程序由微指令组成,并被保存到**控制存储器**(Control Memory,**CM,控存**)中,运行机器指令的实质就是运行微程序,执行微程序中一条条的微指令,就能产生机器所需的各种微操作信号,使相应部件执行所规定的操作,从而完成该指令操作。

由于微程序是存储在控制存储器中的,因此,改变控制存储器的内容就可以方便地改变指令特性,增删指令,甚至改变指令系统,这给计算机设计者和用户提供了相当大的灵活性。

微程序控制技术是利用软件方法来设计硬件的一项技术,它不仅能使 CPU 逻辑设计规整,而且可以提高其可靠性、可利用性和可维护性,微程序开发在许多方面类似于软件开发,因此,在软件工程中一系列行之有效的开发手段都可应用于微程序的开发中。

2. 基本概念

冯·诺依曼计算机由控制器、运算器、存储器、输入设备和输出设备组成,从信息控制和执行的角度而言,可以将五大部件归结为两大部分:控制部件(即控制器),以及执行部件(即运算器、存储器、输入设备和输出设备)。控制器通过控制线向执行部件发出任务,执行部件完成任务的具体操作,并可以向控制器反馈操作结果。根据这个观点,有如下基本概念。

(1)微命令

由微程序控制器通过控制线向执行部件发出的**微操作控制信号**称为微命令(microorder)。

(2)微操作

执行部件接受微命令之后所进行的操作就是微操作,微操作是计算机中最基本的操作。将在同一 CPU 周期内可以并行执行的微操作,称为**相容性**微操作,否则称为**互斥性**微操作。

(3)微指令

在机器的一个 CPU 周期中,一组实现一定操作功能的**微命令集合**构成一条微指令(microinstruction),若干**微指令序列**构成微程序,微指令存放在控制存储器中。

（4）微地址

微地址（microaddress）就是微指令在控制存储器中的地址。

（5）微程序

一条机器指令的功能是用很多条微指令组成的序列来实现的,这个微指令序列称为微程序。可见,机器指令的执行过程就是微程序的执行过程,微程序的总和便实现了整个指令系统的功能。

总之,微命令按照一定操作功能要求组合成微指令,微指令序列或微程序按照指令功能的要求组合成一条指令。

3. 微指令表示方法

微程序控制器将原来的组合逻辑变成了存储逻辑,并且可用类似程序设计的方法来设计控制逻辑,将有关微操作控制信号写成微指令,若干微指令组成一个微程序,所有微程序都存放在控制存储器中。

（1）微指令基本格式

微指令由**操作控制字段**和**顺序控制字段**两部分组成,图 5-19 所示是直接表示法的微指令基本格式,其中操作控制字段用于产生各种微命令,图中每个向上的箭头就是一条微命令。顺序控制字段用来确定下一条微指令的地址,其中的测试标志用来表示是否进行判别测试,如果不做判别测试,则直接按顺序地址执行,如果做判别测试,则根据测试结果,修改顺序地址中的某些位,然后按修改后的顺序地址执行。

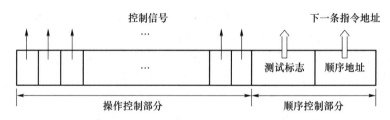

图 5-19　微指令基本格式

（2）微指令操作控制

在微指令操作控制字段中,需要给出微指令的表示方式,以及包含哪些微命令,通常采用3 种方式实现。

① 直接表示法

直接表示法是在操作控制字段中设置多个二进制位,每位对应一个微命令,并且用“1”表示该微指令需发出该微命令,用“0”表示该微指令不需发出该微命令。假设机器指令“ADD R1,R2”的微指令格式如图 5-20 所示,其中操作控制字段用 17 位二进制数表示,每个二进制位都表示一个微命令。

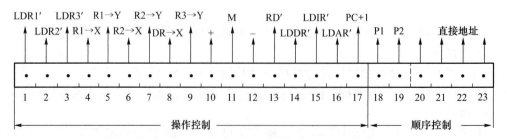

图 5-20　微指令操作控制器的直接表示法

根据 5.2.2 节的描述,在取指令阶段,将指令的内容从主存储器 M 读入指令寄存器 IR,执行的微操作是 PC→AR,M→DR,DR→IR。

下面分析微命令控制序列如何实现需要的微操作:第 16 位 LDAR′将置为 1,实现 PC→AR;第 11 位 M 置为 1,表示 M 为读的微命令,第 14 位 LDDR′置为 1,实现操作 M→DR;第 15 位 LDIR′置为 1,实现 DR→IR;而其他位置为 0。从时序来看,这些微操作在 CPU 取指令周期中,并且有先后顺序。

此外,取指令还要完成 PC 指向下一条指令地址,即 PC+1→PC,第 17 位 PC+1 要置 1。

在执行指令阶段,执行的微操作是 R2→Y,R1→X,Y+X→R1。

从微命令来看,第 4 位 R1→X 置为 1,实现 R1→X;第 7 位 R2→Y 置为 1,实现 R2→Y;第 10 位+置为 1;第 1 位 LDR1′置为 1,实现 Y+X→R1。从时序来看,这些微操作在 CPU 执行指令周期的靠前节拍中,第 4 位 R1→X 和第 7 位 R2→Y 可以并行执行,而第 10 位和第 1 位在稍后节拍完成。

直接表示法简单直观,速度快,其输出可以直接用于控制,缺点是控制器逻辑复杂时,会使得微命令过多,造成微指令字过长,从而使控制存储器容量过大。

② 编码表示法

在操作控制字段中,对一组相斥性的微命令信号进行分段编码,组合成若干个编码字段,然后通过字段译码器对每一个微命令信号进行译码,译码输出为操作控制信号(即微命令),如图 5-21 所示。

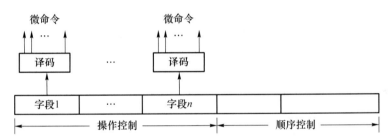

图 5-21　微指令操作控制器的编码表示法

相比直接表示法,编码表示法使用更少的二进制编码,使微指令字大大缩短,但由于需要增加译码电路,微程序的执行速度稍有减慢。目前在微程序控制器设计中较为普遍采用编码表示法。

③ 混合表示法

混合表示法是直接表示法与编码表示法的混合使用,以便综合考虑微指令字长、灵活性和执行速度方面的要求。

(3) 微指令顺序控制

微指令**顺序控制**的实质是解决产生下一条微指令地址的问题,通常,产生后继微指令地址有两种方法。

① 计数器方式

在程序中每条指令的执行顺序是利用程序计数器产生的机器指令地址来确定的,微程序中的计数器方式与此相类似,其基本原理是将微指令序列顺序地安排在控制存储器的连续单元中,设置微程序计数器,每执行完一条微指令,微程序计数器就对当前的微指令地址加上一个增量,以形成下一条微指令地址,在有转移情况出现时,则需设置转移微指令,使当前微指令执行后,前往转移到的微指令地址去执行。

在计数器方式下,微指令顺序控制字段较短,但需要额外设置转移微指令,速度较慢,灵活性也差。

② 直接方式

直接方式是在微指令的顺序控制字段中设置一个地址字段,即直接给出下一条微指令的地址,图 5-19 和图 5-20 所示的微命令基本格式就采用了这种方式。

由于这种方式直接给出了下一条微指令地址,所以无须设置转移微指令,速度更快,缺点是增加了每条微指令字的长度。

4. 微程序设计技术

微程序设计技术可以分为**静态微程序设计**和**动态微程序设计**。

(1)静态微程序设计

在微程序设计中,如果只设计一组微程序,而且这组微程序在设计好之后,其内容一般无须改变也不能改变,则微程序采用 ROM 存储器保存,就是静态程序设计。

(2)动态微程序设计

采用电擦除存储器件(如 EEPROM 或 Flash Memory)作为控制存储器,以便通过改变微指令和微程序来改变机器的指令系统,称为动态微程序设计。

采用动态微程序设计,可以在不更改硬件系统结构的前提下,对指令系统进行改进或升级,并可使得运行在其上的计算机软件彼此兼容。

5. 微程序控制器原理

微程序控制器主要由**控制存储器**、**微指令寄存器**和**地址转移逻辑**三大部分组成,如图 5-22 所示。

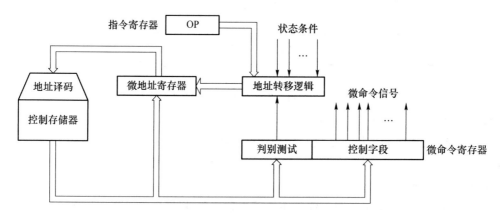

图 5-22　微程序控制器的组成

(1)控制存储器

控制存储器用于存放实现全部机器指令的微程序。微指令顺序地存放在控制存储器中,并可以逐条读取到微指令寄存器中。

☞【注意】　控制存储器和主存储器的差别:控制存储器是控制器的一部分,不能由用户直接存放程序或数据,而主存储器则可存放用户程序和数据。

控制存储器一般采用高速只读存储器,以便加快微程序执行速度,提高 CPU 执行速度。在静态设计中采用只读存储器,在动态设计中采用可以改写的只读存储器。通常的做法是,在微程序设计和开发阶段,采用可改写的只读存储器,而在开发和测试完成后,可以固化到只读存储器中,以降低产品成本。

控制存储器的字长是微指令字的长度,控制存储器的容量则取决于微程序的多少。

（2）微指令寄存器

微指令寄存器用于暂时存放从控制存储器读出的一条微指令,包括微命令寄存器和微地址寄存器,其中微命令寄存器存放当前微指令,它包含操作控制字段和判别测试字段的信息。微地址寄存器存放将要访问的下一条微指令的地址。

（3）地址转移逻辑

当从控制存储器读出一条微指令后,如果微程序不存在分支,则微地址寄存器直接就是下一条微指令的地址;如果微程序出现分支,意味着微程序出现条件转移,在这种情况下,地址转移逻辑能自动修改微地址,它接收的输入信息包括机器指令的操作码字段、微命令寄存器中的测试字段,以及执行部件的状态条件,综合这些信息后对微地址寄存器的内容进行修改,以保证正确指向下一条微指令地址。

6. 微程序控制器的工作过程

每条机器指令的执行过程实质是控制器执行微程序的过程。在执行微程序时,每条微指令产生微命令,以此触发执行部件的微操作,完成取指令和执行指令的操作,该过程具体描述如下。

① 从控制存储器中启动取机器指令的微程序,以便将机器指令从主存储器取到指令寄存器中。

② 根据机器指令的操作码,得到该机器指令对应的微程序入口地址。

③ 从控制存储器中取出一条微指令,微指令进入微命令寄存器中,同时微地址寄存器指向下一个微指令地址。

④ 完成当前微指令的控制操作,即根据微命令寄存器中的控制字段,发出微命令信息,指挥控制器之外的其他执行部件完成各种微操作。

⑤ 确定下一条微指令地址。将微命令寄存器中判别字段送到地址转移逻辑,地址转移逻辑再依据操作码、状态条件确定下一条微指令地址,并将其发送给微地址寄存器,微地址寄存器中内容发送给地址译码器进行译码后,指向控制存储器中下一条微指令地址。

⑥ 当机器指令对应的各条微指令执行完成后,就完成了该机器指令的执行工作,再执行下一条机器指令。

【例 5-4】 某计算机 CPU 共有 52 个微操作控制信号,构成 5 个相斥的微命令组,各组分别包含 5,8,2,15,22 个微命令,已知可判断的外部条件有两个,微指令字长为 29 位。

① 按编码表示法设计微指令,操作控制字段共需多少位?

② 要求微指令的顺序控制字段直接给出后续微指令地址,则控制寄存器的容量为多少?

解:① 由于有 5 个相斥的微命令组,所以需要 5 个字段分别表示。考虑每组增加一种不发送命令情况,则 5 个控制字段分别需要 6,9,3,16,23 种状态,那么各需要 3,4,2,4,5 位,共 18 位表示。

② 在操作控制字段中,要考虑条件测试字段的两个外部条件,以及没有条件转移指令的情况,所以需要 2 位测试条件,52 条微命令需要下一条微指令地址为 8 位,微命令格式如表 5-5 所示,其中每条微指令为 $18+2+8=28$ 位。

由于每条微指令为 28 位,所以控制存储器的容量为 $2^8 \times 28$ 位。

表 5-5　微命令格式

5 个微命令	8 个微命令	2 个微命令	15 个微命令	22 个微命令	2 个判断条件	顺序地址	共 52 条微命令
3 位	4 位	2 位	4 位	5 位	2 位	8 位	共 28 位

5.3.3　硬布线逻辑控制器与微程序控制器的比较

硬布线逻辑控制器与微程序控制器是两种不同的设计方案,它们的实现方式不同,性能也有所差别。

从实现方式上看,硬布线逻辑控制器由逻辑门电路组合实现,这种逻辑门电路组合可以用逻辑表达式列出,经过简化后用门电路、触发器等器件实现,显得较为复杂,当设计完成之后很难修改;微程序控制器借鉴了程序设计思路,控制信号是在控制存储器、微指令寄存器和地址转移逻辑控制之下实现的,微程序控制器结构比较规整,减少了设计复杂性,容易标准化,实现后还可以支持修改、扩展和升级。

从性能上看,在同样的半导体工艺条件下,组合逻辑控制方式的速度仅取决于电路延迟,相比微程序控制器方式的速度更快,而微程序控制器执行每一条微指令都要从控制存储器中读取一次微指令,从而影响了速度。

一般来说,在指令系统复杂的计算机中,如 CISC 指令系统,通常采用微程序控制器设计方式,因为如果在这类系统中采用硬件布线控制器设计,将使得组合逻辑网络非常复杂,实现起来也非常困难,而且维护、扩展和修改都不容易。而在速度要求较高,但结构相对简单、指令系统规整的系统中,如 RISC 指令系统,则往往采用硬布线逻辑控制器设计方式。

5.4　流水线技术

为了提高处理器的工作速度,除了采用高速器件外,还可以改进系统结构,早期计算机各个操作只能串行执行,即同一时刻只能进行一个操作,为了使计算机能同时进行多个操作,人们设计并开发了并行处理技术,其中,基于时间并行的流水线技术在当代 CPU 并行处理设计中得到广泛使用。

5.4.1　并行处理技术概述

计算机中的**并行处理**技术有两个方面的含义,即**同时性**和**并发性**。同时性是指两个以上事件在同一时刻发生,并发性指两个以上事件在同一时间间隔内发生。

计算机并行处理技术概括起来主要有 3 种形式。

1. 时间并行性

时间并行性指**时间重叠**,能够让多个处理过程在时间上相互错开,轮流重叠地使用同一套硬件设备的各个部件,以加快硬件周转而赢得速度。

时间并行性的实现方式是**流水线技术**,让同一套计算机硬件设备在时间上并行工作,这是一种非常经济而实用的并行技术,目前高性能计算机几乎无一例外地使用了流水线技术。

2. 空间并行性

空间并行性指**资源重复**,以**资源重复**配置和并行运行来大幅度提高计算机的处理速度。

随着集成电路工艺不断的发展和改进,以**资源重复配置**为核心的空间并行性技术得到有力支撑和快速发展。

空间并行性技术主要体现在多处理器系统和多处理机系统,即使在单处理器系统中也得到了应用。

3．时间并行性和空间并行性

将**时间重叠**和**资源重复**叠加使用,发挥多套资源的**空间并行性**,而对每套资源又采用**时间并行性**,以追求最好的效能。

现代计算机常常同时利用时间并行性和空间并行性,例如,当代微型计算机 CPU 采用超标量流水技术,在一个机器周期中同时执行两条指令,既利用了时间并行性,又利用了空间并行性。

5.4.2　流水线技术概述

1．流水线技术的基本原理

从 5.2 节介绍的 CPU 工作过程可以知道,在 CPU 执行一条指令的过程中,按照控制器提供的时序信号,各个功能部件在不同时间完成自己的操作,呈现时闲时忙的现象,如果让时间上空闲部件,在不影响当前功能部件工作的前提下,并行地做自己后续的工作,显然,从宏观上就能够加快计算机处理多条指令的速度。

为了实现流水线技术,需要将一个计算任务细分为若干个子任务,每个子任务由专门的功能部件进行处理,一个计算任务的各个子任务由流水线上的各个功能部件轮流进行处理,即各个子任务在流水线的各个功能阶段并发地执行,最终完成该任务。从多个任务来看,不必等上一个计算任务完成,就可以开始下一个计算任务的执行,从而实现了任务级的并行性。

流水线的原理可以由图 5-23 所示的流水线基本模型表示出来。流水线由若干个串联的功能部件 S_i 组成,各个功能部件之间设计有高速缓冲寄存器 L,用于暂时保存上一功能部件对子任务的处理结果,同时,又能接收新的处理任务。在一个统一时钟 Clk 的控制下,计算任务从功能部件的一个功能段流向下一个功能段。在流水线中,所有功能段同时对不同的数据进行各自的处理,而各个处理步骤并行地执行。

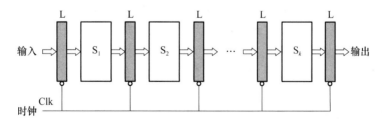

图 5-23　流水线基本模型

根据流水线原理,当多个任务重复、连续不断地输入流水线,在流水线的输出端便会连续不断地输出各个任务的执行结果,流水线达到不间断流水的稳定状态,从而由子任务级的并行性,实现了多个任务级间的并行性。

从上述模型中可以看到,为了达到不间断流水线的稳定状态,需要具备以下条件:第一,每个任务必须能够分解成串行执行的若干个子过程;第二,每个过程状态能够保留下来,并由专门部件独立完成;第三,任务的每个功能段时间尽可能一致,否则,就可能造成流水过程的中断,称为流水线断流,频繁断流会使得流水线的并行性大打折扣。

流水线带来的并行性,只有在多个重复任务连续执行时才能体现出来,因此是任务级并行性,就单个任务而言,仍然是串行执行各个子任务。

2. 流水线的分类

流水线可以按照处理任务级别和处理数据形式进行分类。

(1) 按处理任务级别

一个计算机系统中的流水线处理,根据任务级别,从部件级、处理器级到处理机级分为如下几类。

① 算术流水线

算术流水线是算术运算操作步骤之间的并行,属于部件级流水。

将处理器中 ALU 的算术运算流程分成多个子任务,例如计算任务 $ab+c/d$ 可以分成 3 个功能段(子任务),分别计算乘法、除法和加法,为了实现流水线,各个功能段需要专门部件完成,这就要求 ALU 应具备流水加法器、流水乘法器和流水除法器等部件。又如浮点加法操作任务,可以分成求阶差、对阶、尾数相加和结果规格化 4 个子任务,并设置不同的流水部件完成各个子任务。

现代计算机已广泛使用流水算术运算器。

② 指令流水线

指令流水线表示执行指令任务的并行性,属于处理器级流水。

执行一条指令的任务可以分成 5 个子过程:取指令、译码、执行、取数、写回。这 5 个子过程分别由不同的专用部件处理,就可以实现指令的并行性。

目前,几乎所有的高性能计算机都采用了指令流水线。

③ 处理机流水线

处理机流水线一般用在复杂程序步骤的并行处理上,又称为宏流水线。

处理机流水由一串级联的处理机构成流水线的各个功能部件,每台处理机负责复杂程序的一个特定任务。数据从第一台处理机输入,处理结果被送到与第二台处理机相连的缓冲存储器中,第二台处理机从该存储器中取出数据并进行处理,然后再传给第三台处理机……如此串行执行下去。这样多个程序重复执行,就实现了该复杂程序步骤的并行性。

(2) 按处理数据形式

按照处理数据是标量还是向量,将流水线分成标量流水线和向量流水线。

① 标量流水线

标量流水线只能对标量数据进行流水处理。

② 向量流水线

向量处理机是用向量表示数据的处理机,具有标量类和向量类指令,向量流水机更容易发挥流水线效能。

3. 流水计算机

现代流水计算机的系统组成原理如图 5-24 所示,流水计算机包括存储器体系和流水 CPU,其中流水 CPU 通常由三大部分组成:指令部件、指令队列和执行部件。它们组成一个 3 级流水线。

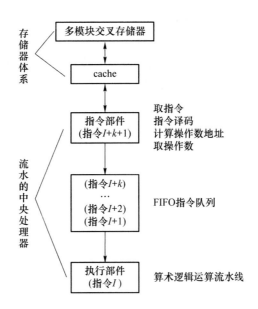

图 5-24　现代流水计算机的系统组成原理

（1）存储器体系

为了解决存储器与 CPU 的速度匹配问题,使存储器的存取时间与流水线其他过程段的速度匹配,现代流水线计算机的存储器体系几乎都采用多模块交叉存储器和高速缓存(cache)机制。

多模块交叉存储器的结构和流水线方式分别如图 3-21、图 3-22 所示,多个模块在任一时刻同时并行工作,大大地提高了存储器带宽。

将程序中正在使用的"活跃块"预先存放在一个小容量的 cache 中,使 CPU 的访存操作大多针对 cache 进行,从而解决高速 CPU 和低速主存之间速度不匹配的问题。

（2）指令部件

指令部件本身又构成一个流水线,即指令流水线。将执行每条指令的任务细分为取指令、指令译码、执行指令、访存取数、结果回写几个子任务,每个子任务都由不同部件完成,就构成了指令任务的时间并行处理。

（3）指令队列

指令队列用于存放经过译码的指令和取来的操作数,一般采用先进先出(FIFO)的寄存器栈来实现,在图 5-24 中指令队列存放连续执行的 k 条指令,即 $I+k,\cdots,I+2,I+1$,而指令部件正在取 $I+k+1$ 条指令。

（4）执行部件

执行部件本身又可以构成流水线,采用多个算术逻辑运算部件,实现算术运算操作步骤之间的并行,一般采用的方法包括:

① 执行部件包含定点执行部件和浮点执行部件,两类部件可以并行运算,以便分别处理定点运算指令和浮点运算指令;

② 浮点执行部件包括浮点加法部件和浮点乘/除法部件,它们可以同时执行两条不同指令运算任务;

③ 浮点运算部件都以流水线方式工作。

总之,流水 CPU 指令部件、指令队列和执行部件组成一个 3 级流水线,在图 5-24 中,执行

部件正在执行第 I 条指令,指令队列中存放的是后继连续执行的 k 条指令,即 $I+1,I+2,\cdots,$ $I+k$,而指令部件正在取 $I+k+1$ 条指令,同时这 3 个部件又有各自的流水线。

为了使存储器能够与流水 CPU 各个过程段的速度匹配,需要采用对应结构的多体交叉存储器。例如,在 IBM System/360 Model 91 计算机中,根据一个机器周期输出一条指令的要求,以及存储器的存取周期、CPU 访问存储器频率等指标的要求,采用了模 8 交叉存储器。

4. 指令流水线的表示

指令任务符合流水线基本模型要求,一个指令周期的任务可分为 5 个子过程(过程段),即**取指令(IF)**、**执行译码(ID)**、**执行指令(EX)**、**访存取数(MEM)**和**结果写回(WB)**,如图 5-25 所示,因此从原理上可以实现指令流水线。

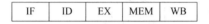

图 5-25　指令流水线的过程段划分

指令流水线工作过程常使用时空图来表示,其中,横轴表示时间,即各个过程段执行时间,纵轴表示空间,即各个任务工作状态。下面对 3 种工作方式进行分析,为方便起见,假设每个过程段时间相同,均需要 1 个时钟(Clk)周期。

(1)非流水方式

非流水计算机的时空图如图 5-26 所示,有 2 条指令任务相继工作,首先,第 1 条指令的 5 个子过程段按顺序执行,完成之后,再开始第 2 条指令的 5 个子过程段,这样,非流水方式用 10 个时钟周期完成 2 个指令任务,即 5 个时钟周期输出一个结果。

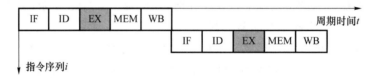

图 5-26　非流水计算机的时空图

(2)标量流水方式

标量流水计算机只有一条指令流水线,图 5-27 表示了其时空图。

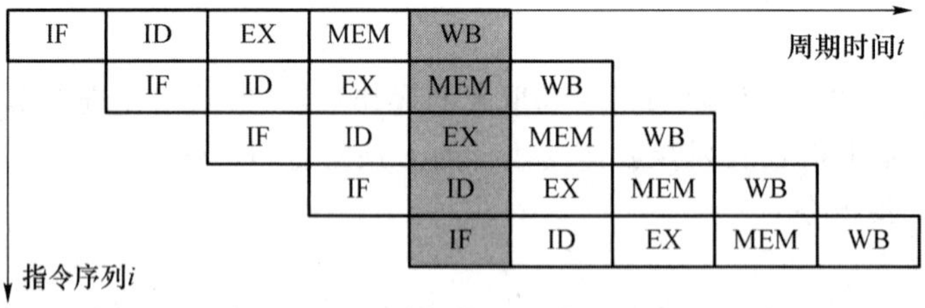

图 5-27　标量流水计算机的时空图

在标量流水计算机中,上一条指令的子过程与下一条指令的子过程可以在时间上重复执行,但总是推迟一个时钟周期,以便一套部件分时工作。当流水线满载时,每个时钟周期都将输出一个结果。从图 5-27 中可知,标量流水计算机用 9 个时钟周期完成 5 条指令任务,每条指令平均用时 1.8 个时钟周期。

(3)超标量流水方式

标量流水计算机只有一条指令流水线,而超标量流水计算机具有两条或两条以上指令流水线,流水线的每个过程段都需要两套或两套以上的功能部件,因此,超标量流水计算机实际上是**时间并行性**和**空间并行性**技术的综合应用。图 5-28 所示是超标量流水计算机的时空图,该图有两条指令流水线同时工作,每个时钟周期都将输出两个结果,即 0.5 个时钟周期输出一个结果,仅用 9 个时钟周期就可完成 10 条指令任务,每条指令任务平均用时 0.9 个时钟周期。

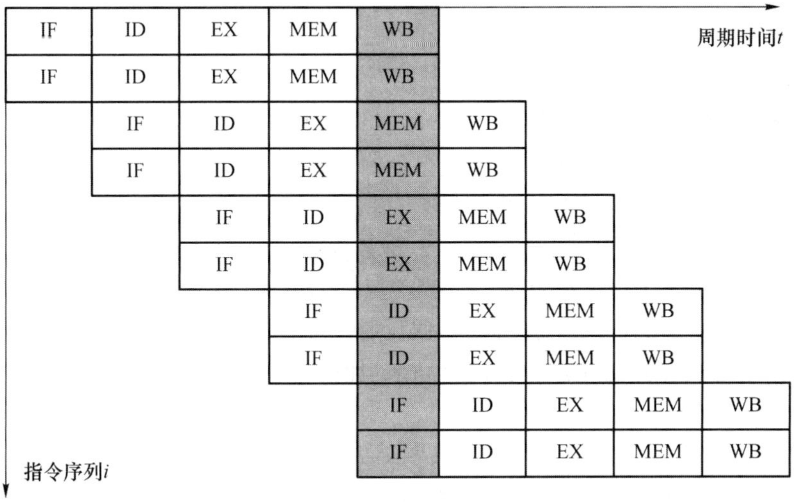

图 5-28　超标量流水计算机的时空图

5. 流水线的主要性能指标

衡量指令流水线的主要性能指标有吞吐率 Tp、加速比 Sp 以及效率 η。

（1）吞吐率 Tp

吞吐率是流水线单位时间里能流出指令或结果的数量,通常用每秒指令条数表示。吞吐率又分为最大吞吐率和实际吞吐率。

最大吞吐率是流水线达到稳定状态后的吞吐率,对于 m 段的指令流水线,如果各段时间均为 Δt,则最大吞吐率为

$$\text{Tp}_{max}=\frac{1}{\Delta t} \tag{5-2}$$

实际吞吐率是完成 n 条指令的实际吞吐率,对于 m 段流水线,如果各段时间均为 Δt,则第 1 条指令需要时间 $m\Delta t$,而剩余 $n-1$ 条指令每隔 Δt 有一个结果输出,总时间为 $m\Delta t+(n-1)\Delta t$,所以实际吞吐率为

$$\text{Tp}=\frac{n}{m\Delta t+(n-1)\Delta t}=\frac{\text{Tp}_{max}}{1+(m-1)/n} \tag{5-3}$$

注意实际吞吐率与任务数 n 有关,当任务源源不断,n 远大于过程段 m 时,实际吞吐率就是最大吞吐率,即 $\text{Tp}=\text{Tp}_{max}$。

（2）加速比 Sp

加速比表示对于相同任务,流水方式相对于非流水方式完成任务时间的比率,表示为

$$\text{Sp}=\frac{\text{非流水方式完成任务时间}}{\text{流水方式完成任务时间}}=\frac{\text{流水方式若干时间完成任务数}}{\text{非流水方式若干时间完成任务数}}=\frac{\text{非流水方式吞吐率}}{\text{流水方式吞吐率}}$$

$$\tag{5-4}$$

对于 m 段流水线,如果流水线各段时间间隔为 Δt,则完成 n 条指令任务,在 m 段流水线

上共需要的时间为 $m\Delta t+(n-1)\Delta t$，等效的非流水方式所需时间为 $mn\Delta t$，所以加速比为

$$\mathrm{Sp}=\frac{mn\Delta t}{m\Delta t+(n-1)\Delta t}=\frac{m}{1+(m-1)/n} \tag{5-5}$$

注意实际加速比与任务数 n 有关，当任务源源不断，n 远大于过程段 m 时，则最大加速比为

$$\mathrm{Sp_{max}}=m \tag{5-6}$$

（3）效率 η

效率是流水线单位时间里能流出的任务数或结果数，表示为 η，它是流水线中设备的实际使用时间占总时间的指标，也称为流水线设备的时间使用率，可以用 n 个任务占用的时空区面积与 m 个段总的时空区面积比率计算：

$$\eta=\frac{n \text{ 个任务占用的时空区面积}}{m \text{ 个段总的时空区面积}} \tag{5-7}$$

【例 5-5】 在图 5-27 所示的时空图中，假设时钟周期为 $\Delta t=100$ ns，流水线方式处于稳定状态，计算非流水方式和标量流水方式的吞吐率、加速比和效率。

解：

（1）计算吞吐率

非流水方式：由于 1 条指令需要 5 个时钟周期 Δt，即 5 个时钟周期输出一个结果，按照吞吐率的定义，吞吐率是流水线单位时间里流出的任务数，所以实际吞吐率和理想吞吐率为 $\mathrm{Tp_1}=\frac{1}{5\Delta t}=\frac{1}{5\times 100 \text{ ns}}-2\times 10^6$ 条指令/s。

标量流水方式：如图 5-27 所示，有 5 条指令（即 $n=5$），每条指令分为 5 个过程段（即 $m=5$），用 9 个时钟周期完成 5 条指令任务，所以实际吞吐率 $\mathrm{Tp}=\frac{5}{9\Delta t}=\frac{5}{9\times 100 \text{ ns}}=5.56\times 10^6$ 条指令/s，如果 n 非常大，则每个时钟周期都将输出一个结果，所以最大吞吐率

$$\mathrm{Tp_{max}}=\frac{1}{\Delta t}=\frac{1}{100 \text{ ns}}=10^7 \text{ 条指令/s}$$

也可以按式（5-3）和式（5-2）计算，结果一样。

（2）计算加速比

加速比可用吞吐率之比计算，即 $\mathrm{Sp}=\frac{5.56\times 10^6}{2\times 10^6}=2.78$，也可按照式（5-5）和式（5-6）计算加速比，即 $\mathrm{Sp}=\frac{m}{1+\frac{m-1}{n}}=\frac{5}{1.8}=2.78$，结果相同。

最大加速比 $\mathrm{Sp_{max}}=m=5$。

（3）计算效率

按照图 5-27，用 n 个任务占用的时空区面积与 m 个段总的时空区面积比率计算效率，5 个任务占用的总面积为 5×5，而 9 个段总积为 5×9，所以 $\eta=\frac{5\times 5}{9\times 5}\approx 55.6\%$。

5.4.3 流水线中的冒险处理

指令流水线工作方式提高了计算机吞吐率和效率，但是要让流水线发挥出效能，就要使得

流水线连续不断地流动,不要出现断流情况。但是由于在流水过程中,各条指令之间存在着一些相关性,所以断流常常是不可避免的,这种由于流水线中指令之间的相关性而出现的**流水线断流**(阻塞或停顿)现象称为**流水线冒险**(hazard)。流水线冒险是由资源相关、数据相关和控制相关引起的,分别称为**结构冒险**、**数据冒险**和**控制冒险**,在流水线中应该采取各种必要措施,尽量避免断流发生和各种冒险发生。

1. 资源相关和结构冒险

资源相关是指多条指令进入流水线后在同一机器周期内争用同一功能部件所产生的冲突,由资源相关引起的流水线冒险称为结构冒险(structural hazards)。

例如,在图 5-27 所示的标量流水计算机的时空图中,第 4 个时钟周期第 1 条指令处于访存取数(MEM)阶段,而第 4 条指令处于取指令(IF)阶段,它们都需要操作存储器,如果在计算机设计中将数据和指令存放在同一存储器中,且由于存储器只有一个端口,便会发生这两条指令争用存储器的资源相关冲突。

实际上,由于一些指令需要两次访问存储器(一次读指令字,一次读、写数据字),在指令流水过程中,就可能会出现流水中的两条指令在同一时钟周期访问存储器的情况,从而导致资源相关冲突,引起结构冒险。

下面是常用的解决结构冒险的两种策略。

① 规定一个功能部件在每条指令中只使用一次,而且只能在特定阶段使用。

② 采用增加资源的方法解决,例如设置多个独立的部件避免资源冲突。

按照第 2 种策略,存储器冲突问题就可以通过增加存储器来解决,例如,将存储器分为指令存储器和数据存储器,并且指令存储器只在指令周期 IF 阶段使用,数据存储器只在指令周期 MEM 阶段使用。现代微型计算机 CPU 引入高速缓存(cache)机制,在内部设置了两个一级 cache(L1 cache),一个是数据缓冲 L1 D-cache,另一个是指令缓存 L1 I-cache,将数据和代码分开从而有效地避免了访存引起的结构冒险。

2. 数据相关和数据冒险

数据相关是前后指令之间存在数据依赖性引起的。在有些情况下,顺序执行的若干条指令,前一指令完成结果回写操作后,后继指令需要利用这个结果作为操作数才能完成自己的任务。在非流水方式下,每条指令都是串行执行的,不会出现相关性问题,但是在流水线方式下,指令处理在时间上是重叠的,前一条指令还没有结束,第二、三条指令已经开始工作,后继指令所依赖的数据还没有被前面的指令计算出来,这两条指令就发生了数据相关,从而引起流水过程的断流。

操作数分读和写两种操作,因此,根据指令间对同一寄存器读和写操作的先后次序关系,将数据相关性分为以下 3 种类型。

(1)写后读(Read-After-Write,RAW)相关

写后读相关指前一条指令尚未将数据写入寄存器,后一条指令就开始读取该寄存器的内容,造成后一条指令读取数据错误。

(2)读后写(Write-After-Read,WAR)相关

读后写相关指前一条指令尚未完成将寄存器内容读出,后一条指令就开始写入该寄存器内容,造成前一条指令读出内容错误。

(3)写后写(Write-After-Write,WAW)相关

写后写相关指前一条指令尚未写入寄存器内容,后一条指令就开始写入该寄存器内容,造

成前一条指令写入内容错误。

☞【注意】 上述情况中如果前后两条指令都**只是读**同一寄存器内容,则不会产生数据相关。

解决数据相关性和数据冒险的方法具体如下。

(1)采用编译方法

在程序编译成二进制代码时,由编译器检查出数据相关性,并在两条相关指令之间插入不相关的指令,例如空操作指令,从而推迟后一个指令的执行,使数据相关消失,最终产生没有相关性的二进制代码。这种方法简单,但是很显然会降低指令运行效率。

(2)由硬件检测数据相关性,并采用数据旁路技术解决

以写后读相关为例,数据相关性产生的关键是前一条指令要写入某寄存器,而下一条指令要读同一寄存器时,写入时间晚于读出时间,设计硬件检测电路和内部数据旁路,当硬件检测到这种情况后,在前一条指令执行完毕,且数据还未写入寄存器前,就通过内部数据旁路直接将结果数据传给下一条指令,减小了前一条指令写入寄存器和下一条指令读取寄存器的时间差,使得下一条指令以最快方式获取操作结果。这种方式效率高,但是增加了硬件电路开销,控制较为复杂。

【例 5-6】 流水线中有 3 类数据相关冲突,即写后读相关、读后写相关、写后写相关,判断一下以下 3 组指令中存在哪种类型的数据相关。

① I1   ADD R1,R2,R3;   (R2)+(R3)→(R1)

   I2   SUB R4,R1,R5;   (R1)-(R5)→(R4)

② I3   STA M(x),R3;   (R3)→M(x),M(x)是存储器单元

   I4   ADD R3,R4,R5;   (R4)+(R5)→(R3)

③ I5   MUL R3,R1,R2;   (R1)×(R2)→(R3)

   I6   ADD R3,R4,R5;   (R4)+(R5)→(R3)

解:① I1 指令的运算结果应该先写入 R1,然后在 I2 指令中读出 R1 的内容,但是由于 I2 指令进入流水线,变成 I2 指令在 I1 指令写入 R1 前就读出 R1 内容,导致读出的 R1 内容产生了错误,发生 RAW 相关。

② I3 指令应该先读出 R3 内容并将其保存到存储器单元 M(x)中,然后在 I4 指令中将运算结果写入 R3,但由于 I4 指令进入流水线,变成 I4 指令在 I3 指令读出 R3 内容前就写入 R3,导致 I3 读出的 R3 内容产生了错误,发生 WAR 相关。

③ I5 指令将乘法运算结果写入 R3 中,然后在 I6 中加法的运算结果写入 R3,但是由于 I6 进入流水线,可能变成 I6 指令先计算出加法结果,并在 I5 指令前将加法运算结果写入 R3 中,导致 R3 内容产生了错误,发生 WAW 相关。

3. 控制相关和控制冒险

控制相关冲突是由转移指令产生分支引起的。当执行转移指令时,依据转移条件而出现分支,有可能是顺序取下一条指令,也有可能转移到新目标地址取指令。若转移到新目标地址取指令,则指令流水线将被排空,并等待转移指令形成下一条指令地址,以便读取新的指令,这就使得流水线发生断流。

为了减小转移指令对流水线性能的影响,通常采用以下两种转移处理技术,由于一般程序运行过程是大量指令连续执行过程,这些处理技术从概率意义上尽量减少流水线断流的发生。

(1)延迟转移法

在程序编译成二进制代码时,由编译器重排指令序列,其基本思想是"先执行再转移",即

当发生转移时并不排空流水线,而是继续完成后几条指令,如果这些后继指令是与该转移指令结果无关的有用指令,那么延迟损失时间片正好得到有效利用。

(2)转移预测法

转移预测法用硬件方式实现。其基本思想是依据过去行为来预测将来行为,即选择出现概率较大的分支进行预取,通过使用转移取和顺序取两路指令预取队列以及目标指令 cache,可以将转移预测提前到取指令阶段进行,尽量避免断流的发送。

5.5 本章小结

中央处理器是计算机数据处理和运算的核心部件,现代 CPU 除包含控制器和运算器外,还包含 cache、浮点运算器等部件。CPU 的基本功能包括指令控制、操作控制、时序控制和数据加工等。CPU 包括控制部件和功能部件,如 ALU、程序计数器、数据寄存器、地址寄存器、指令寄存器、程序状态字寄存器、通用寄存器以及累加器等,其中程序计数器保存下一条指令地址,而指令寄存器保存当前指令内容。

控制器中操作控制器和时钟发生器是 CPU 执行操作控制的核心部件,操作控制器根据指令译码结果,按时钟发生器的时间信号发出微操作控制命令,这些微操作控制命令控制各个功能部件完成指令的各种微操作。

CPU 的工作过程包括取指令、指令译码、执行指令、访存取数、结果回写 5 个过程。将一条指令的处理过程定义为一个指令周期,不同指令的指令周期不同,取出和执行任何一条指令所需的最短时间为 2 个 CPU 周期,大部分复杂指令的指令周期需要更多 CPU 周期,每个 CPU 周期又包括若干个时钟周期。CPU 的执行过程可以看成操作控制器按照指定时序,在数据通路中控制各功能部件执行指定微操作的过程,指令周期流程图能反映出指令执行过程和相应的微操作控制信号序列。

控制不同操作时序信号的方法称为控制器的控制方式,它分为同步控制方式、异步控制方式和联合控制方式。

硬布线逻辑控制器与微程序控制器是两种不同的设计方案,它们的实现方式不同,性能也有所差别。硬布线逻辑控制器由逻辑门电路组合实现,当设计完成之后很难修改;微程序控制器借鉴了程序设计思路,控制信号是在存放微程序的控制存储器、微指令寄存器和地址转移逻辑的控制之下实现的,实现后还可以支持修改、扩展和升级。在同样的半导体工艺条件下,组合逻辑控制方式的速度仅取决于电路的延迟,比微程序控制的速度更快。

微指令由操作控制字段和顺序控制字段两部分组成,在微指令操作控制字段中需要给出微指令的表示方式,通常采用直接表示法、编码表示法和混合表示法,而微程序的顺序控制方式包括计数器方式和直接方式。

计算机中的并行处理技术有两方面的含义,即同时性和并发性。并行处理可概括为 3 种形式:空间并行、时间并行和时空并行。时间并行性的实现方式是流水线技术,让同一套计算机硬件设备在时间上并行工作。

为了实现流水线技术,需要将一个计算任务细分为若干个子任务,每个子任务由专门的功能部件进行处理,一个计算任务的各个子任务由流水线上的各个功能部件轮流进行处理,即各个子任务在流水线的各个功能阶段并发地执行,最终完成该任务。现代流水计算机系统包括存储器体系和流水 CPU,其中流水 CPU 通常由三大部分组成,即指令部件、指令队列和执行部件,它们组成一个 3 级的流水线。

一条指令任务的执行过程可分为 5 个子过程段。在非流水线计算机中,指令间串行执行,总时间是各个指令执行时间之和。在标量流水计算机中,上一条指令子过程与下一条指令子过程可以在时间上重复执行。超标量流水计算机是指具有两条或两条以上指令流水线的工作方式,每个过程段需要两套或两套以上的功能设备。因此流水计算机提高了指令执行速度(加速比),增加了吞吐率。

流水过程中各条指令之间存在着一些相关性,使得流水过程不可避免地发生断流,由资源相关、数据相关和控制相关引起的冒险分别称为结构冒险、数据冒险和控制冒险。在流水线中应该采取各种必要措施,尽量避免断流发生和各种冒险发生。

至此,前 5 章已经介绍了计算机的三大部件,接下来将介绍其他部件——输入/输出接口以及输入/输出设备。

习　题

1. 现代计算机中央处理器包括_____。
A. 运算器　　　　　　B. 控制器　　　　　　C. 主存储器　　　　　　D. cache

2. 在 CPU 中,跟踪指令后继地址的寄存器是_____。
A. 地址寄存器　　　　　　　　　　B. 程序计数器
C. 指令寄存器　　　　　　　　　　D. 状态条件寄存器

3. 在计算机程序开始执行前,_____ 的内容是从主存提取的第一条指令的地址,当执行指令时,CPU 将自动修改其内容,使其保存的总是将要执行的下一条指令的地址。
A. 地址寄存器　　　　　　　　　　B. 程序计数器
C. 指令寄存器　　　　　　　　　　D. 状态条件寄存器

4. 在现代计算机中,_____是一个由各种状态条件标志拼凑而成的寄存器,保存由算术指令和逻辑指令运行或测试结果而建立的条件码内容,还保存中断和系统工作状态等信息。
A. 地址寄存器　　　　　　　　　　B. 程序计数器
C. 指令寄存器　　　　　　　　　　D. 状态条件寄存器

5. 在 CPU 中,运算器的主要功能是进行_____。
A. 指令地址运算　　　B. 算术运算　　　C. 逻辑测试　　　D. 逻辑运算

6. 在 CPU 中,指令寄存器用来保存_____。
A. 当前指令　　　　　　　　　　　B. 当前指令的地址
C. 下一条指令　　　　　　　　　　D. 下一条指令的地址

7. 在 CPU 中,程序计数器用来保存_____。
A. 当前指令　　　　　　　　　　　B. 当前指令地址
C. 下一条指令　　　　　　　　　　D. 下一条指令地址

8. 为了执行任何给定的指令,必须对指令操作码进行测试,以便识别所需要的操作,CPU 中_____就是完成这项工作的。
A. 指令编码器　　　B. 指令译码器　　　C. 指令寄存器　　　D. 指令缓冲器

9. 当执行指令时,CPU 能自动_____程序计数器的内容,使其始终保存的是将要执行的下一条指令的主存地址,为取下一条指令做好准备。

  A. 保持   B. 复位   C. 递增   D. 递减

  10. _____是处理器操作的最基本时间单位。

  A. 指令周期   B. CPU 周期   C. 机器周期   D. 时钟周期

  11. 取出并执行任何一条指令所需的最短时间为_____个 CPU 周期。

  A. 0   B. 1   C. 2   D. 3

  12. CPU 的同步控制方式有时又称为_____。

  A. 固定时序控制方式   B. 可变时序控制方式

  C. 应答控制方式   D. 无应答控制方式

  13. 微程序控制器的基本思想是:将微操作控制信号按一定规则进行编码,形成_____,存放到一个只读存储器里;当机器运行时,逐条读出它们,从而产生全机所需要的各种操作控制信号,使相应部件执行所规定的操作。

  A. 微操作   B. 微程序   C. 微指令   D. 微地址

  14. 流水 CPU 通常由_____等几个部件组成,这几个部件可以组成一个多级流水线。

  A. 多体交叉存储器   B. 指令部件

  C. 指令队列   D. 执行部件

  15. 根据设计方法的不同,操作控制器可以分为_____控制器和_____控制器两种,二者的区别在于控制信号形成的部件不同,进而反映不同的设计原理和方法。

  16. 计算机并行处理使得计算的各个操作能同时进行,广义地讲,并行性有着两种含义:一是_____,指两个以上事件在同一时刻发生;二是_____,指两个以上事件在同一时间间隔内发生。

  17. 根据流水计算机的系统组成,CPU 按流水线方式组织,通常由三部分组成,即_____、_____和_____,这 3 个功能部件可以组成一个三级流水线。

  18. 一个计算机系统在不同并行等级上采用流水线技术,指令步骤的并行称为_____流水线,运算操作步骤的并行称为_____流水线,程序步骤的并行称为_____流水线。

  19. 请简述指令周期、CPU 周期和时钟周期的不同及其关系。

  20. 请简述计算机并行处理技术中的时间并行性和空间并行性。

  21. 请简述计算机的流水处理过程。

  22. 某计算机采用微程序控制方式,微指令字长为 24 位,采用水平型字段直接编码控制方式和断定方式(下地址字段法),共有微指令 30 个,构成 4 个互斥类,包含 5 个、8 个、14 个和 3 个微命令,外部条件为 3 个。

  ① 控制存储器容量为多少?

  ② 设计微指令的具体格式。

  23. 某计算机采用 5 级指令流水线,如果每级执行时间是 2 ns,求理想情况下该流水线的加速比和吞吐率。

  24. 假设某指令流水线分为取指令(FI)、译码(ID)、执行(EX)、回写(WR)4 个过程段,共有 10 条指令连续输入/输出次流水线。

  ① 画出指令周期流程图。

  ② 画出非流水线时空图。

  ③ 画出流水线时空图。

④ 假设时钟周期为 100 ns，求流水线的加速比和实际吞吐率。

25. 数据通路如图 5-29 所示，IR 为指令寄存器，PC 为程序计数器（具有自增功能），M 为主存（受 R/W 信号控制），AR 为主存地址寄存器，DR 为数据寄存器，ALU 由＋、－控制信号决定完成何种操作，控制信号 G 控制一个门电路。另外，线上标注有控制信号，例如，Y_i 表示 Y 寄存器的输入控制信号，$R1_o$ 为寄存器 R1 的输出控制信号，未标字符的线为直通线，不受控制。数据传送指令"ADD R1,R2"的含义是（R1)＋(R2)→R1，请画出其指令周期流程图（假设该指令的地址已放入 PC 中），并列出相应的微操作控制信号序列。

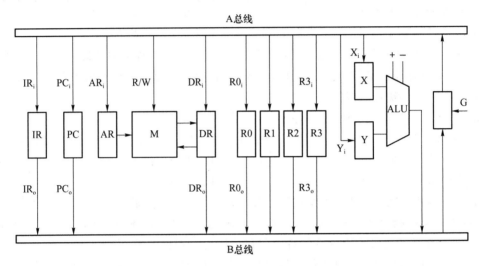

图 5-29　题 25 图

26. 参见图 5-29 所示的数据通路，数据传送指令"SUB R1,R2"的含义是(R1)－(R2)→R1，请画出其指令周期流程图，并列出相应微操作的控制信号序列。

27. 参见图 5-29 所示的数据通路，取数指令"LDA R0,(R3)"的含义是将(R3)作为地址的主存单元的内容取至 R0 中，请画出其指令周期流程图，并列出相应微操作的控制信号序列。

28. 参见图 5-29 所示的数据通路，存数指令"STA (R2),R1"的含义是将寄存器 R1 的内容传送至以(R2)为地址的主存单元中，请画出其指令周期流程图（假设该指令的地址已放入 PC 中），并列出相应的微操作控制信号序列。

第6章 总线系统

📖 **本章学习目标**

本章为总线系统,介绍总线系统的概念、结构、仲裁方式、通信方式及信息传送方式,最后介绍微型计算机总线实例。

① 总线的基本概念。

② 总线分类和结构。

③ 总线性能指标。

④ 总线的 3 种集中式仲裁方式、分布式仲裁方式。

⑤ 总线通信方式及信息传送方式。

⑥ 总线同步及异步定时方式。

6.1 总线系统概述

6.1.1 总线的基本概念

1. 总线的连接方式

计算机系统五大组成部件之间的互连方式可以分为两种,一种是各部件之间单独连线,称为**分散连接**;另一种是将各部件连到一组公共信息传输线上,称为**总线连接**。

早期的计算机大多数采用分散连接方式,以存储器为连接中心,存储器与运算器、控制器、输入设备和输出设备之间都有连接,图 6-1 是分散连接方式的例子。虽然计算机组成部件总体上只有 5 类,但是组成一个计算机系统的功能部件常常有很多,如果采用分散连接方式,会造成内部连线过于复杂,中心部件连线过多,严重影响整机效率。此外,如果今后需要增删功能部件,则还需要更改内部连接结构,非常不方便。

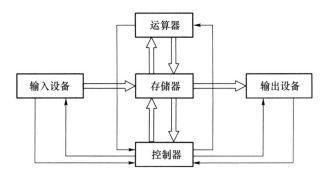

图 6-1 分散连接方式

总线方式则能较好地解决这些问题,图 6-2 所示是单总线连接方式的例子,单总线并不是一根传输线,而是由很多根传输线或通路组成,总线是连接多个部件的信息传输线,是各部件共享的传输介质。总线传输方式可以只用一根线逐位串行传输二进制数据,也可以用若干根线并行传输多位二进制数据,例如,用 16 根数据线并行传输 16 位二进制数据。

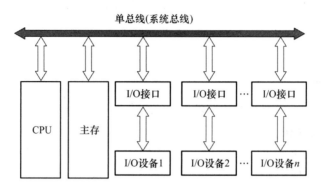

图 6-2　单总线连接方式

在多个部件与总线相连的情况下,如果出现两个或两个以上部件同时向总线发送信息的情况,将导致信号冲突,使本次传输无效,因此,**总线传输应具有共享和分时**的特点。

共享是指总线上连接的多个部件共享总线,其中任意两个部件的通信都可利用这组总线实现。分时是指同一时刻只允许一个设备向总线发送信息,如果总线上有多个部件需要发送信息,则它们只能分时发送;虽然同一时刻只允许一个设备向总线发送信息,但允许多个部件同时从总线上接收信息。

2. 总线的分类

下面从 4 个维度对总线进行分类。

(1) 按 CPU 中每根线的作用

按 CPU 中每根线的作用不同,将总线分为**数据总线**、**地址总线**和**控制总线**。

① 数据总线(Data Bus,DB)是在计算机系统各个部件之间传输数据信息的信号线,数据总线是双向的,支持部件之间双向传输数据。数据总线的根数称为**总线宽度**或**位宽**,它与机器字长有关,数据总线通常由 8 根、16 根或 32 根数据线组成,分别表示为 $D_0 \sim D_7$,$D_0 \sim D_{15}$,$D_0 \sim D_{31}$。由于一根数据线一次只能传送 1 位二进制数,所以,数据总线宽度决定了一次能同时传送二进制的位数,数据总线宽度是总线性能的关键指标之一。如果数据总线宽度为 8 位,而每条指令的长度为 16 位,那么在每个指令周期中需要两次访问存储器才能取回完整的 16 位指令;如果数据总线宽度为 16 位,则一次访问存储器就能取回指令。

② 地址总线(Address Bus,AB)是在计算机系统各部件之间传输地址信息的信号线,地址总线是单向的,一般由 CPU 发送给存储器或 I/O 设备中的地址逻辑电路,它指出**数据传送的目的地址**,或者**数据传送的源地址**。例如,当 CPU 从存储器中某地址单元读取数据时,需要 CPU 将存储器源地址信号发送到地址总线上,而当 CPU 向存储器某地址单元写入数据时,则 CPU 将存储器的目标地址信号发送到地址总线上。**地址总线的根数决定了计算机中存储器的最大容量**。如果地址总线为 20 根,记为 $A_0 \sim A_{19}$,则存储器最大容量为 $2^{20} = 1M$,类似地,如果地址总线为 32 根,记为 $A_0 \sim A_{31}$,则存储器单元最大容量为 $2^{32} = 4G$。有些计算机存储器和 I/O 端口统一编址,即将 I/O 端口地址映射为存储器地址,而有些计算机存储器和 I/O 端口分开编址,为此专门设置 I/O 访问指令,详见 7.2.2 节。

③ 控制总线(Control Bus,CB)是在计算机系统各个部件之间传输控制信息的信号线,每根控制线都是单向的,用来指明数据传输方式(主存读、主存写、I/O读和I/O写),负责设备中断控制、定时控制等。例如:存储器的读、写信号线,用于将信号从CPU发送给其他部件,属于输出线;存储器或I/O设备就绪状态信息线以及中断请求信号线,用于将信号从其他设备发送给CPU,属于输入线。

（2）按单机系统连接部件

按单机系统连接部件的不同总线可以分为**内部总线**、**系统总线**和**外部总线**。

① 内部总线指CPU内部连接各个寄存器和运算器等部件的总线。例如定点运算器内的3种总线、数据通路使用的总线都属于CPU内部总线。

② 系统总线指计算机系统中连接CPU与其他部件(如存储器、I/O设备以及通道)的总线。微型计算机中常用的系统总线有ISA总线、EISA总线、VESA总线以及PCI总线等。

③ 外部总线指用来连接计算机外部设备或其他计算机的总线,如用于连接并口打印机的Centronics总线、用于连接串行通信设备的RS-232总线、用于连接USB设备的USB总线等。

（3）按连接方式

按连接方式总线分为**单总线**、**双总线**和**三总线**。单总线通过一组总线将CPU、存储器和所有I/O设备连接在一起,随着计算机系统的发展,外部设备种类和数量越来越多,为了满足不同设备对总线速度的要求,双总线和三总线结构出现了。在三总线中,将高、中、低速设备连接到不同的总线上并同时工作,从而提高总线效率和吞吐率。

（4）按数据传输方式

按数据传输方式总线分为**并行总线**和**串行总线**。

① 并行总线指多个数据位同时并行传输,常用的数据**总线宽度**有8位、16位、32位及64位等。微型计算机系统中的ISA总线、EISA总线、VESA总线以及PCI总线等,都属于并行总线。

② 串行总线指每次传输一个二进制位的总线,即数据总线宽度为1位。在串行总线中,二进制位以串行的方式逐位传输,如RS-232和USB总线都属于串行总线。

6.1.2 总线的特性及其标准化

1. 总线的特性

计算机系统中总线的物理形态表现为一组总线,利用总线连接器将不同设备连接起来。例如,计算机中的USB总线利用USB插座和插头,将USB主设备和从设备连接起来,计算机主板上的一组总线利用主板插槽和插头来连接不同板卡。为了保证物理上的可靠连接,必须规定总线的**物理特性**;为了保证良好的电气连接,必须规定总线的**电气特性**;为了保证各种部件功能的正常运行,还必须规定**功能特性**和**时间特性**。总线特性包括如下几个方面。

（1）物理特性

物理特性指总线的物理连接方式,包括总线的根数,总线连接器中插头、插座的形状,引脚线的排列方式等。

（2）功能特性

功能特性描述总线中每一根线的功能。例如:地址总线的宽度指明了总线能够直接访问的存储器地址范围;数据总线的宽度指明了访问一次存储器或外设所能交换数据的位数;控制总线包括CPU发出的各种控制命令,如存储器的读/写、I/O设备的读/写等。

（3）电气特性

电气特性定义每一根线上信号的传递方向及有效电平范围。在传输方向上，一般规定传入 CPU 的信号为**输入信号**，从 CPU 发出的信号为**输出信号**。

例如，早期的 IBM PC/XT 机的 ISA 总线共 62 根，分两排编号，对功能板卡来说分为 A、B 两面。A 面是元件面，外引线排列顺序是 $A_1 \sim A_{31}$；另一面为 B 面，外引线排列顺序是 $B_1 \sim B_{31}$。规定地址线 $A_0 \sim A_{19}$ 是输出线，数据线 $D_0 \sim D_7$ 是双向线，总线的电平都符合 TTL 电平的定义等。

（4）时间特性

时间特性定义每一根线在什么时间有效，即规定总线上各信号有效的时序关系。只有各功能板卡按时间特性定义的时序工作，才能保证 CPU 和各功能板卡的正常信息传输，并且保证板卡的兼容性。

2. 总线标准化

总线标准化是在计算机**模块化**发展过程中产生的，计算机系统中的各种**模块**，尤其是输入/输出设备模块种类非常多，为了便于模块由不同制造商批量生产，确保性能稳定、质量可靠、便于维护和更换，人们制定了**总线标准**，这就是**总线标准化**。微机系统采用的标准总线有 **ISA 总线**（16 位，带宽为 16 MB/s）、**EISA 总线**（32 位，带宽为 33 MB/s）、**VESA 总线**（32 位，带宽为 132 MB/s）、**PCI 总线**（32 位、64 位两种，带宽分别为 266 MB/s、533 MB/s）等。

在总线标准化下，相同指令系统、相同功能，且由不同厂家生产的功能部件都可以互换使用，尽管它们的具体技术方案和生产工艺可能不同，这样保证了功能部件的规模化生产和整机规模化装配。

6.1.3 总线性能指标

计算机总线种类繁多，性能指标也不尽相同，但都会涉及如下这些主要指标。

1. 总线宽度

总线宽度指总线能同时传送的二进制位数，一般等于总线中数据线的根数。例如：ISA 总线为 16 位总线（宽度），具有 16 根数据线 $D_0 \sim D_{15}$，能够同时传送 16 位数据；VESA 总线为 32 位总线（宽度），具有 32 根数据线 $D_0 \sim D_{31}$，能够同时传送 32 位数据等。

2. 总线频率

总线频率是总线每秒传送数据的次数，它是总线工作速度的重要衡量指标，工作频率越高，传输速度就越快，通常用 MHz 表示，例如，ISA 总线的频率是 8 MHz，VESA 总线的频率为 132 MHz。

3. 总线带宽

总线带宽是综合总线传输数据量和传输速度的重要指标，它是总线每秒能达到的最大传送字节数据值，总线带宽越大，传输效率越高，总线带宽单位通常用兆字节每秒（MB/s）表示，计算公式如下：

$$总线带宽(MB/s) = \frac{总线宽度(bit)}{8(bit/B)} \times 总线频率(MHz)$$

例如：在 ISA 总线中，总线宽度为 16 位，总线频率为 8 MHz，则总线带宽为 16 MB/s；在 VESA 总线中，总线宽度为 32 位，总线频率为 33 MHz，则总线带宽为 132 MB/s。

【例 6-1】 ①某总线在一个总线周期中并行传送 32 位数据,假设一个总线周期等于一个总线时钟周期,总线时钟频率为 33 MHz,总线带宽是多少? ②如果在一个总线周期中并行传送 64 位数据,总线时钟频率升为 66 MHz,总线带宽是多少?

解:① 总线带宽 =（32 bit/8 bit/B）× 33 MHz =（32 bit/8 bit/B）× 33 M/s = 132 MB/s。

② 总线带宽 =（64 bit/8 bit/B）× 66 MHz =（64 bit/8 bit/B）× 66 M/s = 528 MB/s。

4. 总线寻址能力

总线寻址能力指由总线中地址总线位数所确定的寻址空间的大小,一般来说地址总线位数为 n,则最大寻址空间为 2^n。例如,8 位 ISA 总线中地址线有 20 根 $A_0 \sim A_{19}$,则最大寻址空间是 $2^{20} = 1M$。

5. 总线定时方式

总线定时方式是总线上信息传送的定时方式,有同步通信、异步通信和半同步通信 3 类。在同步通信协议中,事件出现在总线上的时刻由统一的总线时钟信号来确定。在异步通信协议中,后一事件出现在总线上的时刻取决于前一事件的出现,它不需要统一的公共时钟。半同步通信方式是同步通信方式和异步通信方式相结合的方式(见 6.2.2 节)。

6. 总线突发方式

根据一个数据传送周期中总线传送位数的不同,总线突发方式分为正常的**非突发方式**和**突发方式**两种。非突发方式是通信双方在每个传送周期内先发送地址,再发送一个数据位宽的数据;而突发方式(burst)则能够在总线上连续发送多个数据(称为数据块),传送开始时,先发送数据块在存储器中的起始地址,然后连续传送数据块中的每个数据,并且地址默认是前一个数据的地址自动加 1。突发方式无须在地址线上传送后续数据的地址,因而比非突发方式具有更高的传输率。

7. 总线负载能力

总线负载能力是总线所能连接的遵循总线标准设备的数量,由于总线的电气驱动能力是有限的,所以总线只能连接有限数量的设备,一般计算机主板提供有限数量的扩展槽,可由用户接入不多于这个数量的标准设备。

6.2 总 线 结 构

6.2.1 总线内部结构

1. 早期总线的内部结构

CPU 通过总线与存储器和 I/O 设备进行数据交换并完成数据处理,早期的总线通过增加总线驱动能力,将 CPU 的数据线、地址线和控制线延伸到主板,以便连接更多负载设备,因此,这种总线主要由数据总线、地址总线和控制总线构成,一般包含 50～100 根信号线,如图 6-3 所示。

早期总线结构存在两个问题:首先,由于当时设计的总线是 CPU 管脚信号延伸,所以总线信号定义与 CPU 紧密相关,通用性差,难以标准化;其次,在早期总线结构上,CPU 是总线唯一的主控制器,当 I/O 设备主动发起通信请求时,CPU 负担重、效率低,即使后来增加了具有简单仲裁逻辑的 DMA 控制器以支持 DMA 传送,但仍不能满足多 CPU 环境要求。

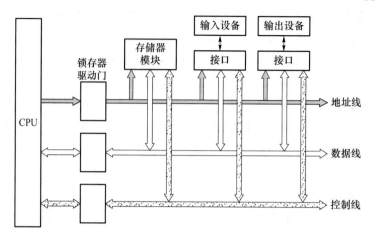

图 6-3 早期计算机总线内部结构

2. 当代总线的内部结构

当代计算机总线追求与结构、CPU、技术无关的开发标准,同时要满足包括多 CPU 在内的主控者环境要求。

在当代总线结构中,CPU 与 cache 作为一个模块与总线相连,同时为了支持多处理器结构,允许存在多个处理器模块,新增了总线控制器,以对多个部件请求总线的控制权进行协调和仲裁,总线分成 CPU-cache 模块、存储器模块、I/O 适配器模块和总线控制器模块 4 组,如图 6-4 所示。

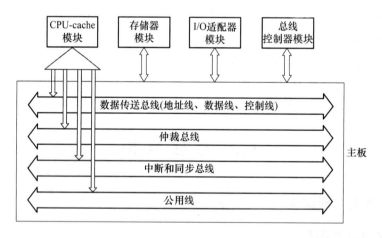

图 6-4 当代计算机总线内部结构

(1) 数据传送总线

与早期总线类似,数据传送总线由地址总线、数据总线和控制总线组成。当代总线中地址总线和数据总线通常设定为 32 位或 64 位宽度,以满足更多设备对地址和高带宽的需求。

(2) 仲裁总线

仲裁总线由总线请求线和总线授权线组成,总线请求线用来实现部件对总线控制权的请求操作,而总线授权线则完成设备使用总线权利的授予操作。

（3）中断和同步总线

中断和同步总线由中断请求线和中断认可线组成，用于处理带优先级的中断操作。

（4）公用线

公用线由时钟信号线、电源线、地线、系统复位线以及加电或断电的时序信号线等组成，公用线是部件工作必备的信号线。

6.2.2 总线接口

计算机 I/O 设备种类繁多、速度各异，传输方式也不尽相同，不可能直接连接到 CPU 或者高速总线上，而是需要先连接到 **I/O 接口**（interface），再连接到 CPU 或总线。I/O 接口又被称为 **I/O 适配器**（adapter），其主要功能是实现高速 CPU 与低速外设之间工作速度的匹配，并完成计算机与外设之间的数据传送和控制。

图 6-5 表示了 I/O 设备通过 I/O 适配器连接到 CPU 的结构。可见，一个 I/O 适配器通常具备**两个接口**，一个接口连接系统总线，通过系统总线与 CPU 进行数据交换，通常采用并行方式；另一个接口连接 I/O 设备，与其自带的设备控制器进行信息交换，采用并行或串行方式。

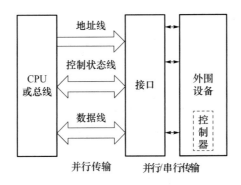

图 6-5 总线接口结构

例如，显示适配器具备两个接口，一个是 PCI 总线标准接口，可以直接连接到主机的 PCI 总线，另一个是 VGA 接口，可以连接 CRT 显示器、液晶显示器等。随着总线的标准化，一般将接口逻辑设计并制作成满足总线标准的部件，称为标准接口，一个标准接口可能连接一个设备，也可能连接多个同类设备。关于接口的更详细内容见 7.2.1 节。

6.2.3 总线的连接方式

根据连接方式的不同，单机系统中总线结构可分成 3 种基本类型：单总线结构、双总线结构和三总线结构。

1. 单总线结构

单总线结构是将单机系统中的 CPU、主存、I/O 接口都连接到一组总线上，称为 **I/O 总线**。通过这组总线，CPU 与主存、CPU 与 I/O 设备之间直接交换信息，如图 6-2 所示。

单总线结构的特点：主存与 I/O 设备同用一组总线，主存和 I/O 设备统一编址，CPU 分时访问主存和 I/O 设备。在 CPU 取指令时，CPU 将程序计数器中的地址送到地址总线上，由于指令地址在主存中，所以只有主存将对应地址中的指令字通过数据总线返回给 CPU；当 CPU

操作数据时,例如取操作数或者回写结果,则将地址发送到地址总线上,如果是主存地址,则主存予以响应,如果是 I/O 地址,则对应的 I/O 设备予以响应,然后 CPU 和主存或 I/O 设备之间交换数据,传输方向由操作码确定。除了 CPU 分时访问主存和 I/O 设备外,I/O 设备还可获得总线控制权,之后向总线发送存储器地址信号,则对应主存予以响应,这样 I/O 设备可以进行直接存储器访问(Direct Memory Access,DMA),而不经过 CPU。

单总线连接方式结构简单,容易扩充外部设备,只要将外部设备挂在总线上即可。但缺点也很明显,所有设备之间通信都共享一组总线,造成总线负载比较重,且同时只能有两个设备间通信,其他设备间想要通信就必须等待,从而导致 CPU 对主存或 I/O 设备进行访问产生较大时间延迟,影响系统工作效率,因此单总线结构只适用于一些对速度要求不高的系统。

2. 双总线结构

由于 CPU 和内存通信比较频繁,且传输数据量比较大,对速度的要求也比较高,为此可以在主存和 CPU 之间单独设置一组总线,称为**内存总线**,而 CPU 和其他设备间的通信仍通过原来的 **I/O 总线**进行,如图 6-6 所示。

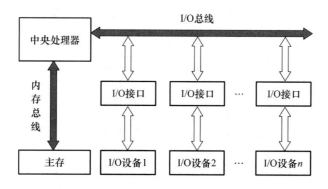

图 6-6　双总线结构形式 1

这种双总线结构称为面向 CPU 的双总线结构,其缺点是如果主存要和其他设备通信,则必须经过 CPU,会占用 CPU 的资源,增加 CPU 的负载。

还有一种双总线结构称为面向存储器的双总线结构,如图 6-7 所示,在这种双总线结构中,CPU 可以通过存储总线与主存交换信息,减轻了系统总线的负载,同时,主存仍可以通过系统总线与 I/O 设备进行 DMA 操作。

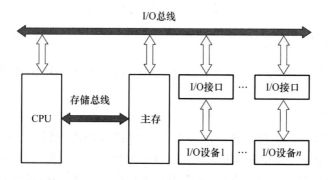

图 6-7　双总线结构形式 2

双总线结构还可以使用通道(Input Output Processor,IOP)统一管理外设,如图 6-8 所示,CPU、主存和通道连接在高速**主存总线**(**存储总线**)上,外设通过 I/O 接口连接到 I/O 总线上,通道作为"桥"也连接到 I/O 总线上,并统一管理外设。**通道**是特殊功能的处理器,分担了一部分 CPU 功能,可以对外设进行统一管理,完成外设与主存之间的数据传输功能。这种结构大多用于大、中型计算机。

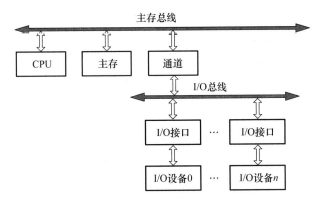

图 6-8 双总线结构形式 3

3. 三总线结构

三总线结构是在双总线结构形式 2 的基础上增加 I/O 总线形成的,如图 6-9 所示。

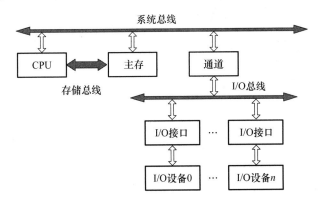

图 6-9 三总线结构形式

系统总线是高速总线,它是 CPU、主存和通道(IOP)之间进行数据传送的公共通路。而**I/O 总线**是低速总线,它是多个外设与通道之间进行数据传送的公共通路。CPU 可以通过高速**存储总线**与主存交换信息,外设和主存之间也可以采用 DMA 直接进行数据交换,而不经过 CPU。

在三总线结构中,CPU 与主存和通道交换信息具有专门的高速总线,提高了 CPU 的效率,而以通道的方式处理 I/O 设备数据,进一步提高了 CPU 的效率。然而,这是以增加更多的硬件为代价的。

4. 多总线结构实例

奔腾(Pentium)计算机是 20 世纪 90 年代典型的微型计算机,其主板采用了多总线结构形式,后来微型计算机总线也是在这种总线结构的基础上不断发展起来的。

图 6-10 所示为奔腾计算机主板的总线结构示意图,总体上采用三总线结构,三组独立的

总线——CPU 总线(又称前端总线、FSB 总线)、PCI 总线和 ISA 总线,通过两个桥芯片——北桥芯片和南桥芯片连接起来。

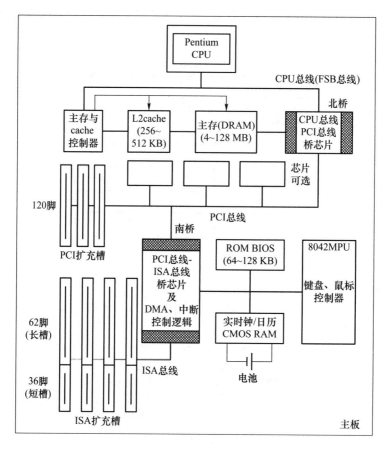

图 6-10　总线结构示意图

(1) CPU 总线

CPU 总线将 CPU、主存控制器、cache、主存和北桥芯片连接起来,是一个高速总线,它是由 64 位数据线、32 位地址线和一些控制线构成的同步总线。

(2) PCI 总线

PCI 总线是系统总线,用于连接高速 I/O 接口模块,例如图形显示适配器、网络适配器、硬盘控制器等。

(3) ISA 总线

ISA 总线用于兼容之前的低速 I/O 设备,如声卡、网卡、串口等。

(4) 桥芯片

CPU 总线、PCI 总线、ISA 总线通过两个桥芯片连接起来,桥芯片起到信号速度缓冲、电平转换、控制协议转换的作用。由于连接 CPU 总线和 PCI 总线的桥芯片位于主板靠上位置,因此又称为**北桥芯片**,而连接 PCI 总线和 ISA 总线的桥芯片位于主板靠下位置,因此又称为**南桥芯片**。

在奔腾计算机中,将主存控制器和 cache 控制器芯片、北桥芯片和南桥芯片合称为 **PCI 芯片组**,它是奔腾计算机主板的核心逻辑芯片组,在系统中起着至关重要的作用。

6.3 总线控制与通信

计算机总线连接多个部件,并通过共享总线的方式进行数据交换。那么,如何确定哪个部件使用总线?采用什么样的信息传输方式和数据格式?如何保证信息接收者可以正确无误地收到信息?何时切换到另一个通信部件,并且还要避免冲突?这就需要了解总线控制方式、总线通信方式以及信息传送方式。

6.3.1 总线控制方式

总线控制决定总线上的各个部件如何获得**总线控制权**,完成该功能的部件称为**总线控制部件**或**总线控制器**,又称为**总线仲裁部件**或**总线仲裁器**。

下面归纳共享总线结构的几个特点。

① 多个部件连接到一组公共总线上,并通过公共总线进行通信,完成数据交换。

② 连接到总线上的部件,按其是否可以拥有总线控制权并发出总线请求可以分为两类:**主方**(master),可以占有总线,启动一个总线周期,发起总线请求;**从方**(slaver),只能响应主方的通信请求。例如:CPU 可以作为主方,也可以作为从方;DMA 控制器可以作为主方提出总线请求,而存储器只能作为从方。

③ 同一时间只能有一个主方占有总线控制权,并与另一个从方通信。

④ 分时使用,即当多个主方同时申请使用总线时,需按照某种优先策略,首先得到总线控制权的主方可以使用总线,当总线使用完毕并处于空闲状态时,其他主方才能获取总线控制权,并使用总线。

⑤ 为了解决多个主方同时竞争总线控制权的问题,必须设置总线仲裁部件以某种方式选择其中一个主方作为总线的下一个主方。

⑥ 对多个主设备提出的占用总线请求,一般可采用优先级或公平策略进行仲裁。

按照仲裁部件位置的不同,仲裁方式可以分为**集中式仲裁**和**分布式仲裁**,前者将总线仲裁逻辑集中到一个仲裁部件中(常常集成在 CPU 中),又称为**中央仲裁器**或**总线控制器**,后者将仲裁逻辑分散到总线各个部件中。

1. 集中式仲裁

在集中式仲裁方式中,每个连接到总线的设备都有两根线连到中央仲裁器,一根是设备送往仲裁器的总线请求信号线 BR,另一根是仲裁器送往设备的总线授权信号线 BG。有 3 种常见的集中式仲裁方式,分为**两种查询方式**和**一种请求方式**,如图 6-11 所示。

(1)链式查询方式

在链式查询方式中,总线中与仲裁相关的除 BR 和 BG 公共线外,还有总线状态线 BS,表明总线使用和空闲状态,用"1"表示总线正被某个主方所使用,用"0"表示总线空闲。

链式查询方式的工作过程:总线授权信号 BG 采用串行方式从一个 I/O 接口传送到下一个 I/O 接口,形成一个顺序的查询链,如果 BG 到达某接口无总线请求,则继续往下查询,如果 BG 到达某接口有总线请求,则将总线控制权授予该 I/O 接口,并且 BG 信号不再往下查询。

链式查询方式的**优先级**是**固定**的,并且与总线部件仲裁器的位置有关,离仲裁器最近的设备优先级最高,离仲裁器越远的设备优先级越低。

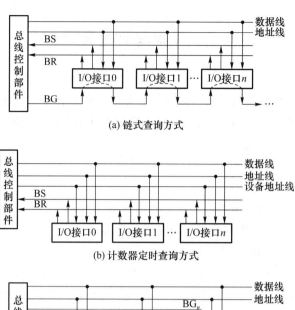

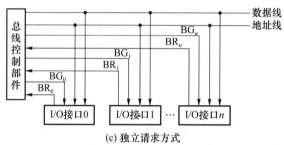

图 6-11　3 种集中仲裁方式

链式查询方式的优点是只用很少几根线就能按一定的优先次序实现总线仲裁,并且容易扩充新的总线设备,缺点是对电路故障非常敏感。如果某个设备的接口中有关查询链的电路发生故障,则较之更远的设备可能都无法工作,而且,如果优先级高的设备频繁发出总线请求,则优先级较低的设备有可能长期无法使用总线。

(2) 计数器定时查询方式

在计数器定时查询方式中,总线中与仲裁相关的线除 BR 线和 BS 公共线外,还有设备地址线,用于仲裁器向接口设备下发地址。

计数器定时查询方式的工作过程:仲裁器在接收到某个设备发送来的总线请求信号 BR 后,在总线为空闲(即 BS 线为"0")的情况下,仲裁器中计数器开始计数,并将计数值通过一组地址线发向各个设备,当某个请求使用总线的设备地址与计数值一致时,该设备将 BS 线置"1",获得总线控制权,同时终止计数查询。

这种方式的**优先级**是通过仲裁器中计数器工作方式的**配置**来实现的,如果每次计数器都从"0"开始,则设备优先级按 $0,1,\cdots,n$ 的顺序排列;如果每次计数器从上次终止点开始,则每个设备使用总线的优先级是相等的。显然,计数器的初值可用预定的程序来配置,从而方便地改变优先次序。但这种灵活性是以增加地址线数为代价的。

(3) 独立请求方式

在独立请求方式中,每一个共享总线的设备均有一对总线请求线 BR_i 和总线授权线 $BG_i (i=0,1,\cdots,n)$ 与总线控制部件连接。

独立请求方式的工作过程:当设备要求使用总线时,便发出请求信号,仲裁器中有一个排队电路,根据预定的优先策略决定首先响应哪个设备的请求,并给该设备以授权信号。独立请求方式的优点是响应速度快,确定优先响应的设备所花费的时间少,避免了对多个设备的查询,而且对优先次序的控制灵活,可以预先固定,也可以通过程序来改变,还可以屏蔽(禁止)某个设备的请求。因此,现代的总线标准普遍采用独立请求方式,缺点是控制线数量多,控制逻辑复杂。

在 n 个设备的集中仲裁方式中,为了决定总线控制权属于哪个设备,链式查询方式仅需要 3 根信号线(BS、BR 和 BG),而无论多少个设备,计数器定时查询方式需要 $2+\log_2^n$ 根信号线 (BS、BR 再加设备地址线),而独立请求方式则需要 $2n$ 根信号线(每个设备均需独立的 BS 和 BR)。

2. 分布式仲裁

分布式仲裁**不需要中央仲裁器**,每个**主方**设备都有自己的**唯一仲裁号**和**仲裁器**,分布式仲裁中各个**设备的优先级**是以**优先级仲裁策略**为基础的。

分布式仲裁的工作过程:当设备需要发出总线请求时,将它们的仲裁号发送到总线上,每个仲裁器从总线获得的仲裁号与本身的仲裁号作比较,如果总线上的号大,则它的总线请求不予响应,并撤销它的仲裁号,而获胜者的仲裁号则保留在总线上,并获得总线控制权。

6.3.2 总线通信方式

总线通信方式决定总线上各个部件如何进行通信、如何实现数据传输。

多个设备共享总线,按照总线仲裁优先策略来确定哪个主方获得总线控制权。在通信时间上,按照分时方式来处理,这体现在两个方面:首先,以获取总线控制权先后顺序分时占用总线,即哪一个主方获取控制权,此刻就由它发送,下一时刻哪个主方获得控制权,接着下一时刻发送,形成分时轮流使用总线传输的工作方式;其次,完成一次总线操作的时间称为总线周期,又分为 5 个阶段传输数据,即**请求总线**、**总线仲裁**、**寻址(目的地址)**、**信息传送**和**状态返回**(包括错误报告)。

为了同步主方、从方的操作,必须制订通信定时协议,即按照事件出现在总线上的时序关系指定主从方的具体操作。计算机系统有两种截然不同的通信方式:**同步通信**和**异步通信**。

1. 同步通信

在同步通信协议中,**事件**出现在总线上的时刻由**统一的总线时钟**信号来确定。

以 CPU 读取主存数据为例,如图 6-12(a)所示,从图中可以看出,按照总线时钟时序,所有事件都出现在总线时钟信号的上升沿,并且大多数事件只占据一个时钟周期。

工作过程:假设 CPU 通过总线请求已经获取了总线控制权,接下来要完成寻址(目的地址)、信息传送和状态返回。首先,CPU 发出读命令信号,并将目标(主存)地址发到地址线上,同时还发出一个启动信号,表明控制信息和地址信息均已出现在总线上,然后,主存模块识别地址码,经过一个时钟周期延迟(存取时间)后,将数据信息和状态返回(认可信息)放到总线上,被 CPU 读取。

同步通信的优点是通信协议规定明确、统一,模块间配合简单一致,具有较高的传输效率,但是同步方法对于任何两个功能模块的通信都给予相同的时间安排,同步总线必须按最慢的模块来设计公共时钟,当各功能模块的存取时间相差很大时,总线效率会有较大损失。

同步通信一般用于总线长度较短、各部件存取时间比较一致的场合。

2. 异步通信

异步通信是建立在通信双方**应答式**或**互锁机制**基础上的,后一事件出现在总线上的时刻取决于前一事件的出现,它不需要统一的公共时钟,总线周期长度不固定。

以 CPU 读取主存数据为例说明异步工作过程,如图 6-12(b)所示。假设 CPU 通过总线请求已经获取了总线控制权,接下来要完成寻址(目的地址)、信息传送和状态返回。

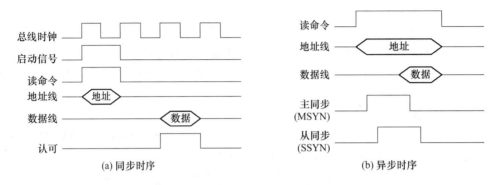

图 6-12　CPU 从主存读取数据的同步和异步方式

工作过程:首先,CPU 在总线上发出读命令信号和目标(主存)地址信号,经过一段时间延迟,待信号稳定后,它启动主同步(MSYN)信号,主存启动从同步(SSYN)信号来应答主方,并将数据放到数据线上,得到应答信号 SSYN 后,CPU 读数据,完成之后撤销 MSYN 信号,MSYN 信号撤销又使 SSYN 信号撤销,最后地址线、数据线不再有有效信息,于是读数据总线周期结束。

异步通信的优点是总线周期长度可变,便于快速和慢速的功能模块连接到同一总线上,但以增加总线的复杂性和成本为代价。目前多数微机的总线还是采用同步通信的方法。

6.3.3　信息传送方式

在总线上传输的数据,可以是多个二进制位一起传输,也可以按二进制位逐位顺序传输,由此将总线上的信息传送方式分为两种:**串行传送**和**并行传送**。信息传输的二进制位是用传送信号的高、低电位表示的。

1. 串行传送

当信息以串行方式传送时,原理上只需要一根数据线,按二进制位逐位顺序传输,数字"1"在数据线路上传送高电平信号,数字"0"在数据线路上传送低电平信号,为了实现正确传送,以异步串行传输方式为例,说明串行传送的特点。

① 为保证每位准确传输,需要预先确定每位时间——位时间,位时间可以由预定好的传输速率——波特率来表示。因为在串行传输中,如果数据中有连续多个 0 位,数据线上会连续出现低电平信号,如果数据中有连续多个 1 位,数据线上会连续出现高电平信号,所以需要使用位时间来确定有多少个 0 或 1。

② 确定传输位的顺序,通常传输 1 字节(8 bit)数据时,规定先传输低位,再传输高位,即按照"低位优先"的原则传输。

③ 确定传输的开始和结束,在异步串行传输中规定了起始位和停止位。

波特率(baud rate)是每秒传送的比特(bit)位数,它用于表示串行通信的速率,每个比特位占用的时间 T_d 是波特率的倒数。

图 6-13 是异步串行传输方式示意图,其中 $T_1 = T_2 = \cdots = T_d$。

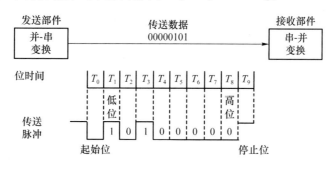

图 6-13　异步串行传输方式示意图

串行传送时,发送方需要进行数据的**并-串变换**,称为**拆卸**,而接收方需要进行**串-并变换**,称为**装配**。

串行传送的主要优点是无论传输多少数据量,理论上仅需要一根传输线,而且相对并行方式而言,适合长距离传输。

【例 6-2】　利用串行方式传送字符,假设数据传送速率是每秒 120 字符,每一个字符格式都规定包含 10 个数据位(起始位、停止位、8 个数据位),问传送的波特率是多少?每个比特位占用的时间是多少?

解:每一个字符格式都规定包含 10 个数据位,则波特率为 10 bit $\times$ 120/s = 1 200 bit/s。

每个比特位占用的时间 T_d 是波特率的倒数,即 $T_d = 1/1\,200 \approx 0.833 \times 10^{-3}$ s = 0.833 ms。

2. 并行传送

当信息以并行方式传送时,每个数据位都需要一根单独的传输线,有多少根数据线,就可以同时并行传输多少位数据,数字"1"在数据线路上传送高电平信号,数字"0"在数据线路上传送低电平信号,可见并行传送中会有多个"0"或"1"同时在不同线上传送。

信息的并行传送过程如图 6-14 所示,传送的数据由 8 位二进制位组成(即 1 字节),可以使用 8 芯扁平电缆传送,不同线代表二进制数的不同位值,图中最上面的线代表最高有效位,最下面的线代表最低有效位,正在传送的二进制数是 10101100B。例如,ISA 总线是 16 根数据线并行传输,而 EISA 总线是 32 根数据线并行传输。

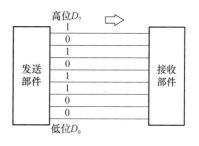

图 6-14　信息的并行传送过程

由于所有的位同时被传送,所以一般来说,并行传送比串行传送快得多,但是传输距离相对要短得多。

6.4　总线系统实例

计算机总线是连接计算机各个部件的公共通道,总线的性能直接影响到计算机的整体性能,随着计算机技术的飞速发展,总线的功能越来越强大,在计算机中的地位也越来越重要。本节以微型计算机总线为例,介绍几种典型的标准总线,由此读者可以更好地了解总线的发展趋势。

6.4.1 微型计算机多总线结构

20 世纪 90 年代 Intel 公司的 Pentium 系列计算机主板采用三组独立总线:CPU 总线〔或称 **FSB(Front Side Bus)总线**、前端总线〕、**PCI 总线**和 **ISA 总线**。这些总线通过两个芯片组〔即**北桥芯片(MCH)**和**南桥芯片(ICH)**〕连接起来,这种主板结构被称为**三芯片结构**(即 CPU、北桥芯片和南桥芯片),如图 6-10 所示。

FSB 总线是将 CPU 连接到北桥芯片的系统总线,是 CPU 和外界交换数据的主要通道,其数据传输能力对计算机整体性能的影响很大。FSB 总线频率不断提高,从 2003 年的 800 MHz 提升为 1 066 MHz、1 333 MHz,在 2007 年提升了一倍,达到 1 600 MHz,带宽也提升到了 12.8 GB/s(1 600 M×64 位/8)。

尽管 CPU 的 FSB 频率已经很高,但与不断提升的内存频率、高性能显卡(特别是双或多显卡系统)相比,CPU 与芯片组的 FSB 总线依然是传输瓶颈。例如,1 333 MHz 的 FSB 所提供的内存带宽是 1 333 MHz×64 bit/8≈10 667 MB/s≈10.67 GB/s,与双通道的 DDR2-667 内存刚好匹配,但如果使用双通道的 DDR2-800、DDR2-1066 内存,FSB 的带宽就小于内存的带宽,更不能匹配当时即将推出的三通道 **DDR3** 内存(Nehalem 平台三通道 DDR3-1333 内存的带宽可达 32 GB/s)。

2008 年 11 月 Intel 公司采用全新 Nehalem 架构 CPU,CPU 集成三通道 DDR3 内存控制器,并推出了全新总线 **QPI**(Quick Path Interconnect)总线取代 FSB 的**点到点连接**技术,采用 **20 位宽**的 QPI 连接,其带宽比 1 600 FSB 提升了 2 倍,达到 25.6 GB/s,主板采用 QPI 总线的三芯片结构如图 6-15 所示。

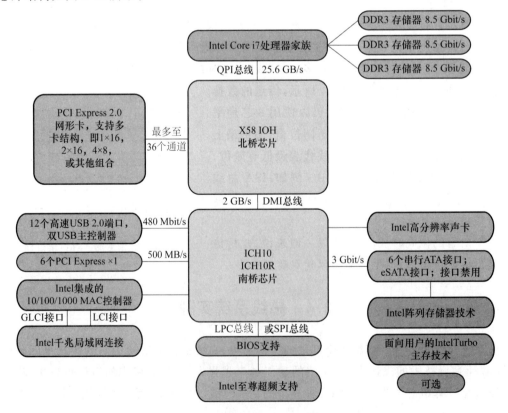

图 6-15　主板采用 QPI 总线的三芯片结构

2009 年 Intel 公司推出了**双芯片结构**——**CPU＋PCH**,PCH 称为平台控制器中心,PCH 中除了包含原有南桥(ICH)的 I/O 控制器集线器功能外,以前北桥中的图形显示控制单元、管理引擎(Management Engine,ME)单元也集成到 PCH 中,另外还包括 NVRAM(Non-Volatile Random Access Memory)控制单元,这样 CPU 直接和内存及显卡进行数据传输,而 PCH 芯片通过 DMI 总线与 CPU 连接,主板变成双芯片结构,如图 6-16 所示。

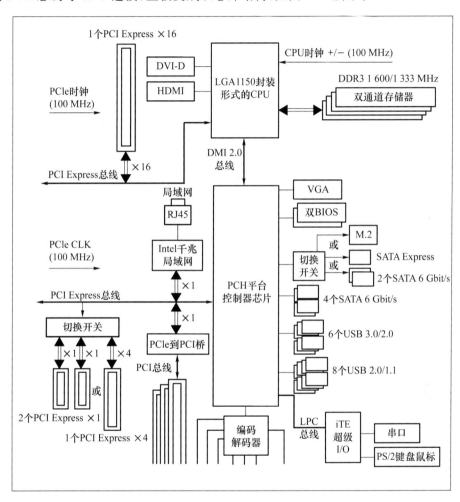

图 6-16　Intel 双芯片结构

6.4.2　微型计算机总线介绍

微型计算机总线结构从单总线结构发展而来,通过增加存储器总线和 CPU 总线,构成多总线结构,下面分别介绍 3 类总线。

1. CPU 总线

(1) FSB 总线

早期的 Intel 微处理器的 CPU 总线是前端总线 FSB,它作为主板上最快的总线用于微处理器和北桥芯片之间的信息交换。起初 FSB 每个时钟只传送一次数,因此时钟频率(称为外频)与数据传送速率是相同的,从 Pentium Pro 开始使用"quad pumped"(4 倍并发)技术,在每个总线时钟周期可以传送 4 次,总线的数据传输速率等于总线时钟频率的 4 倍,例如,时钟频率为 200 MHz、333 MHz,则 FSB 的传输频率对应为 800 MHz、1 333 MHz,也记为 0.8 GT/s、1.333 GT/s,FSB 总线的宽度为 64 位,所以上述频率下的总线带宽为

$$800 \text{ MHz} \times 64 \text{ 位}/8 = 6.4 \text{ GB/s}$$

$$1 \text{ } 333 \text{ MHz} \times 64 \text{ 位}/8 \approx 10.67 \text{ GB/s}$$

对于多处理器系统,则多个 CPU 芯片共享一个 FSB。

（2）QPI 总线

DDR3 内存的出现使得 FSB 的传输速率成为瓶颈,Intel 公司提出 QPI 总线作为 CPU 总线,用于 CPU 与北桥芯片的数据传输总线。QPI 总线是基于包传输的串行高速点对点连接协议,采用差分信号与专门时钟信号进行传输,QPI 总线具有 20 根数据线,可以双向传输,发送方和接收方有各自的时钟信号,每个时钟周期传输两次,因此传送频率是时钟频率的 2 倍,一个 QPI 数据包有 80 位,需要两个时钟周期或 4 次传输,80 位中 64 位是有效数据,其余位作为 CRC 校验位。QPI 带宽计算按照每秒传送有效数据位计算。

例如,QPI 时钟频率为 6.4 GHz,则 QPI 传输速率为 12.8 MHz,4 次传输能传送 64 位有效位（相当于每次传输 16 位,2 字节）并且支持双向传输,所以带宽为

$$\text{每秒传送次数} \times \text{每次传输的有效次数}（2B） \times 2（双向）$$

例如,QPI 时钟频率为 2.4 GHz,则 QPI 频率为 4.8 GT/s,QPI 时钟频率为 3.2 GHz,则 QPI 频率为 6.4 GT/s,则带宽分别是

$$4.8 \text{ GT/s} \times 2B \times 2 = 19.2 \text{ GB/s}$$

$$6.4 \text{ GT/s} \times 2B \times 2 = 25.6 \text{ GB/s}$$

后者是微型计算机使用 QPI 总线的理论最大带宽。

2. 存储总线

早期的存储器总线由北桥芯片控制,CPU 通过北桥芯片和主存储器、图形显示适配器（显卡）以及南桥芯片互连,2008 年 11 月 Intel 公司采用全新的 Nehalem 架构 CPU,集成三通道 DDR3 内存控制器,因此存储器总线直接连接到处理器,后来发展的单芯片组方案在 CPU 中集成了内存控制器。

DDR3 SDRAM 是 64 位总线,以传输频率为 1.333 GT/s 为例,则带宽为 1.333 GT/s × 64 位/8 ≈ 10.67 GB/s,如果采用三通道内存,则带宽为 32 GB/s。

3. I/O 总线

I/O 总线即输入/输出总线,是为计算机系统中各种 I/O 设备提供输入/输出的通路,在微机上常见的是主板上的 I/O 扩展槽。I/O 总线经过三代的发展。

第一代 I/O 总线主要有 XT 总线、ISA 总线、EISA 总线、VESA 总线,这些总线已经被淘汰。**第二代 I/O 总线**主要有 PCI 总线、AGP 总线、PCI-X 总线。**第三代 I/O 总线**主要有 PCI-Express 总线。

表 6-1 是一些总线的主要特点和性能参数,下面主要介绍第三代 PCI-Express 总线。

表 6-1　一些微型计算机标准总线的特点和性能参数

名　称	ISA(PC-AT)	EISA	VESA(VL-BUS)	PCI
适用机型	286、386、486 系列机	386、486、586 IBM 系列机	i486、PC-AT 兼容机	P5 个人机、PowerPC、Alpha 工作站
最大传输率	15 MB/s	33 MB/s	266 MB/s	133 MB/s 或 266 MB/s

续表

总线宽度	16 位	32 位	32 位	32 位
总线工作频率	8 MHz	8.33 MHz	66 MHz	33 MHz,66 MHz
同步方式	同步	同步	异步	异步
仲裁方式	集中	集中	集中	集中
地址宽度	24	32	32	32/64
负载能力	8	6	6	3
64 位扩展	不可	无规定	可	可

PCI-Express 简称 PCI-E,又称 3GIO(第三代 I/O)。它采用点对点串行连接,并且具有热插拔功能,给使用带来很大的方便。相比 PCI 以及更早期计算机总线的共享并行架构,其每个设备都有自己的专用连接,不需要向整个总线请求带宽,而且可以将数据传输率提高到一个很高的频率,达到 PCI 所不能提供的高带宽。相对于传统 PCI 总线在单一时间周期内只能实现单向传输,PCI-E 的双单工连接能提供更高的传输速率和质量。

设备之间以一个链路相连,每个链路可以包含多条通路,如 1、2、4、8、16、32 等,一般用 PCI-Express×n 中的"n"表示通路数。每条通路由发送和接收数据线构成,在发送和接收两个方向上都各有两条差分信号线,可以同时发送和接收数据。在发送和接收数据的过程中,每个数据字实际上被转换成 10 位信息传输,以保证所有位都有信号电平的跳变。这是因为在链路上没有专门的时钟信号,链路接收器使用锁相环从进入的位流 0-1 和 1-0 跳变中恢复时钟。

不同的通路数可以满足不同带宽的需求,例如,PCI-Express ×1 可以满足主流声效芯片、网卡芯片和存储设备对数据传输带宽的需求,PCI-Express ×16 用来连接显卡。

PCI-Express 1.0 规范互斥通路中每个方向的发送和接收速率都为 2.5 Gbit/s,因此双向带宽计算公式为

$$2.5 \text{ Gbit/s} \times 2 \times \text{通路数}/10$$

从公式可以推出,在 PCI-Express 1.0 规范下,PCI-Express ×1 的总带宽为 0.5 GB/s,PCI-Express ×2 的总带宽为 1.0 GB/s,PCI-Express ×16 的总带宽为 8 GB/s。

6.5　本章小结

总线是计算机系统的公共传输通道,当代计算机系统使用多总线结构连接各个设备或部件。总线特性包括物理特性、功能特性、电气特性和时间特性。计算机系统有很多标准总线,当代计算机总线追求与结构、CPU、技术无关的开发标准,以保证计算机模块的规模化生产和整机规模化装配。

总线的性能指标包括总线频率、宽度、带宽、寻址能力和定时方式等。

早前的总线通过增加总线驱动能力,将 CPU 的数据线、地址线和控制线延伸到主板,当代计算机采用多种总线结构形式。总线结构可分成 3 种基本类型:单总线结构、双总线结构、三总线结构。在三总线结构中,CPU 与主存和通道交换信息具有专门的高速总线,提高了 CPU 的效率,同时,通道分担部分 CPU 功能,用于处理 I/O 设备数据,进一步提高了 CPU 的效率。

计算机总线上多个设备或部件通过共享总线方式进行数据交换,仲裁器决定共享总线的

部件如何获得总线控制权。按照仲裁器位置的不同,总线仲裁分为集中式仲裁和分布式仲裁,其中集中式仲裁又有链式查询方式、计数器定时查询方式和独立请求方式。独立请求方式的优点是响应速度快,确定优先响应的设备所花费的时间少,对优先次序的控制灵活,因而在现代总线标准中得到普遍使用。分布式仲裁不需要中央仲裁器,而是以优先级仲裁策略为基础。

按照事件出现在总线上的时序关系而制定主从方的具体操作,有同步通信和异步通信两种方式,在同步通信方式中,事件出现在总线上的时刻由统一总线时钟信号来确定,而在异步通信方式中,后一事件出现在总线上的时刻取决于前一事件的出现,它不需要统一公共时钟。在总线上传输的数据,可以是多个二进制位一起传输,也可以按二进制位逐位顺序传输,由此将总线上的信息传送方式分为并行传送和串行传送。并行传送中所有位同时被传送,一般来说数据传送比串行方式快,但是传输距离相对要短得多。串行传送无论传输多少数据量,理论上仅需要一根传输线,而且相对并行方式而言,适合长距离传输。

从 20 世纪 90 年代起,微型计算机主板采用三组总线结构——CPU 总线、存储总线和 I/O 总线,并形成三芯片结构。随着 CPU 集成度的不断提升,工艺不断改进,CPU 集成北桥和其他更多功能,主板发展成两芯片结构,在这个发展过程中大批新型的总线出现了,如 FSB 总线,QPI 总线,DDR3、DDR4 的存储总线,第三代总线 I/O 总线 PCI-Express 等,它们提供了更高的传输速率和质量。

掌握了总线相关基础知识后,下一章将介绍总线连接的多种外围设备,以及各种 I/O 控制方式。

习　题

1. 在计算机系统中,总线特性包括_____。

A. 物理特性　　　　B. 功能特性　　　　C. 电气特性　　　　D. 时间特性

2. 当代计算机总线设计中制定了很多总线标准,追求与_____无关的开发标准。

A. 技术　　　　　　B. 结构　　　　　　C. CPU　　　　　　D. 厂家

3. 为了解决多个主设备同时竞争总线控制权的问题,必须具有总线_____部件,以某种方式选择其中一个主设备作为总线的下一个主方。

A. 共享　　　　　　B. 竞争　　　　　　C. 所有　　　　　　D. 仲裁

4. 在总线仲裁方式中,_____仲裁需要_____。

A. 集中式,分布式仲裁器　　　　　　　B. 分布式,分布式仲裁器

C. 集中式,中央仲裁器　　　　　　　　D. 分布式,中央仲裁器

5. 在下列各种情况中,应采用异步传输控制方式的是_____。

A. I/O 接口与打印机交换信息　　　　　B. CPU 与存储器交换信息

C. CPU 与 I/O 接口交换信息　　　　　D. CPU 与 PCI 总线交换信息

6. 一个单处理器系统中的总线,大致可分为 3 类:_____、_____和_____。

7. 总线的控制是决定总线部件如何获得总线控制权,总线控制部件是总线的仲裁机构,由此,连接到总线上的功能模块有_____和_____两种模式。

8. 为了解决多个主设备同时竞争总线控制权的问题,必须设置总线仲裁部件,以便选择其中一个主设备作为总线的下一个主方,以及对多个主设备提出的占用总线请求进行裁决,按仲裁部件位置的不同,其工作方式分为两类:_____和_____。

9. 在总线结构的集中式仲裁中,仲裁方式分为_____查询方式、_____查询方式和_____方式 3 种。其中第三种方式由于确定优先响应设备花费的时间少,对优先次序的控制灵活等优点,在现代的总线标准中得到普遍采用。

10. 在总线结构中,_____式仲裁不需要中央仲裁器,每个潜在的主方功能模块都有自己的仲裁号和仲裁器。

11. 计算机系统有两种截然不同的通信方式,采用公共时钟,每个功能模块什么时候发送或接收信息都由统一时钟规定,这种通信方式称为_____通信,相反,不需要公共时钟信号,后一事件出现在总线上的时刻取决于前一事件的出现,这种通信方式称为_____通信。

12. 计算机系统传送信息依据二进制数据是否逐位传送,可分为 2 种方式:_____传送和_____传送。

13. 计算机系统的串行传送方式以串行方式逐位传输,一个字节中各位的发送顺序,一般_____在前。

14. 请比较单机系统中单总线、双总线和三总线结构的性能特点。

15. PC 主板中的"南桥"和"北桥"分别是什么?有什么作用?

16. ①某总线一个总线周期中并行传送 32 位数据,假设一个总线周期等于一个总线时钟周期,总线时钟频率为 50 MHz,总线带宽是多少?②如果一个总线周期中并行传送 64 位数据,总线时钟频率升为 100 MHz,总线带宽是多少?

17. 利用串行方式传送字符,每秒传送的比特位数称为波特率。假设数据传送速率是 180 字符/s,每一个字符格式都包含 11 个数据位(1 个起始位、1 个停止位、1 个校验位、8 个数据位),问传送的波特率是多少?每个比特位占用的时间是多少?

18. ①若前端总线 FSB 的工作频率为 1 333 MHz(实际时钟频率 333 MHz),总线宽度为 64 位,则总线带宽是多少?②若存储总线为三通道总线,带宽为 64 位,内存条型号为 DRR3-1333,则整个存储总线带宽为多少?③若内存条为 DRR3-1066,则整个存储总线带宽为多少?

19. 总线的速度通常指每秒传输的次数,QPI 总线的速度单位为 GT/s,表示每秒传输多少个 10 亿。①若 QPI 的总线时钟为 2.4 GHz,则传输速度是多少?带宽为多少?②QPI 的速度也称为 QPI 频率,假设 QPI 的频率为 6.4 GT/s,则总线带宽为多少?

20. PCI-Express 总线采用串行通信方式,PCI-Express ×n 表示 n 个通道的 PCI-Express 链路,PCI-Express 1.0 规范支持通道中每个方向发送和接收的速率为 2.5 GT/s,则 PCI-Express ×8 和 PCI-Express ×32 的总线带宽为多少?

第7章 输入/输出系统

📖 **本章学习目标**

本章为输入/输出(I/O)系统,介绍输入/输出系统的概念、设备分类、I/O接口基本结构,并重点介绍输入/输出控制方式。

① 输入/输出系统的基本概念。

② 常见输入/输出设备的结构和工作原理。

③ I/O接口的基本结构和功能。

④ 输入/输出控制方式,包括程序查询方式、程序中断方式、DMA方式、通道方式、外围处理机方式,重点介绍程序中断和DMA方式的工作原理。

⑤ 磁盘存储器的性能指标、地址格式及磁盘阵列。

7.1 外围设备的分类和特点

随着计算机技术的发展和广泛应用,计算机**输入/输出设备**(I/O设备,又称**外围设备**,简称**外设**)的数量越来越多,种类越来越丰富,各种外围设备通过输入/输出接口与计算机主机相连和交换信息,并完成主机分配的任务。

外围设备是计算机与人或者计算机之间进行信息交换的装置。其中,**输入设备**将设备处理的信息,如数据、命令、字符、图形、图像、声音等转换为计算机可以接收的二进制数据,并将其输入计算机中,然后由计算机进行加工和处理;**输出设备**将计算处理结果数据转变成人或者其他设备可以接收的信息,如数字、文字、图形、图像、声音或视频等。

7.1.1 外围设备的基本结构

外围设备一般是利用机、电、磁、光等原理工作的各种设备,外围设备种类繁多、工作原理各异。为了实现主机对外围设备的管理,一般在设备内部都设计有**设备控制器**,设备控制器一方面可以管理设备的具体操作,另一方面通过I/O接口电路与主机连接,如图7-1所示。

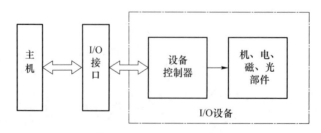

图7-1 外围设备的基本结构

7.1.2　外围设备的分类

以 CPU 为信息处理中心,按照信息传输方向可将外围设备分为**输入设备**、**输出设备**和**输入及输出设备** 3 类。常见的输入设备有鼠标、键盘、手写笔、扫描仪、摄像机、麦克风、游戏杆等;常见的输出设备有显示器、打印机、绘图仪、扬声器等;输入及输出设备是兼有输入和输出功能的设备,如触摸屏、磁盘驱动器、磁带机等。

按照功能外围设备可以分为如下 3 类。

(1)人机交互设备

人机交互设备是实现操作者与计算机之间互相交流信息的设备,将人可以识别的信息转换为机器可以识别的二进制数据,它们属于输入设备,或输入及输出设备,如键盘、鼠标、手写板、摄像机、麦克风、触摸屏等,还可以将计算机处理结果的二进制数据转换为人可以识别的信息,它们属于输出设备,或输入及输出设备,如显示器、打印机、绘图仪、触摸屏等。

(2)信息存储设备

信息存储设备用于保存计算机中的有用信息,常见的是计算机辅助存储器,如磁盘、光盘、磁带等。

(3)机-机通信设备

机-机通信设备是用于计算机之间执行通信任务的设备,如调制解调器(modem)、网卡、数模转换器(DAC)和模数转换器(ADC)等。

7.1.3　外围设备的特点

外围设备种类繁多,功能和性能各异,归结起来有如下 3 个特点。

(1)多样性

外围设备种类繁多,工作原理相差很大,处理信息的类型与结构多种多样,这就造成了主机与外围设备连接的复杂性。为了简化计算机控制功能,需要设计一些**标准接口**,外围设备通过各自的**设备控制器**与**标准接口**相连,从而使主机可以按照标准接口规范来控制外围设备,而不用关心外围设备的具体工作细节。

(2)异步性

CPU 和外围设备之间工作速度相差很大,不同设备之间工作速度相差也较大,这就需要外围设备与 CPU 之间异步工作,CPU 运行自己的程序,而外围设备处理自己的事务,同时外围设备又要在 CPU 某些时刻的控制下,与 CPU 彼此间并行工作,因此外围设备表现出**异步**、**并行**的工作特点。

(3)实时性

外围设备工作速度有高低的区别,CPU 必须按照不同传输速度和不同传输方式与各种速度的外围设备进行信息交换,实时处理外围设备的操作,以保证信息交换的可靠性和正确性。

7.1.4　常见的输入/输出设备

下面仅介绍几种常用的标准输入/输出设备。

1. 键盘

键盘是使用非常普遍的**输入设备**。键盘通常由一组排列成**矩阵形式**的按键组成,如图 7-2

所示。通过敲击键盘上各个按键,按编码规范向主机输入各种信息,如汉字、字母、数字、特殊符号等。

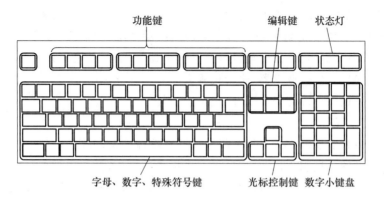

图 7-2 计算机标准键盘示意图

按键分为**字符键**和**控制功能键**两类,字符键包括字母、数字和一些特殊符号,控制功能键是产生控制字符的键,需要由软件定义其功能。键盘的接口常见的有 **PS/2** 接口和 **USB** 接口,目前大多数台式计算机使用 USB 接口。为了完成按键的输入,一般在键盘内部设计有单片机组成的硬件电路,用于判读按键输入的键值,并将键值发送给主机,键盘工作原理如下所述。

事先对每个按键进行编号,将每个编号和一个 **ASCII 码**对应起来,并放在键盘的只读存储器(**ROM**)中。在工作时,由扫描电路对键盘进行扫描,一旦有键按下,则可以读取该键的**扫描码**,放入键盘的输入缓冲区,并向 CPU 发出键盘中断请求。CPU 响应中断后,由键盘中断服务程序在 ROM 中查询扫描码,得到对应的 ASCII 码,并将其送入主存中的键盘数据缓冲区。

2. 鼠标器

鼠标器简称**鼠标**,是一种计算机**输入设备**,也是计算机显示系统纵横坐标定位的指示器,鼠标的使用代替了键盘的繁琐指令,让计算机操作更加便捷。

早期鼠标是**机械鼠标**,其底座装有一个金属球,在光滑的表面上摩擦,使金属球转动,球与 4 个方向的电位器接触,并测量出上、下、左、右 4 个方向的相对位移量。目前常用的**光电鼠标**内部有一个发光二极管,通过它发出的光线可以照亮光电鼠标底部表面,经底部表面反射回的一部分光线则通过一组光学透镜,传输到一个光感应器件(微成像器)内成像,这样,当光电鼠标移动时,其移动轨迹便会被记录为一组高速拍摄的连贯图像,被光电鼠标内部的一块专用图像分析芯片进行分析处理,该芯片通过分析这些图上特征点位置的变化,来判断鼠标移动的方向和距离。鼠标的接口早期的有串口、P/2 接口,目前基本都采用 USB 接口。

3. 显示器

显示器是用来显示数字、字符、图形、图像和视频的设备,属于**输出设备**,它由显示模块和显示控制器组成。计算机使用的显示器分为阴极射线管显示器(CRT)及液晶平板显示器(LCD)等类型。CRT 是早期常用的显示器,采用光栅扫描或随机扫描的方式,由热发射产生的电子流在真空中以高电压轰击涂有荧光粉的 CRT 屏幕来产生图像。LCD 是目前广泛使用的显示器,其成像原理是:在电场的作用下,液晶分子排列方向发生变化,使外光源透光率改变(调制),实现电光变换,再利用红(R)、绿(G)、蓝(B)三基色信号不同的激励,通过三基色滤光膜,完成时域和空间域的彩色重显。

显示器有字符和图形两种工作模式,在**字符模式**下,在显示存储器(简称**显存**,VRAM,也称刷新存储器)中存放字符的编码(ASCII 码或汉字代码)及其属性(如加亮、闪烁等),其字形信息存放在字符发生器中;在**图形模式**下,每个字符的点阵信息直接存储在显示存储器中,字符在屏幕上的显示位置可以定位到任意点。

显示器的参数包括**显示分辨率**、**颜色深度**、**刷新频率**、**帧频**、**响应时间**、**可视角度**、**对比度**和**亮度**等。

(1)显示分辨率

显示分辨率指显示器在显示区域中表示的像素个数。在显示区域大小一定时,显示分辨率越高,则像素越密(点距越小),图像越清晰,常见的显示分辨率用宽度和高度上的像素个数表示,如 $1\,024\times768$、$1\,920\times1\,080$ 等。

(2)颜色深度

彩色或单色多级灰度图像显示时,每个像素都需要使用多个二进制位来表示,每个像素对应的二进制位数称为深度。例如:颜色深度为 8 bit,则有 256 种颜色;颜色深度为 24 bit,则有 16M 种颜色等。

(3)刷新频率

CRT 发光是由电子束打在荧光粉上引起的,当电子束扫描之后,其发光亮度只能维持几十毫秒便会消失。为了使人眼能够看到稳定的图像显示,必须使电子束不断地重复扫描整个屏幕,按照人的视觉生理体验,刷新频率大于 30 次/s(即 30 Hz)时才不会感到闪烁,理论上这个值越高图像就越稳定,人眼看到的图像也就越流畅。液晶显示器发光是由背光材料发光引起的,如荧光管或 LED 灯,每一个点在收到信号后就一直保持那种色彩和亮度,恒定发光。

为了不断刷新,必须把当前屏幕显示的瞬时数据存储在显示存储器(或称为帧存储器或视频存储器,VRAM)中,显示存储器一般由 DRAM 芯片组成,其存储容量由图像分辨率和灰度级决定,分辨率越高,灰度级越高,则显示储存器容量越大。假如分辨率为 $1\,024\times1\,024$ 像素,256 级灰度的图像储存容量为 $1\,024\times1\,024\times\log_2256=1$ MB。

(4)帧频

帧频又称帧率(frame rate),是以帧为单位的位图图像连续出现在显示器上的频率,高的帧率可以让人们获得更流畅、更逼真的视频体验。

为了在显示器上得到清晰的、流畅的视频,需要显示器本身具备更高的刷新频率,显示适配器能向显示器输出更高的帧率,而显示内容本身具有更高的帧数,三者缺一不可。

【例 7-1】 假设一台计算机的显示存储器用 DRAM 芯片实现,若要求显示分辨率为 $1\,600\times1\,200$ 像素,颜色深度为 24 位,帧率为 85 Hz,显存总带宽的 50%用来刷新屏幕,则需要的显示总带宽至少约为多少?

解: 刷新所需带宽=分辨率×颜色深度×帧率=$1\,600\times1\,200\times24\times85=3\,916.8$ Mbit/s,显存总带宽的 50%用来刷屏,所以需要的显存总带宽为 $3\,916.8/50\%=7\,833.6$ Mbit/s。

4. 打印机

打印机输出是计算机最基本的输出形式,与显示器输出相比,打印机输出可以产生永久性记录,因此打印设备又称为硬拷贝设备。

按照打印文字原理划分,打印机有击打式和非击打式两种。

击打式打印机是利用机械动作使字机构与色带和纸相撞击而打印字符。其特点是设备成本低、印字质量较好,但噪声大、速度慢。击打式打印机又分为整字形打印机和点阵式打印机。

非击打式打印机采用电、磁、光、喷墨等物理、化学方法来印制字符,如激光打印机、静电打印机、喷墨打印机等,它们速度快、噪声小,印制字符比击打式字符的显示效果好,但价格较为昂贵。

按工作原理,打印机有串行打印机和行式打印机,前者是逐字打印,后者是逐行打印,因此,行式打印机比串行打印机速度更快。

7.1.5 外部存储器

外部存储器也称为**辅助存储器**,一般用来存储大量的程序和数据,它们不属于主存储器,而**属于计算机的 I/O 设备**。相比主存储器,外部存储器的速度要慢很多,但容量要大很多。常见的外部存储器有磁表面存储器、光存储器以及基于 Flash Memory 的闪存盘和固态硬盘等。其中磁表面存储器是发展历史较长的存储器,包括磁鼓、磁带、磁盘和磁卡片等。本节主要介绍目前广泛使用的硬盘存储器、冗余磁盘阵列、闪存盘和固态硬盘及其相关技术。

1. 硬盘存储器

硬盘存储器简称硬盘,是一种利用磁表面技术记录和存储信息的机电装置,由于现在的硬盘都是从最早的温彻斯特硬盘演进来的,所以硬盘也称为**温盘**。

(1) 基本原理

硬盘通常包含1～5张硬盘片,这些盘片表面涂有磁层,其上一个个微小区域以一定方向被磁化后形成**磁化单元**,磁化单元可以保存两种稳定的**剩磁状态**,因此可以用来记录**二进制 0、1**。在读、写操作时,盘片以一定速度高速旋转,并由固定在硬盘中的磁头读取微小区域的 0、1 信息或向其写入 0、1 信息。

(2) 硬盘组成

硬盘主要由**盘片**、**硬盘驱动器**和**硬盘控制器**三大部分组成,如图 7-3 所示。硬盘驱动器包括读写电路、读写转换开关、读写磁头以及磁头定位伺服系统,如图 7-4 所示。硬盘控制器包括控制逻辑、时序电路、并/串转换、串/并转换电路。硬盘控制器是主机与硬盘驱动器之间的接口,硬盘控制器和主机之间采用成批数据(一个扇区为单位)交换方式,并采用 CRC 校验。

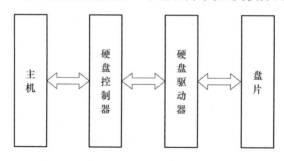

图 7-3 硬盘的基本组成

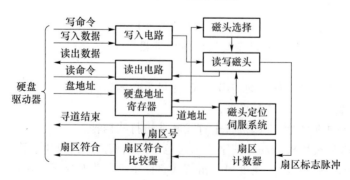

图 7-4 硬盘驱动器逻辑结构

（3）硬盘存取和扇区

硬盘的存取采用直接存取方式(见 3.1.2 节)，在磁盘读、写时，首先在磁盘中寻找数据所在的磁道，称为寻道过程，属于**随机访问**，然后再在磁道上寻找数据，这时需在磁盘旋转过程中顺序寻找数据，因此该过程属于**串行访问**。

① 磁道和扇区

磁道是指盘面上一圈圈同心圆，从圆心向外画直线，可以将磁道划分为若干个弧段，每个磁道上的一段弧称为一个**扇区**，如图 7-5 所示。扇区是磁盘的最小组成单元，通常由 512 字节或 4 096 字节组成，由 4 096 字节组成的扇区也称为 4K 扇区。图 7-5 表示磁盘的低密度存储方式，所有磁道上的扇区数相同，每个扇区存储的信息量相同，因此内磁道上的位密度比外磁道高。

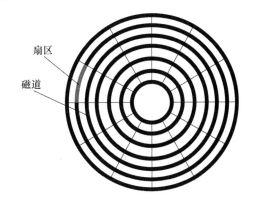

图 7-5　磁道和扇区

现在的磁盘多采用高密度存储，每个磁道位密度都相同，仍按照每个扇区的信息量相同考虑，则外磁道的扇区数更多，因此整个磁盘的容量更高。

② 磁头和柱面

硬盘通常由重叠的一组盘片构成，每个盘面都被划分为数目相等的**磁道**，并从外缘的"0"开始编号，具有相同编号的磁道形成一个圆柱，称为磁盘的**柱面**。磁盘的柱面数与一个盘面上的磁道数是相等的。由于每个盘面都有自己的磁头，因此，盘面数等于总的**磁头数**，如图 7-6 所示。

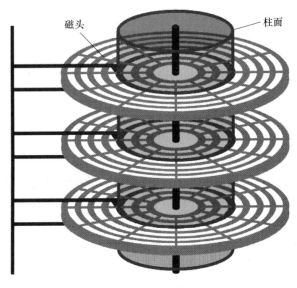

图 7-6　磁头和柱面

213

（4）硬盘性能指标

硬盘性能指标主要包括**容量**、**数据传输率**和**存取时间**等。

① 容量计算

对于早期的低密度硬盘容量，格式化之后的容量计算如下：

$$存储容量＝磁头数×磁道（柱面）数×每道扇区数×每扇区字节数 \tag{7-1}$$

图 7-5 中的磁盘有 3 个圆盘、6 个磁头、7 个柱面（每个盘片 7 个磁道），每个磁道有 12 个扇区，所以此磁盘的容量为

$$6×7×12×512＝258\ 048\ B$$

对于低密度硬盘和高密度硬盘，硬盘容量都可以按下面的公式计算：

$$硬盘容量＝2×盘片数×磁道数/面×扇区/磁道×512/扇区 \tag{7-2}$$

② 数据传输率

数据传输率是单位时间从磁盘盘面上读出或写入的二进制信息量。由于磁盘在同一时刻只有一个磁头在进行读写，所以数据传输率等于单位时间内磁头划过的磁道弧长乘以位密度：

$$数据传输率＝每分钟转速/60×内圆周长×位密度 \tag{7-3}$$

③ 存取时间

硬盘信息以扇区为读、写单位，所以存取时间 T 是传输一个扇区数据的时间，即

$$T＝寻道时间＋旋转等待时间＋数据传输时间 \tag{7-4}$$

其中，寻道时间是磁头移动到指定磁道所需的时间，旋转等待时间是指要读写的扇区旋转到磁头下方所需要的时间，数据传输时间是传输一个扇区数据的时间。

（5）磁盘接口

硬盘与主机有多种标准接口，一般文件服务器使用 **SCSI** 接口，普通微型计算机主要采用并行 **ATA**（**IDE**）接口以及串行 **ATA**（即 **SATA**）接口。

2. 冗余磁盘阵列

冗余磁盘阵列（Redundant Array of Independent Disks，**RAID**）技术将多个独立操作的硬盘按照某种方式组织成磁盘阵列，将数据存储在多个盘体上，通过这些硬盘并行工作来提高数据传输速率，增加平均故障间隔时间（MTBF），并且采用冗余数据来增加数据容错率，提高硬盘整体性能。

（1）RAID 技术的 **3 个特性**

① RAID 由一组物理硬盘组成，在操作系统中它们被视为单个逻辑驱动器。

② 数据分布在一组物理硬盘上，可以连续分布，也可以交叉分布，交叉分布可以按小条带交叉分布，也可以按大数据块交叉分布。

③ 冗余硬盘用于存储校验信息，保证硬盘万一损坏时能够恢复数据。

（2）RAID 技术的标准等级

目前 RAID 技术有 **8 个基本标准等级**，称为 **RAID0～RAID7**，它们是最基本的 RAID 配置集合，这 8 个基本标准等级是依据如下 3 个特性组合的：**数据条带**、**镜像**以及**数据校验**。RAID 还有其他组合等级，以满足对性能、安全性和可靠性有更高要求的存储需求。

RAID0 是一种简单的、无数据校验的数据条带化技术。RAID0 将所在磁盘条带化后组成大容量的存储空间，如图 7-7 所示，将数据分散存储在所有磁盘中，以独立访问方式实现多块磁盘的并行访问。由于 RAID0 可以并发执行 I/O 操作，总线带宽得到充分利用，再加上不需要进行数据校验，其性能在所有 RAID 等级中是最高的。理论上讲，一个由 n 块磁盘组成的

RAID0,它的读写性能是单个磁盘性能的 n 倍,但由于总线带宽等多种因素的限制,实际性能提升低于理论值。

RAID0 具有低成本、高读写性能、100％高存储空间利用率等优点,但是它不提供数据冗余保护,一旦数据损坏,将无法恢复。

RAID1 采用镜像技术,它将数据完全一致地分别写到工作磁盘和镜像磁盘,磁盘空间利用率为 50％。RAID1 在数据写入时,对响应时间会有所影响,但在数据读取时却没有影响。RAID1 提供了很好的数据保护,一旦工作磁盘发生故障,系统自动从镜像磁盘读取数据,不会影响用户工作,其存储结构如图 7-8 所示。

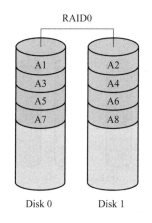

图 7-7　RAID0 无冗错的数据条带　　图 7-8　无校验的相互映像

RAID1 与 RAID0 相反,为了增强数据安全性,两块磁盘数据呈现完全镜像,RAID1 安全性好、技术简单、管理方便。RAID1 拥有完全容错的能力,但实现成本高。RAID1 用于对顺序读写性能要求高以及对数据保护极为重视的应用,如对邮件系统数据进行保护。

RAID2 称为纠错海明码磁盘阵列,其设计思想是利用海明码实现数据校验冗余。数据按位存储,每块磁盘存储一位数据编码,磁盘数量取决于所设定的数据存储宽度,可由用户设定。图 7-9 所示为数据宽度为 4 的 RAID2,需要 4 块数据磁盘和 3 块校验磁盘。如果是 64 位数据宽度,则需要 64 块数据磁盘和 7 块校验磁盘。可见,RAID2 的数据宽度越大,存储空间利用率越高,但同时需要的磁盘数量也越多。

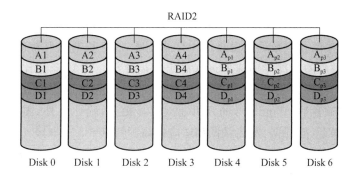

图 7-9　RAID2 海明校验码

由于海明码自身具备纠错能力,RAID2 可以在数据发生错误的情况下纠正错误,保证数据安全性,数据传输性能也较高,其设计复杂性要低于 RAID3、RAID4 和 RAID5。

（3）RAID 组合等级

上述几个标准 RAID 等级各有优势和不足。因此可以将多个 RAID 等级组合起来实现优势互补，并弥补相互的不足，从而实现性能、数据安全性等指标更高的 RAID 系统。下面介绍广泛应用的 RAID01 和 RAID10 两个等级。

RAID01 先做条带化再作镜像，本质是对物理磁盘实现镜像；而 RAID10 先做镜像再作条带化，本质是对虚拟磁盘实现镜像。在相同的配置下，通常 RAID01 比 RAID10 具有更好的容错能力，图 7-10(a)所示为 RAID01，图 7-10(b)所示为 RAID10。

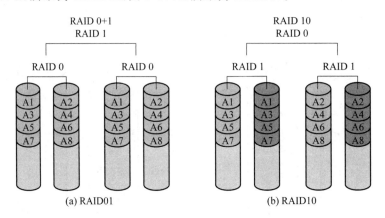

图 7-10　RAID 组合等级

RAID01 兼备了 RAID0 和 RAID1 的优点，它先用两块磁盘建立镜像，然后再在镜像内部做条带化。RAID01 的数据将同时写入两个磁盘阵列中，如果其中一个阵列损坏，另一个阵列可保证存储系统仍可正常工作，从而在保证数据安全性的同时又可提高性能。RAID01 和 RAID10 内部都含有 RAID1 模式，因此整体磁盘利用率均仅为 50%。

3. 闪存盘和固态硬盘

目前在计算机中广泛使用的闪存盘和固态硬盘都是基于半导体技术的外部存储器。

闪存盘又称为 **U 盘**，存储体由 **Flash Memory** 做成，属于非易失性半导体存储器，读写方便。闪存盘体积小，重量轻，携带方便，支持热插拔，可以通过计算机上的 USB 接口与计算机进行数据传输，使用非常方便。

目前，在微型计算机主机内部使用**固态硬盘**（Solid State Disk，**SSD**）替代传统机械硬盘，或者将固态硬盘与机械硬盘混合使用，这已成为一种趋势。固态硬盘是一种由 **NAND** 闪存组成的外部存储系统，它用闪存颗粒代替磁盘作为存储介质，以区块写入和擦除的方式工作，电信号的控制使得固态硬盘的内部传输速率远远高于常规硬盘。与 U 盘相比并没有任何本质差别，只是其容量更大，存取性能更好。与传统机械硬盘相比，目前固态硬盘的读写性能已超越常规硬盘，使用固态硬盘后，Windows 的开机速度明显提升，除此之外，固态硬盘还具有抗震动好、安全性好、无噪音、能耗低、发热量低和适应性高等特点。

固态硬盘接口在定义、功能及使用方法方面与传统硬盘完全相同，可以使用标准机械硬盘的 **SATA3** 接口标准，另外，固态硬盘接口还有 **M.2** 和 **PCI-E** 等规格。固态硬盘目前主要的问题是使用寿命和价格问题。由于闪存的擦写次数有限，所以频繁擦写会降低其写入使用寿命，但随着技术和生产工艺的不断进步，固态硬盘的写入使用寿命会不断提高，而且价格也将不断下降。

7.2 I/O 接口

I/O 接口是计算机主机与外围设备之间设置的一个硬件电路及其相应的控制软件。在计算机系统中设置 I/O 接口的主要原因是:

① I/O 设备传输速度有快有慢,与 CPU 速度相比差别很大,通过接口便于 CPU 与 I/O 设备之间的数据缓冲;

② 一台主机通常有很多个 I/O 设备,它们有各自的设备编号,通过接口便于实现设备的选择;

③ 设备的传输方式各异,一些设备的数据传输使用串行方式,而 CPU 使用并行传输方式,通过接口便于实现串行与并行方式的转换。

7.2.1 I/O 接口的功能和基本结构

每个外围设备都通过 I/O 接口连接到 I/O 总线上,I/O 总线包括数据线、设备选择线、命令线和状态线,如图 7-11 所示。其中数据线是双向总线,用作 I/O 设备与主机之间的数据传输。设备选择线是单向总线,用来传输 CPU 向 I/O 设备发出的设备码。命令线为单向总线,用来传输 CPU 向 I/O 设备发出的各种命令信号,如启动、停止、读、写等信号。状态线也是单向总线,是用来将 I/O 设备的状态向主机报告的信号线。

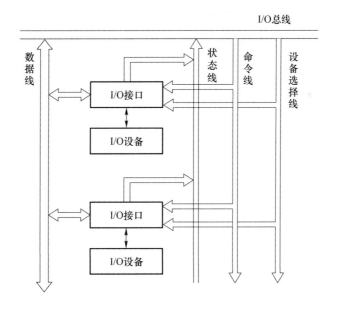

图 7-11 接口连接到总线示意图

1. I/O 接口的功能

I/O 接口的功能可以归结为如下 4 个方面。

(1) 选址功能

I/O 总线与所有外围设备的接口电路相连,CPU 通过 I/O 接口来确定选中的设备。其工作过程是:主机将**设备码**发送到**设备选择线**上,各个接口内设备选择电路判断设备码与本设备码是否相同,如果相同,则发出设备选中信号 SEL。如图 7-12 所示,假设主机在设备选择线发送的设备码为 SEL1,该信号到达接口 1、2 后,它们的设备选择电路进行比对,设备选择电路 1 对比结果相同,选中设备,SEL1 有效,即输出 SEL1。这样,选中设备便可以通过命令线、状态线和数据线与主机交换信息。

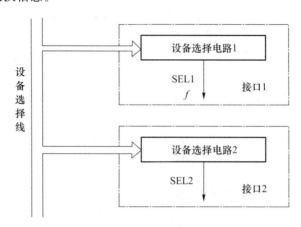

图 7-12　设备选择电路示意图

（2）传送命令功能

为了实现主机向设备发送命令功能,通常在 I/O 接口中设有存放命令的**命令寄存器**以及**命令译码器**,所有接口电路的命令寄存器都和命令线相连。这样,当主机通过命令线向 I/O 设备发出命令时,被选中的设备就可以在命令寄存器中接收到命令码。如图 7-13 所示,接口 1 中的信号 SEL1 有效,所以接口 1 命令寄存器接收到了命令码。

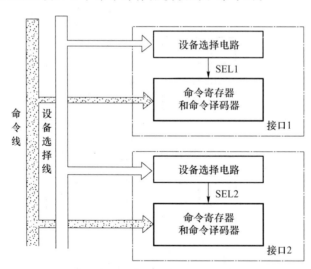

图 7-13　命令寄存器和命令译码器

（3）传送数据功能

由于 I/O 接口处于主机与 I/O 设备之间,因此数据必须通过接口才能实现主机与 I/O 设备之间的传送,这就要求接口中要有完成数据传送的数据通路,这种数据通路还应具有缓冲能力,即能将数据暂存在接口内。通常,在接口中设有**数据缓冲寄存器**（Data Buffer Register, DBR）,并与 I/O 总线中的数据线相连,用来暂存 I/O 设备与主机准备交换的信息。

（4）反映 I/O 设备工作状态功能

只有当设备准备就绪的才能够接收数据,因此,接口内必须设置设备状态标记寄存器,用于保存设备工作状态的状态字。

2. I/O 接口的基本结构

I/O 接口的基本组成如图 7-14 所示。**I/O 接口包括控制逻辑电路、设备选择电路、命令寄存器和命令译码器、数据缓冲寄存器(DBR)**,以及**设备状态标记寄存器**等。除此之外,现代计算机通常都采用**中断技术**,因此接口电路一般还设有**中断请求**(INTR),当其为"1"时,表示该 I/O 设备向 CPU 发出中断请求;还设有**中断屏蔽**(MASK),它与中断请求配合使用,完成设备中断的屏蔽功能。

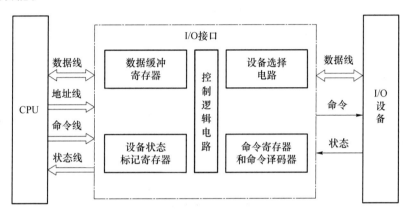

图 7-14 I/O 接口的基本组成

I/O 接口具备内部和外部两个接口。

内部接口:内部接口与 I/O 总线相连,并通过 I/O 总线实现与主存、CPU 之间的数据传送。一般内部接口的数据传输方式为并行方式。

外部接口:外部接口通过接口电缆与外设相连,外部接口的数据传输方式可以是并行或串行方式,在串行方式时,I/O 接口还应具备串行/并行转换功能。

3. I/O 接口的分类

按照不同的分类方式,I/O 接口分为不同的类型。

① 按照数据传输方式,I/O 接口可以分为**并行接口**和**串行接口**。并行接口可以同时传送一个字节或一个字的所有位,如 Intel 8255、8155 并行接口可同时传送 1 字节的数据,串行接口只能一位一位地传送,在其内部需要设置并-串、串-并转换电路,如 Intel 8251 串行接口。

② 按主机访问 I/O 设备的控制方式,I/O 接口可以分为**程序型接口**和 **DMA 型接口**,程序型接口一般用于较慢速的 I/O 设备,采用程序查询或中断方式实现主机与 I/O 设备的信息交互,而 DMA 接口多用于高速 I/O 设备接口。

③ 按功能选择的灵活性,I/O 接口可以分为**可编程接口**和**不可编程接口**。可编程接口的功能及操作方式可用程序来选择或更改,如 Intel 8255、8155、8251 等,而不可编程接口由硬件逻辑电路实现,功能是固定不变的。

7.2.2 I/O 编址方式

当 I/O 设备通过接口与主机相连时,CPU 可以通过接口地址来访问 I/O 设备,下面介绍 I/O 端口及其编址方式。

1. I/O 端口

I/O 端口是 CPU 访问 I/O 设备时的具体**地址**,一般以 I/O 接口中的寄存器地址表示。这些寄存器分别用来存放数据信息、控制信息和状态信息,分别称为数据端口、控制端口和状态端口。

I/O 端口未必就是一个地址,通常是**一组地址**。例如,在微型计算机中串行口的 I/O 范围是 03F8H~03FFH。

I/O 接口和 I/O 端口是两个不同的概念,一个 I/O 接口可以分成多个端口地址供 CPU 访问,而若干个端口加相应的控制电路则组成了 I/O 接口。

2. I/O 端口的编址

一般将 I/O 设备码看成地址码,按照 CPU 地址编码方式的不同,I/O 地址码的编址分为两种方式:统一编址和分开编址。

统一编址是 CPU 将 I/O 地址码和主存地址码统一编址。例如,在 CPU 总的 64K 寻址空间中,划出 8K 地址作为 I/O 设备地址,规定在这 8K 地址范围内的访问即针对 I/O 设备的访问。在统一编址下,CPU 访问 I/O 采用与访问主存相同的指令,无须专用的 I/O 指令,但是统一编址占用了存储器空间,减少了主存最大容量。**分开编址**是指 CPU 将 I/O 地址和主存地址空间分开排列,所有针对 I/O 设备的访问必须有专用的 I/O 指令。分开编址不占用主存空间,故不影响主存最大容量,但是在指令系统中需要设置 I/O 专用指令。

7.3 输入/输出控制方式

各种外围设备功能不同,接口连接方式不同,工作速度和数据传输速度也千差万别。键盘和鼠标是典型的低速外围设备,而辅助存储设备是典型的高速外围设备,因此需要设计各种不同的输入/输出控制方式来满足不同设备的需求。

计算机系统中 CPU 管理外围设备的方式可以分为 5 种:**程序查询方式**、**程序中断方式**、**DMA 方式**、**通道方式和外围处理机方式**。前两种方式主要由软件来实现,适用于数据传输率比较低的外围设备,后三种方式需要设计专门硬件来实现,适用于数据传输率比较高的外围设备,如图 7-15 所示。

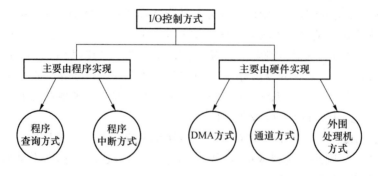

图 7-15   外围设备的输入/输出方式

1. 程序查询方式

程序查询方式是早期计算机中使用的一种方式,每次外围设备和主机交换信息都需要完全由 **CPU** 直接操作和控制才能完成,这种方式具有如下特点。

为了完成数据交换,CPU 需要控制设备运行的整个过程,在数据交换前,CPU 需要设置设备参数,启动设备运行,并检查设备是否处于就绪状态;在数据交换过程中,需要监控每次数据的传输完成情况,保证每个操作的同步;在数据交换完成后,需要停止设备工作,并为下轮数据交换做准备,或者关闭外设等。在上述控制外设的过程中,高速运行的 CPU 经常处于等待状态中,而不能处理其他业务。

在程序查询方式中,外围设备与 CPU 按串行方式⊥作,当外围设备与主机交换信息时,CPU 不得不停止与主存的数据交换,或 CPU 的各种运算操作,转而控制外围设备的工作,白白浪费 CPU 的时间,数据传输效率很低。

在早期的计算机中,每个外围设备都配有一套独立的逻辑电路与 CPU 控制器相连,构成一个不可分割的整体,线路复杂,增删设备都非常困难,因此大多采用程序查询方式。当然,它的优点是 CPU 的操作和外围设备的操作可以做到完全同步。

在程序查询方式中通常采用**定时查询**方式,即以一定周期对 I/O 进行数据传输(无条件传送方式);或者先查询接口状态,如果满足条件再对 I/O 口进行数据传输(有条件传送方式)。当定时查询多个 I/O 设备时,称为多路巡回采集;当定时查询一个 I/O 设备时,称为独占查询方式。在定时查询周期的选择上,需要考虑主机所需的每个设备数据都能被及时传输过来而不丢失。

不同传输速率的设备,CPU 的 I/O 操作所花费的时间往往是不同的,下面举例说明。

【例 7-2】 在程序查询的输入/输出系统中,有一个鼠标和一个硬盘两个设备,采用定时查询方式,假设每个查询操作需要 100 个时钟周期,CPU 的时钟频率为 50 MHz,为了不错过鼠标操作,要求每秒对鼠标查询 30 次,硬盘以 32 位字长为单位传输数据,即需要每 32 bit 被 CPU 查询一次,硬盘的传输速率为 2 MB/s,求 CPU 对两个设备的查询所花费的时间比(假设忽略 CPU 处理时间)。

解:① CPU 每秒对鼠标进行 30 次查询,所需要的时钟周期为
$$100 \times 30 = 3\ 000$$
根据 CPU 的时钟频率为 50 MHz,即每秒 50×10^6 个时钟周期,故鼠标查询占 CPU 的时间比率为
$$3\ 000/(50 \times 10^6) = 0.006\%$$
所以,CPU 对鼠标的查询基本不影响 CPU 的性能。

② 对于硬盘,每 32 bit 被 CPU 查询一次,故每秒的查询次数为
$$2M/4B = 512K$$
则每秒查询的时钟周期数为 $100 \times 512 \times 1\ 024$,故磁盘查询占 CPU 的时间比率为
$$100 \times 512 \times 1\ 024/(50 \times 10^6) \approx 105\%$$
所以 CPU 对硬盘的查询,CPU 不能满足要求。

由此可见,CPU 对硬盘进行查询对 CPU 的性能影响很大,甚至 CPU 不能满足要求,所以一般不采用程序查询方式。

2. 程序中断方式

CPU 在程序执行过程中,如果外围设备需要与主机进行数据传送,则**"主动"通知 CPU**,即发生了一个中断请求,这时 CPU 立即暂停其现行程序,转而执行中断处理程序,完成外围设备的数据交换工作,当中断处理完毕后,CPU 又返回到原来中断处,继续执行被暂停的程序。

中断方式是管理外围设备操作的有效方法,这种方式能够节省 CPU 时间,与程序查询方

式相比,硬件结构相对复杂一些,服务成本也较高。

在中断方式中,一旦发生中断 CPU 会立即执行,因此中断方式一般适用于随机出现并且需要立即执行服务的场合。

3. DMA 方式

DMA 方式是**直接存储器存取**(direct memory access)**方式**,指在 CPU 的参与下,由 DMA 控制器硬件执行 I/O 交换的工作方式,DMA 控制器可以从 CPU 接管对总线的控制权,不经过 CPU 而直接在主存和外围设备之间进行数据交换,易于实现高速数据传输。与程序中断方式相比,DMA 方式需要更多的硬件支持,适用于主存和高速外围设备之间大批量数据交换的场合。

4. 通道方式

通道又称为**输入/输出处理器(IOP)**,是专门用来管理外围设备以及实现主存与外围设备之间信息交换的部件。通道可以看成一种具有特殊功能的处理器,它从属于 CPU 并分担了 CPU 的一部分功能,实现对外围设备的统一管理,在通道的管理下可实现外围设备与主存之间的数据传送。

DMA 方式的出现减轻了 CPU 对 I/O 操作的控制,使得 CPU 的效率显著提高,而通道的出现使得 CPU 不用直接参与设备管理,进一步提高了 CPU 的效率。当然,这种效率的提高是以增加更多的硬件为代价的。

5. 外围处理机方式

外围处理机(Peripheral Processor Unit,**PPU**)方式是通道方式的进一步发展,PPU 基本上独立于主机工作,结构更接近于一般的处理机。它既可以完成设备控制,又可以完成数据传输中的码制变换、格式处理、数据块检错和纠错任务,具有外围处理机的输入/输出系统可以与 CPU 并行地工作。

7.4 程序中断方式

7.4.1 中断的基本概念

20 世纪 50 年代中后期,中断概念的出现是计算机系统结构设计中的一项重大变革。中断是现代计算机能够有效合理地发挥效能和提高效率的一项非常重要的功能,通常将实现这种功能所需的软、硬件技术称为中断技术。

中断的基本思路是某一外设的数据准备就绪后,它"主动"向 CPU 发出中断请求信号,请求 CPU 暂时中断目前正在执行的程序转而进行数据交换;当 CPU 响应这个中断时,便暂停运行主程序,自动转去执行该设备的中断服务程序;当中断服务程序执行完毕(数据交换结束)后,CPU 又回到原来的主程序继续执行。

7.4.2 I/O 中断的产生和执行

当 I/O 设备与主机交换信息时,由于设备工作速度相对 CPU 是较慢的,CPU 在启动外围设备后,往往需要等待设备一段时间才能实现与 I/O 设备之间的信息交互,在这段时间不希望 CPU 处于等待而无法完成其他操作,就可以使用 I/O 中断技术,使 CPU 继续执行其他任务,只有当 I/O 设备准备就绪后,再向 CPU 提出请求,让 CPU 执行 I/O 服务程序。

图 7-16 所示为中断处理示意图,主机 CPU 通过接口连接设备 A、B、C 工作,CPU 启动设备 A、B、C 后,只有在外围设备 A、B、C 数据准备就绪后,才去执行对应的中断服务程序,进行数据交换;而在低速的外围设备准备自己的数据阶段,CPU 则照常执行自己的主程序。虽然 CPU 执行主程序和执行中断服务程序是不同时间段执行的,但 CPU 执行主程序的同时,接口在执行外围设备的其他操作,因此从程序的宏观执行过程看,CPU 和外设的一些操作是异步、并行进行的,与串行的程序查询方式相比,中断方式大大地提高了计算机系统的效率。

图 7-16　中断处理示意图

中断执行包括**进入中断周期,执行中断服务程序**。其中,中断服务程序主要完成用户编制的设备业务功能,其过程细分为**现场保护**、执行设备业务功能、**恢复现场**和**中断返回**等步骤,如图 7-17 所示。

1. 进入中断周期

CPU 在执行当前指令时发生了 I/O 中断,则在当前指令结束前,检查到中断已经发生,则进入中断周期公操作,由硬件完成关闭中断(防止重复中断)、保存程序计数器等操作,并将中断向量传给 PC,以便程序转入中断服务地址执行,中断周期公操作保证中断返回时还能回到原来主程序的下一条指令继续执行。

2. 中断服务程序

中断服务程序包括如下步骤。

① 保护现场,保护现场是由中断服务程序软件完成的,是为了在中断服务程序执行完毕返回主程序时,原来主程序使用的资源(寄存器内容和一些状态标志位等)恢复到原来的状态,中断服务程序可能因使用这些资源而修改了它们。保护现场通常采用将中断服务程序用到的寄存器和状态标志压入堆栈的方法。

② 执行设备服务功能,这是与设备业务相关的程序。

③ 恢复现场,当执行完设备服务功能后,从堆栈中恢复原来保护的状态标志和寄存器。

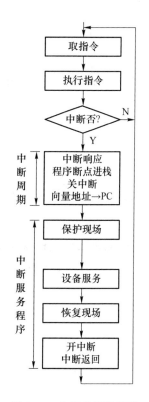

图 7-17　中断处理流程图

④ 中断返回,在中断服务程序最后安排打开中断和中断返回指令,则中断返回指令执行后,PC 会指向主程序被中断的下一条指令地址,以便程序从这条指令继续执行主程序。

计算机的中断过程类似于子程序调用,但在本质上又有所区别,子程序调用是事先安排好的,而中断则是随机产生的;子程序的执行往往与主程序有关,而中断服务程序则可能与主程序毫无关系。例如,电源掉电等异常情况在主程序执行的任何时刻都可能发生。

7.4.3　中断源和中断分级

除了各种 I/O 设备引起 CPU 中断外,其他许多突发性事件都是引起中断的因素,为此,将凡能向 CPU 提出中断请求的各种因素统称为中断源。当多个中断源向 CPU 提出中断请求时,CPU 必须坚持如下的原则。

① 在任何瞬间只能接受一个中断源的请求。

② 当多个中断源同时提出请求时,CPU 必须对各中断源的请求进行排队,且只能接受级别最高的中断源请求,不允许级别低的中断源中断正在运行的中断服务程序。

根据计算机系统对中断处理策略的不同,中断系统可以分为**单级中断**和**多级中断**系统,单级中断系统是中断结构中最基本的形式。

1. 单级中断

在单级中断系统中,所有中断源都属于同一级,所有中断源触发器排成一行,其优先次序是离 CPU 越近优先级越高。当响应某一中断请求时,CPU 执行该中断源的中断服务程序,在此过程中,中断服务程序不允许被其他中断源打断,即使优先级比它高的中断源也不例外,只有当该中断服务程序执行完毕之后,才能响应其他中断。

2. 多级中断

在多级中断系统中,计算机系统有多个中断源,根据中断事件轻重缓急程度不同而被化分成若干个优先级别,每一个中断源都被分配一个优先级,并对应有自己的一段中断服务程序,其中优先级高的中断服务程序可以打断优先级低的中断服务程序运行,以中断嵌套方式工作。

中断嵌套是指当一个中断服务程序正在执行时,一个优先级比它更高的中断源发出中断请求后,CPU 暂停当前中断服务程序的执行,转而执行优先级更高的中断服务程序,因此 CPU 嵌套响应了系统中的两个中断服务程序。多级中断的出现扩大了系统中断功能,进一步加强了系统处理紧急事件的能力。

7.4.4 程序中断的接口电路

为了处理 I/O 中断,还需要在 I/O 接口电路中配置相关的硬件线路,包括与中断相关的**触发器**、**排队电路**和**中断向量**等。

1. 中断请求触发器和中断屏蔽触发器

首先,设备提出中断请求的前提是设备本身已经准备就绪,从硬件上看,即接口内的就绪触发器 D 的状态必须为"1",如图 7-18 所示。

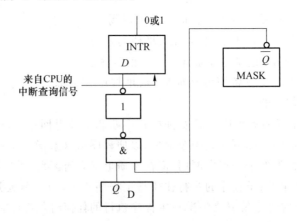

图 7-18 中断请求 INTR 产生条件示意图

为了触发 I/O 设备中断事件,每台外部设备都必须配置一个**中断请求触发器** INTR,当其为"1"时,表示该设备向 CPU 提出中断请求。同时,为了处理多个中断源问题,在 I/O 接口中需设置一个**中断屏蔽触发器** MASK,当其为"1"时,表示被屏蔽,即封锁其中断源的请求。可见中断请求触发器和中断屏蔽触发器在 I/O 接口中是成对出现的,产生中断请求 INTR=1的条件是:

① 设备准备就绪,即 $D=1$;

② 未屏蔽中断,即 MASK 的输出 $Q=0$,$\overline{Q}=1$;

③ CPU 的查询信号到来时,将 INTR=1。

有了触发条件和屏蔽条件,那么 CPU 在什么时候处理中断请求呢?是在每条指令周期公操作中进行的,即在每条指令执行阶段的最后时刻,CPU 发出查询中断请求的信号。

2. 排队器

当多个中断源同时向 CPU 提出请求时,CPU 只能按中断源的不同性质对其进行排队,给予不同的优先级,并按优先级的高低予以响应。就 I/O 中断而言,速度越快的 I/O 设备,需要处理的时间越紧急,一般给予越高的优先级。设备优先级的处理可以采用硬件方法,也可以采用软件方法。

(1) 软件查询法

采用程序查询技术来确定发出中断请求的中断源及其中断优先级,最先查询的中断具有最高优先级,最后查询的中断则为最低优先级,因此,查询的先后顺序决定了中断优先级的高低。如果中断请求正好来源于最后查询的那个中断,那么就浪费了此前的大量查询时间,因此,软件查询的效率很低。

(2) 硬件处理法

为了提高处理效率,通常采用硬件处理法,采用优先级排队电路或专用中断控制器等硬件电路来管理中断。

硬件排队器的实现方法有很多,典型的是**链式排队器**,排在链最前面的中断源的优先级最高。如图 7-19 所示,下面一排门电路是链式排队器的核心,电路中级别最高的中断源是 1 号,其次是 2 号、3 号、4 号。当各中断源 INTR₁~INTR₄ 为"0"信号时表示无中断请求,为"1"时则表示对应中断源有中断请求。当有一个或多个中断源提出中断请求时,排队器输出端 INTP₁~INTP₄ 中只有一个输出高电平"1",且排在前面的为"1",即优先级高的中断源才能发出中断请求。

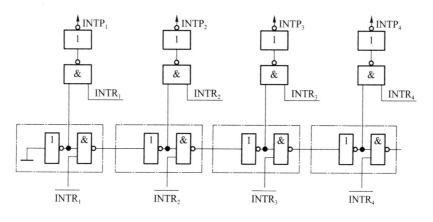

图 7-19　链式排队电路

初始时无中断请求,对应$\overline{INTR_1}\sim\overline{INTR_4}$均为"1",排队器输出端$INTP_1\sim INTP_4$均为"0"信号,当有两个中断源1、2同时发出请求时,则对应$\overline{INTR_1}=0$,$\overline{INTR_2}=0$,这时,$\overline{INTR_1}=0$信号将使得中断源1的输出信号$INTR_1$为"1",即发出中断请求,同时,$\overline{INTR_1}=0$信号使得第1级链的输出信号被锁为"1",从而后面第2级的输出端$INTP_2$只能为"0",即屏蔽了第2个中断请求。

3. 中断向量地址形成部件(设备编码器)

CPU一旦响应中断,就会暂停现行程序,转去执行该设备的中断服务程序。不同设备处理的业务不同,就有不同的中断服务程序,每个服务程序都有一个**入口地址**,CPU必须找到这个入口地址才能执行对应的中断服务程序。寻找入口地址可用硬件或软件的方法来完成,最常用的是**硬件向量法**。

所谓硬件向量法,就是通过向量地址来寻找设备的中断服务程序入口地址,而且向量地址是由硬件电路产生的,如图7-20所示。

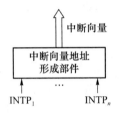

图7-20 中断向量形成部件示意图

☞【注意】 向量地址和中断服务程序的入口地址是两个不同的概念,向量地址是向量在内存中的地址,中断服务程序入口地址是中断程序在内存中的首地址,图7-21是通过向量地址寻找入口地址的方案,其中12H、13H、14H是中断向量地址,分别保存了3个中断向量。假设有两个中断服务程序,即打印机服务程序和显示器服务程序,它们的中断向量地址在12H和13H,当发生中断时,程序计数器分别指向中断向量地址12H和13H,而在中断向量地址中都设置了跳转语句JMP 200,JMP 300,则200H和300H才分别是打印机服务程序和显示器服务程序的入口地址。

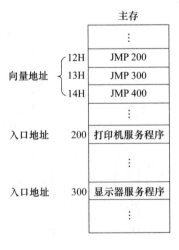

图7-21 中断向量与中断服务程序入口对应关系

7.5 DMA 方 式

7.5.1 DMA 的基本概念

1. DMA 的特点

DMA 方式是一种完全由硬件执行 I/O 数据交换的工作方式,DMA 控制器从 CPU 完全接管对总线的控制,**不经过 CPU**,而直接在**主存**和 **I/O 设备**之间进行**数据交换**。

图 7-22 所示是 DMA 方式与程序中断方式数据通路的对比,从图中可见,在主存和 DMA 接口之间有一条**数据通路**,当主存和设备交换信息时,由该数据通路将主存与 DMA 接口(DMA 控制器)以及 I/O 设备相连,而无须经过 CPU,也就不需要 CPU 暂停现行程序为设备服务,省去了保护现场和恢复现场,因此工作速度比程序中断方式更快。高速 I/O 设备(如辅存)与主存之间的信息交换适合采用 DMA 方式,如果采用中断方式,则每次申请与主机交换信息时,都要等待 CPU 做出中断响应后再进行,所需的额外时间开销可能会造成数据的丢失。

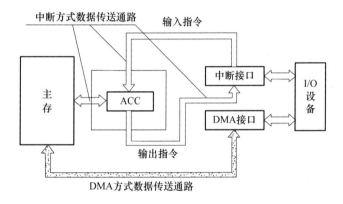

图 7-22 DMA 方式与程序中断方式数据通路的对比

2. DMA 方式下设备与主存交换信息的方式

尽管 DMA 的特点使得它适合高速 I/O 设备,但是从工作过程看,DMA 接口与 CPU 是共享主存的,这有可能因 DMA 接口和 CPU 争用主存而产生冲突的问题。为了保证可靠工作,通常采用 3 种方式避免 DMA 方式带来的数据冲突。

(1) 停止 CPU 访问主存

既然 DMA 接口和 CPU 争用主存出现冲突,那么就让一方停下来。当外设要求传送一批数据时,由 DMA 接口申请总线控制权,即向 CPU 发一个停止信号,要求 CPU 放弃对总线的控制权,当 DMA 接口获得总线控制权后,便开始进行数据传送,在数据传送结束后,DMA 接口通知 CPU 可以使用主存,并将总线控制权交回 CPU,图 7-23(a)是该方式的时间示意图。

这种方式的优点是控制简单,适用于数据传输率很高的 I/O 设备实现成组数据的传送,例如辅助存储器。其缺点是 DMA 接口在访问主存时,CPU 基本上处于不工作状态或保持原状态,CPU 对主存的利用率并没得到充分的发挥。

(2) 周期挪用(或周期窃取)

周期挪用的思路是 DMA 接口与主存数据的交换过程,借用 CPU 访存周期完成。其工作原理是,当 I/O 设备发出 DMA 请求时,I/O 设备便挪用或窃取总线控制权一个或几个主存周期,如果 I/O 访问主存时 CPU 正在处理内部操作,则不出现冲突,如果 I/O 访问主存而 CPU

同时也要访问内存而出现冲突,则 I/O 设备访问主存优先于 CPU 访问主存,I/O 设备要窃取一个或几个存取周期,意味着 CPU 在执行访问主存指令过程中插入了 DMA 请求,由此延缓了 CPU 访问主存。图 7-23(b)示意了 DMA 周期挪用的时间对应关系。

与停止 CPU 访存的方式相比,这种方式实现了 I/O 设备的 DMA 数据传送,同时也提高了主存与 CPU 的效率,是一种被广泛采用的方法。

（3）DMA 与 CPU 交替访问

在一个 CPU 周期比主存存取周期长的情况下,可以将一个 CPU 周期分为 C_1 和 C_2 两个分周期,其中 C_1 专供 DMA 访存,C_2 专供 CPU 访存,如图 7-23(c)所示。

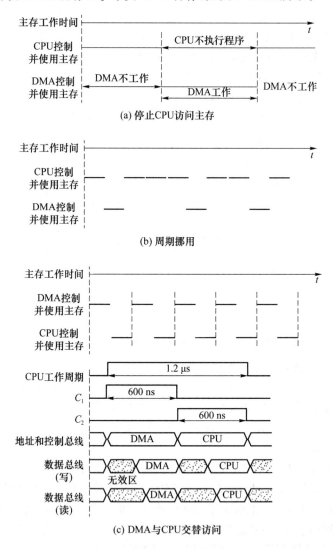

图 7-23　DMA 方式下设备与主存交换信息的 3 种方式

相比前两种方式,这种方式预先规定了 CPU 和 DMA 接口使用总线的时间片,即在 C_1 和 C_2 周期中分时复用总线,不再需要总线控制权的申请、建立和归还操作过程。这种方式的优点是无须停止 CPU 访存,也不延缓 CPU 访存即可实现 I/O 设备的 DMA 数据传送,具有很高的 DMA 传送速率,缺点是硬件逻辑比较复杂。

【例 7-3】　一个 DMA 接口采用周期窃取方式将字符传给存储器,支持的最大批量为 400 B,

如果存取周期为 $0.2\mu s$,每处理一次中断需要 $5\mu s$,现有的字符设备传输率为 $9\,600\,bit/s$,假设字符之间的传输无间隙,请问 DMA 方式每秒因数据传输占用处理器多少时间？如果采用完全中断方式,又占用处理器多少时间(忽略预处理所需要的时间)？

解:字符传输率转换为每秒字节数,则为 $9\,600/8=1\,200\,B/s$。

如果采用 DMA 方式,每秒可以传送 $1\,200$ 个字符,因为存取周期为 $0.2\mu s$,所以需要的时间为 $(1\,200\times0.2)\mu s$,因为传送 $1\,200$ 个字符需要中断 $1\,200/400$ 次,每次中断的时间为 $5\mu s$,所以 DMA 中断占用的时间为 $(1\,200/400)\times5=15\mu s$,这样在 DMA 方式下,每秒共需要占用 CPU 的时间为

$$1\,200\times0.2+(1\,200/400)\times5=255\mu s$$

如果采用中断方式,因为每发送一个字符产生一次中断,而处理一次中断的时间为 $5\mu s$,所以发送 $1\,200$ 个字符就需要 $1\,200\times5=6\,000\mu s$。

可见 DMA 方式占用 CPU 的时间更短。DMA 占用时间的第一项 $(1\,200\times0.2)\mu s$ 为挪用 CPU 周期而占用的,如果不采用挪用 CPU 周期方式,则没有此项。

☞【注意】 DMA 方式仅是后处理时间,所以每次处理中断的时间仅是 $5\mu s$,而且每 400 个字符后才请求中断,在中断方式下,每传送一个字符就发生一次中断请求。

7.5.2 基本的 DMA 控制器

1. DMA 控制器的基本组成

DMA 控制器是 **DMA 设备**(即采用 DMA 方式的外围设备)与 I/O 总线之间的**接口电路**,又称为 **DMA 接口**,它具有如下几个功能。

① 向 CPU **申请 DMA** 传送。

② 在 CPU 允许 DMA 工作时,处理**总线控制权的转交**,避免因进入 DMA 工作而影响 CPU 正常活动或引起总线竞争。

③ 在 DMA 期间**管理系统总线**,控制数据传送。

④ 确定数据传送的**起始地址**和**数据长度**,修正数据传送过程中的数据地址和数据长度。

⑤ 在数据块传送结束时,给出 **DMA 操作完成信号**。

具体地说,DMA 控制器的组成主要包括如下部件,如图 7-24 所示。

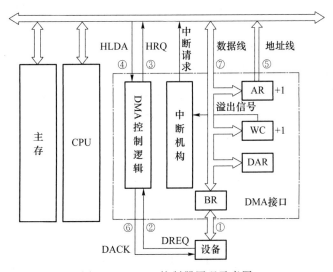

图 7-24 DMA 控制器原理示意图

（1）主存地址寄存器（AR）

主存地址寄存器用于存放主存中需要交换数据的地址。在 DMA 传送数据前，必须通过程序将数据在主存中的首地址送到 AR。在 DMA 传送过程中，每交换一次数据，将 AR 内容加 1，直到一批数据传送完毕为止。

（2）字计数器（WC）

字计数器用于记录传送数据块的总字数，通常以交换字数的补码值预置，在 DMA 传送过程中，每传送一个字，字计数器加 1，直到计数器为 0，即最高位产生进位时，表示该批数据传送完毕，DMA 接口向 CPU 发送中断请求信号。

（3）数据缓冲寄存器（BR）

数据缓冲寄存器用于暂存每次传送的数据。通常 DMA 接口与主存之间采用字传送，当将数据输入主存时，先由外围设备送往数据缓冲寄存器，再由后者通过数据总线送到主存；当从主存输出数据时，由主存通过数据总线送到数据缓冲寄存器，然后再送到外围设备。

（4）DMA 控制逻辑

DMA 控制逻辑负责管理 DMA 的传送过程，由控制电路、时序电路及命令状态控制寄存器等组成。每当外围设备准备好一个数据字（或一个字传送结束）时，就向 DMA 接口提出申请（DREQ），DMA 控制逻辑便向 CPU 请求 DMA 服务，发出总线控制权的请求信号（HRQ），CPU 用响应信号 HLDA 回应后，DMA 控制逻辑便开始负责管理 DMA 传送的全过程。

（5）中断机构

当字计数器溢出（为 0）时，表示一批数据交换完毕，由"溢出信号"通过中断机构向 CPU 提出中断请求，请求 CPU 做 DMA 操作的后处理。

（6）设备地址寄存器（DAR）

设备地址寄存器存放 I/O 设备的设备码或表示设备信息存储区的寻址信息，具体内容取决于设备的数据格式和地址的编址方式。

2. DMA 数据传送过程

DMA 方式是以数据块为单位传送的，为了传送一个数据块，需要知道起始地址和长度（个数）。一次 **DMA 数据块传送**过程可分为 3 个阶段：传送前**预处理**、**数据传送**、**后处理**。

（1）预处理

在 DMA 接口开始工作之前，CPU 必须给它预置如下信息，预置这些信息一般是在初始化程序中完成的，预处理包括如图 7-25（a）所示的步骤：

① 给 DMA 控制逻辑指明数据传送方向是输入（写主存）还是输出（读主存）。

② 向 DMA 设备地址寄存器送入设备号，并启动设备。

③ 向 DMA 主存地址寄存器送入交换数据的主存起始地址。

④ 对字计数器赋予交换数据的个数。

当 I/O 设备准备好发送的数据（输入）或上次接收的数据已经处理完毕（输出）时，它便通过 DMA 接口向 CPU 提出占用总线的申请，待 I/O 设备得到主存总线控制权后，数据的传送便由该 DMA 接口进行管理。

（2）数据传送

下面以周期挪用的 DMA 方式为例，说明数据从设备输入到主存的流程，如图 7-25（b）所示。

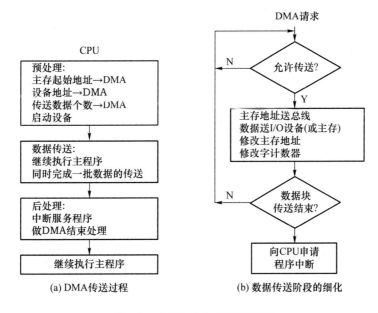

图 7-25　DMA 传送原理和过程

① 当设备准备好一个字时,发出选通信号,将该字读到 DMA 的数据缓冲寄存器(BR)中,表示数据缓冲寄存器"满"。

② 同时设备向 DMA 接口发送请求(DREQ)。

③ DMA 接口向 CPU 申请总线控制权(HRQ)。

④ CPU 发回 HLDA 信号,表示允许将总线控制权交给 DMA 接口。

⑤ 将 DMA 主存地址寄存器中的主存地址送地址总线,并命令存储器写。

⑥ 通知设备已被授予一个 DMA 周期(NACK),并为交换下一个字做准备。

⑦ 将 DMA 数据缓冲寄存器的内容送数据总线。

⑧ 主存将数据总线上的信息写至地址总线指定的存储单元中。

⑨ 修改主存地址和字计数值。

⑩ 判断数据块是否传送结束,若未结束,则继续传送;若已结束(字计数器溢出),则向 CPU 申请程序中断,标志数据块传送结束。

(3)后处理

一旦 DMA 的中断请求得到响应,CPU 停止主程序的执行,转去执行中断服务程序,完成 DMA 结束处理工作,包括校验送入主存的数据是否正确,决定继续 DMA 传送还是结束,测试传送过程中是否发生错误,等等。

3. 基本 DMA 控制器与系统的连接方式

DMA 控制器与系统的连接方式有两种,一种是**公用 DMA 请求方式**,另一种是**独立 DMA 请求方式**。

公用 DMA 请求方式是**具有公共请求线**的 DMA 请求方式,如图 7-26(a)所示。若干个 DMA 接口通过一条公用的 DMA 请求线向 CPU 申请总线控制权。CPU 发出响应信号,用链式查询方式通过 DMA 接口,首先选中的设备获得总线控制权,即可占用总线与主存传送信息。

独立 DMA 请求方式如图 7-26(b)所示,每一个 DMA 接口都有一对**独立的 DMA 请求线和 DMA 响应线**,由 CPU 优先级判别机构裁决首先响应哪个请求,并在响应线上发出响应信号,获得响应信号的 DMA 接口便可控制总线并与主存传送数据。

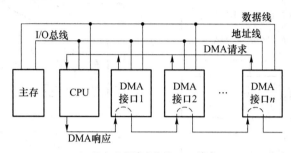

(a) 具有公共请求线的 DMA 请求

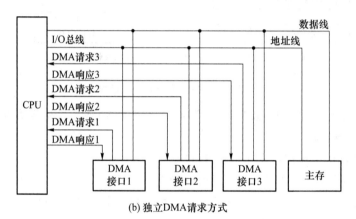

(b) 独立 DMA 请求方式

图 7-26 DMA 控制器与系统的两种连接方式

7.5.3 选择型 DMA 控制器和多路型 DMA 控制器

对于基本型 DMA 控制器,一个控制器只控制一个 I/O 设备,当实际应用中的设备数量很多时,通常采用**选择型 DMA 控制器和多路型 DMA 控制器**。

1. 选择型 DMA 控制器

选择型 DMA 控制器在物理上可以连接多个设备,而在逻辑上只允许连接一个设备,换句话说,在某一个时间段内只能为一个设备提供服务,选择型 DMA 控制器的工作原理是:数据传送以数据块为单位进行,在每个数据块传送之前的预置阶段,还要给出所选择的设备号,从预置开始,一直到这个数据块传送结束,DMA 控制器只为所选的设备提供服务,下一次预置时再根据 I/O 指令指出的设备号,为所选择的另一设备提供服务。选择型 DMA 控制器的逻辑框图如图 7-27 所示。

选择型 DMA 控制器相当于一个逻辑开关,根据 I/O 指令来控制此开关与某个设备连接,选择型 DMA 控制器只增加了少量硬件就达到了为多个外围设备提供服务的目的,特别适合于数据传输率很高,甚至接近于主存存取速度的设备,在高速传送完一个数据块后,控制器又可为其他设备提供服务。

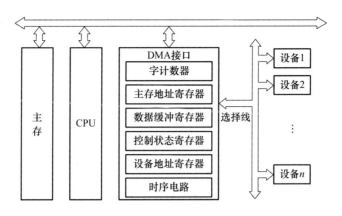

图 7-27 选择型 DMA 控制器的逻辑框图

2. 多路型 DMA 控制器

多路型 DMA 接口不仅在物理上可以连接多个设备,而且在逻辑上也允许多个设备同时工作,各个设备采用字节交叉方式通过 DMA 接口进行数据传送。在多路型 DMA 接口中,其为每个与之连接的设备都设置了一套寄存器,分别存放各自的传送参数。图 7-28(a)和图 7-28(b)分别为**链式多路型** DMA 接口和**独立请求多路型** DMA 接口的逻辑框图。这类接口特别适合于同时为多个数据传输率不十分高的设备服务。

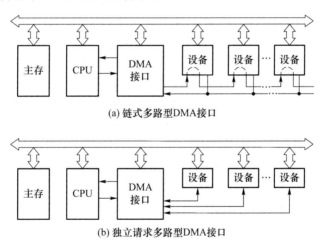

(a) 链式多路型DMA接口

(b) 独立请求多路型DMA接口

图 7-28 两种多路型 DMA 接口的逻辑框图

【例 7-4】 有 3 种设备磁盘、磁带、打印机同时工作。磁盘、磁带、打印机分别每隔 $30\,\mu s$、$45\,\mu s$、$150\,\mu s$ 向 DMA 接口发送 DMA 请求,磁盘的优先级高于磁带,磁带的优先级高于打印机。假设 DMA 接口完成一次 DMA 数据传送需 $5\,\mu s$,试用多路型 DMA 控制器安排各个设备的工作时序。

解:图 7-29 所示是多路型 DMA 接口工作原理示意图。由图可见,打印机首先发送请求,故 DMA 接口首先为打印机服务(T_1);接着磁盘、磁带同时又有 DMA 请求,DMA 接口按优先级别先响应磁盘请求(T_2),再响应磁带请求(T_3),每次 DMA 传送都是一字节。这样,在 90 多 μs 的时间里,DMA 接口为打印机服务一次(T_1),为磁盘服务 4 次(T_2、T_4、T_6、T_7),为磁带服务 3 次(T_3、T_5、T_8)。可见 DMA 接口还有很多空闲时间可再容纳更多的设备。

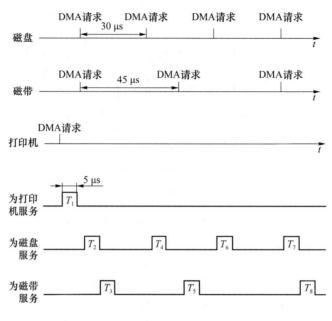

图 7-29　多路型 DMA 接口工作原理示意图

7.6　本章小结

　　I/O 设备即计算机外围设备,是计算机与人或计算机之间进行信息交换的装置,分为各种输入设备、输出设备,以及输入及输出设备。随着技术的发展,外围设备的种类越来越丰富,数量也越来越多。各种外围设备通过输入/输出接口与计算机主机相连,并进行信息交换,完成主机分配的任务。外部存储器也称为辅助存储器,一般用来存储大量的程序和数据,它们不是主存储器,而属于计算机的 I/O 设备,相比主存储器,访问速度要慢很多。

　　I/O 接口是计算机主机与外围设备之间设置的一个硬件电路及其相应的控制软件。I/O 设备的功能包括选址功能、传送命令功能、传送数据功能、反映 I/O 设备的工作状态等。I/O 接口分为内部接口和外部接口,内部接口与 I/O 总线相连,数据的传输方式一般是并行传输方式,外部接口通过接口电缆与外设相连,数据传输方式可以是串行或并行方式。一般将 I/O 设备码看成地址码,I/O 地址码的编址按照 CPU 地址编码方式分为两种:统一编址和分开编址。

　　计算机系统中 CPU 管理外围设备分为 5 种方式:程序查询方式、程序中断方式、DMA 方式、通道方式和外围处理机方式。前两种方式主要由软件来实现,适用于数据传输率比较低的外围设备,后三种方式需要设计专门的硬件来实现,适用于数据传输率比较高的外围设备。

　　在程序查询方式中,外围设备与 CPU 按串行方式工作,当外围设备与主机交换信息时,CPU 不得不停止当前任务操作转去控制外围设备,浪费 CPU 的时间,数据传输效率低。

　　在程序中断方式中,某一外设数据准备就绪后,"主动"向 CPU 发出中断请求信号,请求 CPU 暂时中断目前正在执行的程序转而进行数据交换;当 CPU 响应这个中断时,便暂停运行主程序,自动转去执行该设备的中断服务程序;当中断服务程序执行完毕(数据交换结束)后,CPU 又回到原来的主程序继续执行,从而提高了 CPU 的效率。多个中断源常常分成多个优先级,优先级高的中断服务程序可以打断优先级低的中断服务程序,以程序嵌套方式进行工作。为了处理 I/O 中断,还需要在 I/O 接口电路中配置相关的硬件线路,包括与中断相关的触发器、排队电路和中断向量等,利用中断向量能寻找到设备的中断服务程序入口地址。

DMA 方式是直接存储器存取方式,是一种完全由硬件执行 I/O 交换的工作方式,在该方式中,DMA 控制器从 CPU 完全接管对总线的控制权,数据交换不经过 CPU 而直接在主存和外围设备之间进行,以便高速传送数据,提高了 CPU 的工作效率。在 DMA 方式下设备与主存交换数据通常采用 3 种方式:停止 CPU 访问主存、周期挪用和 DMA 与 CPU 交替访问。一次 DMA 数据块传送过程可分为 3 个阶段:预处理、数据传送、后处理。DMA 控制器有选择型 DMA 控制器和多路型 DMA 控制器,前者适合于数据传输率很高,甚至接近于主存存取速度的设备,后者适合于同时为多个数据传输率不十分高的设备服务。

习　题

1. 计算机系统的输入/输出接口是_____之间的交互界面。

A. CPU 与存储器　　　　　　　　　　B. 主机与外围设备

C. 存储器与外围设备　　　　　　　　D. CPU 与系统总线

2. 在计算机系统中,CPU 管理外围设备的方式除了程序查询之外,还包括_____。

A. 程序中断　　　　　B. DMA　　　　　　C. 通道　　　　　　D. PPU

3. 在计算机系统中,为了便于实现多级中断,保存现场信息最有效的方法是采用_____。

A. 通用寄存器　　　　B. 堆栈　　　　　　C. 存储器　　　　　D. 外存

4. 当采用 DMA 方式传送数据时,每传送一个数据就要占用一个_____时间。

A. 指令周期　　　　　B. 机器周期　　　　C. 存储周期　　　　D. 总线周期

5. 在采用 DMA 方式高速传输数据时,数据传送是_____。

A. 在总线控制器发出的控制信号的控制下完成的

B. 在 DMA 控制器本身发出的控制信号的控制下完成的

C. 由 CPU 执行的程序完成的

D. 由 CPU 响应硬中断处理完成的

6. 通道对 CPU 的请求形式是_____。

A. DMA 命令　　　　　B. 中断　　　　　　C. 通道命令　　　　D. 转移指令

7. 在 DMA 方式中,DMA 控制器从 CPU 完全接管对总线的控制权,数据交换不经过_____而直接在主存和外围设备之间进行,以便高速传送数据。

8. 在程序中断方式中,某一外设的数据准备就绪后,它“主动”向 CPU 发出_____信号,请求 CPU 暂时中断目前正在执行的主程序转而进行数据交换,当 CPU 响应这个中断后自动转去执行该设备的中断服务程序;当中断服务程序执行完毕后,CPU 又回到原来的_____继续执行。

9. 如何区分选择型 DMA 控制器和多路型 DMA 控制器?

10. 试比较通道、DMA、中断 3 种基本 I/O 方式的异同点。

11. 试说明计算机中断过程和子程序调用的相同点和不同点。

12. 某计算机处理器主频为 50 MHz,采用定时查询方式控制设备 A 的 I/O,查询程序运行一次所用的时钟周期至少为 500,在设备 A 工作期间,为保证数据不丢失,每秒需要对其查询至少 200 次,则 CPU 用于设备 A 的 I/O 时间占整个 CPU 时间的百分比是多少?

13. 某计算机处理器主频为 500 MHz,CPI 为 5(即执行每条指令平均需要 5 个时钟周期)。假设某外设的数据传输速率为 0.5 MB/s,采用中断方式与主机进行数据传送,以 32 位字长为传输单位,对应的中断服务程序有 18 条指令,中断服务程序的其他开销为两条指令执行时间,请问:

① 在中断方式下,CPU 用于该外设 I/O 的时间占整个 CPU 时间的百分比是多少?

② 当外设传输率达到 5 MB/s 时,改用 DMA 方式传送数据,假定每次 DMA 传送大小为 500 B,且 DMA 预处理和后处理的总时间开销为 500 个时钟周期,则 CPU 用于该外设 I/O 的时间占整个 CPU 时间的百分比是多少(假定 DMA 与 CPU 之间没有访存冲突)?

参 考 文 献

［1］　广西师范学院数学系计算数学教研组.二进制简介［J］.广西师范大学学报（哲学社会科学版），1978（3）:74-83.

［2］　陈泽宇.计算机组成与系统结构［M］.北京:清华大学出版社，2010.

［3］　白中英，戴志涛.计算机组成原理（立体化教材）［M］.6 版.北京:科学出版社，2019.

［4］　袁春风.计算机组成与系统结构［M］.北京:清华大学出版社，2010.

［5］　袁春风.计算机组成原理［M］.北京:高等教育出版社，2016.

［6］　唐朔飞.计算机组成原理［M］.2 版.北京:高等教育出版社，2008.

［7］　李学干.计算机系统结构［M］.北京:机械工业出版社，2012.

［8］　周伟.计算机组成原理高分笔记［M］.9 版.北京:机械工业出版社，2020.

［9］　斯托林斯.计算机组成与体系结构:性能设计［M］.贺莲，译.10 版.北京:机械工业出版社，2021.

［10］　李珍香.微机原理与接口技术［M］.2 版.北京:清华大学出版社，2018.